水体污染控制与治理科技重大专项"十三五"成果系列丛书

"'从源头到龙头'饮用水安全多级屏障与全过程监管技术"标志性成果

# 太浦河水源地取水安全
# 水利工程联合调控优化研究

周宏伟 彭焱梅 曹菊萍 尚钊仪 李昊洋 编著

科学技术文献出版社

SCIENTIFIC AND TECHNICAL DOCUMENTATION PRESS

·北京·

**图书在版编目（CIP）数据**

太浦河水源地取水安全水利工程联合调控优化研究 / 周宏伟等编著. —北京：
科学技术文献出版社，2020.10

（水体污染控制与治理科技重大专项"十三五"成果系列丛书）

ISBN 978-7-5189-7177-0

Ⅰ.①太… Ⅱ.①周… Ⅲ.①水源地—取水—水利工程—研究—华东地区

Ⅳ.① TV67

中国版本图书馆 CIP 数据核字（2020）第 190152 号

## 太浦河水源地取水安全水利工程联合调控优化研究

策划编辑：郝迎聪　　　责任编辑：张　红　　　责任校对：张永霞　　　责任出版：张志平

| | | |
|---|---|---|
| 出　版　者 | 科学技术文献出版社 | |
| 地　　　址 | 北京市复兴路15号　邮编 100038 | |
| 编　务　部 | （010）58882938，58882087（传真） | |
| 发　行　部 | （010）58882868，58882870（传真） | |
| 邮　购　部 | （010）58882873 | |
| 官 方 网 址 | www.stdp.com.cn | |
| 发　行　者 | 科学技术文献出版社发行　全国各地新华书店经销 | |
| 印　刷　者 | 北京虎彩文化传播有限公司 | |
| 版　　　次 | 2020 年 10 月第 1 版　2020 年 10 月第 1 次印刷 | |
| 开　　　本 | 787×1092　1/16 | |
| 字　　　数 | 223千 | |
| 印　　　张 | 14.75　彩插2面 | |
| 书　　　号 | ISBN 978-7-5189-7177-0 | |
| 定　　　价 | 62.00元 | |

# 前　言

太湖流域位于长江三角洲的南翼，北依长江，东临东海，南滨钱塘江，西以天目山、茅山等山区为界，面积 36 895 km²，行政区划分属江苏、浙江、上海、安徽三省一市，流域河流纵横交错，水网如织，湖泊星罗棋布，是典型的平原水网地区。太浦河西起东太湖，横穿江苏、浙江、上海两省一市，东至黄浦江，全长 57.6 km，是太湖流域骨干性河道，自 1991 年开通以来，在流域防洪、排涝、供水及航运等方面发挥了重要作用，承担着流域防洪和向下游地区供水的任务。

太浦河水质总体较好，保持在 Ⅱ 类至 Ⅲ 类，是太湖流域水质最为优良的主要河道之一，近年来，嘉兴的嘉善、平湖陆续在太浦河中游建设取水口。2013 年以来，上海黄浦江上游水源地也上移至太浦河中游，随着担负上海西南五区约 700 万人口供水任务的太浦河金泽水源地的建成，上海、浙江从太浦河取水的规模和供水范围大幅扩大，对保障太浦河供水安全提出了新的更高要求。

然而，太浦河除太湖来水外，也承接了两岸地区的来水，太浦河周边工业企业发达，污染物排放量大且存在突发水污染事件的威胁，对水源地供水安全造成一定影响。水源地是一个地区经济、社会稳定发展的基本要素，太浦河供水功能的增强，迫切需要适当调整太浦河工程的调度运用目标，通过工程合理调度，改善区域水环境，充分发挥水源地保障功能。

本书得到了水体污染控制与治理科技重大专项"太浦河金泽水源地水质安全保障综合示范"项目（编号：2017ZX07207），"金泽水库水质调控与稳定关键技术研究与应用"课题（编号：2017ZX07207003）资助，本书编者参加了该课题"多工况条件下金泽水库取水安全调控技术研究"任务，主要研究内容是为保障太浦河金泽水源地水库水质安全，开展适应不同水情、工情变化的联合调度方案研究，兼顾防洪、供水、环境、生态等多目标的需求，进一步优化太浦河工程调度，形成金泽水库水质安全保障技术体系。

本书以"多工况条件下金泽水库取水安全调控技术研究"研究成果为基础，

综合其他相关研究成果编著而成。全书共分8章，第1章介绍研究背景，梳理国内外水污染事件概况，以及水污染评估及应急处置研究进展，提出本书研究内容及技术路线；第2章介绍太浦河周边水系、航道、水利工程、岸线开发利用及水资源、水环境状况，指出区域内水资源保护存在的问题；第3章调查分析研究区域内污染源分布情况，构建太浦河及周边区域污染源信息库及风险评估指标体系，开展区域污染源风险评估；第4章采用水量水质数学模型，对常规污染物氨氮、重金属铬和有毒有害物质锑突发水污染事件影响进行模拟计算分析；第5章研究提出通过工程调度保障太浦河取水安全的水利联合调度策略集，分析不同类别联合调度策略对流域区域及太浦河取水安全的影响；第6章构建联合调度决策数学模型，将调度策略集的水量水质模拟结果作为联合调度决策数学模型的输入条件，经优化后推荐较优的工程调度策略；第7章提出太浦河水污染治理及水生态修复、突发水污染事件风险防控、水污染防治监督管理等源头综合治理措施；第8章总结本书研究成果及创新点，并提出展望。

本书由周宏伟统稿，第1章由尚钏仪、周宏伟撰写；第2章由李昊洋、曹菊萍、尚钏仪撰写；第3章由周宏伟、彭焱梅、尚钏仪撰写；第4章由曹菊萍、彭焱梅、周宏伟撰写；第5章由彭焱梅、周宏伟、李昊洋撰写；第6章由彭焱梅、曹菊萍、周宏伟撰写；第7章由李昊洋、周宏伟撰写；第8章由周宏伟撰写。

本书研究工作得到了水利部太湖流域管理局、上海市供水调度监测中心、太湖局水文局（信息中心）等单位的领导、专家的大力支持和指导，同时也感谢参与本项目研究工作的林荷娟、何建兵、李敏、李蓓、季海萍、黄佳聪、闫人华、杨悦、戴晶晶、胡庆芳、彭欢、陈凤玉、陆沈钧、陈华鑫、曹翔、姚俊等的合作和帮助。本项目研究全程得到了水利部太湖流域管理局原常务副局长、教授级高级工程师王同生的指导与帮助，在此深表谢意。

鉴于太浦河周边地区水系复杂，污染源分布面大量广，水利工程调度的目标多样，水源地供水安全保障涉及部门众多，突发水污染事件模拟具有一定主观性，调度方案的优化仍有诸多不确定因素，加之笔者水平有限，书中难免有偏颇、遗漏和不妥之处，恳请广大读者和同行批评指正、交流探讨，以利后续深入研究。

# 目 录

# 第3章　太浦河周边污染源风险评估

# 第4章　太浦河突发水污染事件影响分析

# 第5章　太浦河取水安全联合调度策略集研究

# 第6章　太浦河取水安全多目标方案优化研究

# 第7章 太浦河水源地保护措施

# 第8章 成果与展望

# 第1章 绪 论

## 1.1 研究背景

太湖流域自然条件优越，经济社会快速发展，近年来，人民生活水平得到极大提高，人民群众对用水的需求不断增加，对用水水质的要求也不断提高；流域内城镇一体化进程加快也对集中式供水提出了更高的要求。在流域经济社会快速发展的同时，城镇化、工业化进程加快，废污水排放量剧增，而水污染防治相对滞后，大量生活、工业点源排污及农业面源污染直接或间接排入河湖水体，大大超出了流域河湖水环境承载能力，导致流域河网普遍受到污染，湖泊富营养化严重，流域常年水质型缺水，水环境状况较差，饮用水水源地安全受到严重威胁。

按照优水优用要求，为保证生活饮用水水源地供水安全，近年来流域供水水源布局不断调整，目前基本形成了3片供水格局：苏南沿长江地区、上海市沿江地区和中心城区，以及浙江沿钱塘江地区，分别以长江、钱塘江为供水水源地，浙西区和湖西山区以山区水库和苕溪水系等为供水水源，太湖下游和环湖地区以太湖、太浦河、黄浦江上游为主要供水水源地。

太浦河作为集防洪、供水、航运等功能为一体的流域性河道，沿线分布有多处水源地，是太湖下游地区主要供水水源之一。作为一条开放式河道，太浦河水质受两岸工业企业、运输船舶污染影响，存在突发水污染事件风险。近年来陆续发生了 2013 年太浦河部分断面二氯甲烷超标事件、2013 年黄浦江上游死猪漂浮事件、2014 太浦河锑浓度超标事件，之后又多次发生锑浓度超标等事件，对周边经济发达地区生产生活供水安全产生威胁。

太湖流域经过多年水利基本建设，特别是《太湖流域综合治理总体规划方案》确定的流域综合治理骨干工程全面完成后，已初步形成防洪与水资源调控工程体系和调度方案，通过太浦河向下游增供水，对保障流域、区域供水安全起到了重要作用。由于太浦河兼有防洪、排涝、供水、航运等多种功能，太浦河工程调度需统筹考虑上下游、左右岸的防洪、排涝、水资源及水环境等多方面的需求，在保障供水安全方面仍存在诸多有待完善的地方。

针对太浦河沿线污染源现状及多发的突发水污染事件形势，迫切需要全面调查太浦河周边污染源，建立突发水污染事件风险防控体系，从源头上减少相关事件可能带来的不利影响。同时，借鉴国内外水利工程优化调度经验和方法，综合考虑太浦河上下游、左右岸防洪、供水及水生态等方面的需求，研究水利联合调度关键技术，推荐优化工程调度方案，发挥太浦河工程的综合效益，提高太浦河沿线供水安全保障能力。

# 1.2　太湖流域概况

## 1.2.1　自然概况

太湖流域位于长江三角洲的南翼，三面临江滨海，一面环山，北抵长江，东临东海，南滨钱塘江，西以天目山、茅山等山区为界。行政区划分属江苏、浙江、上海、安徽三省一市，面积 36 895 km²。

太湖流域河流纵横交错，水网如织，湖泊星罗棋布，是典型的平原水网地区，素有"江南水乡"之称。流域内平原面积占总面积的 80%，山丘面积占 20%。流域水面面积 5551 km²，约占 15%。流域湖泊面积 3159 km²，其中太湖水面面积 2338 km²；河道总长约 12 万 km，河道密度达 3.3 km/km²。流域呈周边高、中间低的碟状地形，地势平坦，河道比降小，水流流速缓慢。沿长江、沿杭州湾河道引排水受东海潮汐影响。

太湖流域属亚热带季风气候区，四季分明，雨水丰沛，热量充裕。冬季受大陆冷气团侵袭，盛行偏北风，气候寒冷干燥；夏季受海洋气团的控制，盛行东南风，气候炎热湿润。

## 1.2.2　经济社会概况

2017 年，太湖流域总人口 6058 万人，占全国总人口的 4.4%；GDP 80 815 亿元，占全国 GDP 的 9.8%；人均 GDP 13.3 万元，是全国人均 GDP 的 2.2 倍。太湖流域是我国投资增长和社会发展最具活力的地区之一，农业生产条件好，工业发达，劳动力素质高，科技力量强，基础设施和投资环境较好。

## 1.2.3　水质状况

（1）河流水质

2017 年，太湖流域河流水质评价总河长 6340.9 km，全年期水质达到或优于 Ⅲ 类的河长比例为 33.1%（2102.2 km），未达到 Ⅲ 类标准的项目为氨氮、总磷、高锰酸盐指数、五日生化需氧量、化学需氧量和石油类等，非汛期水质优于汛期。2017 年太湖流域河流全年期水质类别比例如图 1.1 所示。

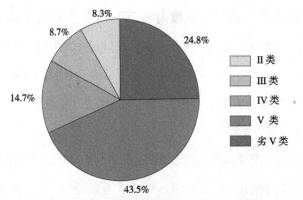

图1.1　2017年太湖流域河流全年期水质类别比例

（2）水功能区水质达标状况

太湖流域的380个重要江河湖泊水功能区于2013年开始全覆盖监测，2017年全年期水功能区水质达标个数为191个，达标率50.3%（年均值法）。其中，一级水功能区达标率39.4%，二级水功能区达标率53.8%。太湖流域参评水功能区中河流达标河长2598.1 km，达标率为58.7%，湖泊达标面积282.9 km²，达标率9.6%，水库达标蓄水量6.6亿 m³，达标率66.8%。

按照水功能区限制纳污红线主要控制项目高锰酸盐指数、氨氮两项指标进行达标评价，全年期水功能区水质达标个数281个，达标率73.9%。

# 1.3　国内外水污染事件概况

水污染事件是指污染物进入水体，导致水质恶化、水资源和水生态功能破坏的事件。突发水污染事件相对常规性污染事件，是指突然发生的，由于自然或人为原因，短时间内大量污染物迅速进入水体，导致水质恶化、水资源和水生态功能破坏，影响正常社会活动，需要采取紧急措施予以应对的事故。突发水污染事件多由工业企业违规排放、废污水泄漏、水陆交通事故等导致，事故起因的随时性和破坏性，使突发水污染事件具有不确定性、扩散性、危害性和处理艰巨性等特点。

## 1.3.1 国内外近年突发水污染事件

近年来，我国突发水污染事件频发，对水资源、水环境造成了较大的破坏。有统计研究表明，2000—2011 年 12 年间，发生了 1176 起重大突发水污染事件。其中，工业废水污染事件数量最多，高达 360 起，占比 31%；其次为综合废水与油类污染，分别为 166 起和 151 起，分别占比 14%、13%。太湖流域也曾发生多起突发水污染事件，包括新安江建德苯酚事件、上海金山污染事件、黄浦江上游死猪事件、苏州硫酸船倾覆沉没事件等。国内外重大突发水污染事件如表 1.1 所示。

突发水污染事件影响范围很广，产生的危害十分严重，全球各地都受到其困扰，一次次警钟的敲响，正在不断引起人们的关注和研究。

**表 1.1　国内外重大突发水污染事件**

| 序号 | 事件 | 起因 | 事故危害 |
|---|---|---|---|
| 1 | 1978 年"卡迪兹"号油轮事件 | 3 月 16 日，超级油轮"阿莫科－卡迪兹"号在离法国布列塔尼海岸不远处触礁沉没，泄漏原油达 22.4 万 t | 泄漏的原油污染了近 350 km 长的海岸带。海事本身损失 1 亿多美元，但污染损失及治理的费用达 5 亿多美元，其对被污染区域的海洋生态环境造成的损失更是难以估量 |
| 2 | 1986 年剧毒污染物污染莱茵河事件 | 11 月 1 日深夜，瑞士巴塞尔市的桑多兹化学公司一个装有约 1250 t 剧毒农药的钢罐爆炸，硫、磷、汞等有毒物质流入下水道，排入莱茵河 | 事故造成约 160 km 范围内多数鱼类死亡，约 480 km 范围内的井水受到污染影响不能饮用。事故影响下游瑞士、德国、法国、荷兰 4 国沿岸城市，沿河自来水厂全部关闭，改用汽车向居民定量供水 |
| 3 | 1989 年美国"瓦尔德斯"号事件 | 3 月 24 日，埃克森公司"瓦尔德斯"号油轮在美国阿拉斯加州威廉王子湾搁浅，泄漏近 4165 万 L 原油 | 阿拉斯加州沿岸几百公里长的海岸线遭到严重污染，大约 1 万名渔民和当地居民赖以生存的渔场和相关设施被迫关闭，鲑鱼和鲱鱼资源近于灭绝，几十家企业破产或濒于倒闭 |
| 4 | 1994 年淮河水污染事件 | 7 月，淮河上游因突降暴雨而开闸泄洪，将积蓄了一个冬春的 2 亿 m³ 水放下。水经之处河水泛浊，河面上泡沫密布 | 下游部分居民饮用了虽经自来水厂处理但未能达到饮用标准的河水后，出现恶心、腹泻、呕吐等症状。上游来水水质恶化，沿河各自来水厂被迫停止供水达 54 天之久，百万淮河民众饮水告急 |
| 5 | 1999 年"埃里卡"号事件 | 12 月 12 日，"埃里卡"号油轮在法国西北部海域遭遇风暴后断裂沉没，2 万 t 重油排入海中 | 泄漏的重油导致该地区 400 多 km 的海岸线受到污染，引发了严重生态灾难，对当地渔业、旅游业、制盐业等产业造成沉重打击 |

| 序号 | 事件 | 起因 | 事故危害 |
|---|---|---|---|
| 6 | 2000年罗马尼亚金矿氰化物废水泄漏事件 | 1月30日夜至31日晨，罗马尼亚西北部巴亚马雷金矿的污水处理池出现裂口，超过1万m³的含剧毒氰化物及铅、汞等重金属污水流入索莫什河，而后逐渐入侵蒂萨河、多瑙河 | 污水进入匈牙利境内时，多瑙河支流蒂萨河中氰化物含量最高超标700~800倍，从索莫什河到蒂萨河，再到多瑙河，污水流经之处，几乎所有水生生物迅速死亡，河流两岸的鸟类及野猪、狐狸等陆地动物纷纷死亡，植物渐渐枯萎 |
| 7 | 2003年黄浦江油污染事件 | 8月，在松浦大桥取水口下游约20 km的黄浦江干流上，发生船舶相撞引起燃油污染事故，85 t燃油泄漏至黄浦江 | 有关部门迅速采取有力措施，一方面组织人员全力打捞江中漂浮的油污；另一方面紧急启用太浦河泵站，加大上游泄水量，减缓污水上溯，重大污染事故对上海市供水没有造成严重后果 |
| 8 | 2004年沱江特大水污染事件 | 2月底和3月初，四川化工股份有限公司第二化肥厂设备出现故障，将大量高浓度氨氮废水排入沱江支流毗河，导致沱江江水变黄变臭，氨氮超标达50倍 | 沿江简阳、资中、内江3地被迫停水，100多万人口断水26天。大量高浓度工业废水流进沱江，四川5个市区近百万人口顿时陷入了无水可用的困境，直接经济损失高达2.19亿元 |
| 9 | 2005年松花江重大水污染事件 | 11月13日，中石油吉林石化公司双苯厂苯胺车间发生爆炸事故，约100 t苯、苯胺和硝基苯等有机污染物流入松花江 | 松花江水质严重污染，吉林省松原市、黑龙江省哈尔滨市先后停水多日。顺流而下的污染甚至威胁到俄罗斯哈巴罗夫斯克边疆区，造成严重的国际负面影响 |
| 10 | 2006年湖南岳阳砷污染事件 | 9月8日，湖南省岳阳县城饮用水水源地新墙河发生水污染事件，上游3家化工厂排放大量高浓度含砷废水，砷超标10倍左右 | 8万人停水4天，直接经济损失130万元 |
| 11 | 2006年四川泸州电厂重大水污染事件 | 11月15日，四川泸州川南电厂工程施工单位在污水设施尚未建成的情况下，安装调试燃油系统，导致柴油泄漏混入冷却水管道并排入长江。经环保部门督查，进入长江的柴油实为16.95 t | 导致泸州市城区停水，污水进入重庆境内形成跨界污染 |
| 12 | 2006年吉林牤牛河水污染事件 | 8月21日，吉林省蛟河市吉林长白精细化工有限公司约10 t工业废液倾入吉林市牤牛河，主要污染物为N、N-二甲基苯胺、4-氨基-N、N-二甲基苯胺 | 引发了严重的水污染事件，最终将污染消除在牤牛河内，未影响松花江 |

| 序号 | 事件 | 起因 | 事故危害 |
|---|---|---|---|
| 13 | 2007 年太湖蓝藻暴发事件 | 5 月 29 日起，太湖蓝藻集中暴发而导致无锡部分地区自来水发臭，无法饮用 | 无锡市除锡东水厂外，其余占全市供水 70% 的水厂水质都被污染，影响了 200 万人口的生活饮用水。超市内的纯净水被抢购一空，街头零售的桶装纯净水也价格猛涨 |
| 14 | 2007 年江苏沭阳水污染事件 | 来自宿迁市上游境外的客水污染团进入新沂河沭阳段，最大流量达到 350 m³/s，超过平时 6 倍，氨氮浓度超标 34 倍。7 月 2 日下午 3 时，江苏沭阳县地面水厂发现，短时间内大流量的污水侵入位于淮沭河的自来水厂取水口 | 取水口的水氨氮含量为 28 mg/L 左右，远超出国家取水口水质标准。由于被污染的水经处理后仍不能达到饮用水标准，城区供水系统被迫关闭，20 万人口用水受到影响，整个沭阳县城停水超过 40 小时 |
| 15 | 2009 年江苏盐城水污染事件 | 盐城市标新化工厂为减少治污成本，趁大雨天偷排 30 t 化工废水，污染了水源地 | 盐城市 20 多万居民饮用水停水长达 66 小时 40 分，占盐城市市区人口的 2/5，造成直接经济损失 543.21 万元 |
| 16 | 2009 年山东沂南砷污染事件 | 4 月，山东沂南县亿鑫化工有限公司非法生产阿散酸，并将生产过程中产生的大量含砷有毒废水存放在隐蔽的污水池中。7 月 20 日、23 日深夜，趁降雨将含砷量超标 2.73 万倍的废水排放到南涑河中 | 临沂市河道内同步构筑拦蓄坝 14 座，对受污河道水体实施层层拦蓄，拦截河道 20 km 左右、水体 70 万 m³ 左右，使绝大部分超标水体被拦在临沂境内，极少部分流向江苏 |
| 17 | 2010 年福建紫金矿业铜酸水渗漏事件 | 7 月 3 日，福建省紫金矿业集团有限公司紫金山铜矿湿法厂发生铜酸水渗漏，9100 m³ 的污水顺着排洪涵洞流入汀江。因处置不力，7 月 16 日再次发生污水渗透 | 福建省棉花滩水库出水与广东省大埔青溪电站水体混合后铜含量明显增加，超出渔业水质标准，对两省跨界河段产生明显影响，导致梅州境内河段渔业养殖面临较大风险。当地居民几乎不再饮用自来水 |
| 18 | 2010 年大连新港原油泄漏事件 | 7 月 16 日下午，大连新港一艘利比里亚籍 30 万 t 级的油轮在卸油附加添加剂时，导致陆地输油管线发生爆炸，并引起旁边 5 个同样为 10 万 m³ 的油罐泄漏 | 事故造成的直接财产损失为 22 330.19 万元，至少污染了附近 50 km² 的海域 |
| 19 | 2010 年松花江化工桶事件 | 7 月 28 日，吉林省两家化工企业的仓库被洪水冲毁，7138 只物料桶冲入温德河，随后进入松花江，污染带长 5 km | 为防止危机扩大，沿岸出动上万人拦截，城市供水管道被切断 |

太浦河水源地取水安全水利工程联合调控优化研究

续表

| 序号 | 事件 | 起因 | 事故危害 |
|---|---|---|---|
| 20 | 2011年渤海蓬莱油田溢油事件 | 6月4日，中海油与康菲石油合作的蓬莱19-3油田发生漏油事故 | 据康菲石油中国有限公司统计，共有约700桶原油渗漏至渤海海面，另有约2500桶矿物油油基泥浆渗漏并沉积到海床 |
| 21 | 2011年云南曲靖铬渣污染事件 | 曲靖市陆良县和平化工有限公司签约的转移铬渣承运人未将铬渣运至贵州，而是在麒麟区三宝镇、越州镇的山上倾倒了铬渣5212.28 t，致珠江源头南盘江附近水质遭到铬渣污染 | 附近农村77头牲畜死亡，叉冲水库4万 $m^3$ 水体和附近箐沟3000 $m^3$ 水体受到污染，直接经济损失9.5万元 |
| 22 | 2012年安徽蚌埠氯苯车间爆炸事件 | 蚌埠市八一化工股份有限公司违规进行氯化与盐酸降膜工序调试，12月28日晚发生起火爆鸣事故 | 约3 t 含苯废水外溢进入淮河干流，汇合干流蚌埠段约60 km河段水质苯浓度超标 |
| 23 | 2012年江苏镇江水污染事件 | 2月3日中午开始，江苏镇江市自来水因水源水受到苯酚污染出现异味。调查发现，曾停靠镇江的韩国籍"格洛里亚"号货轮有排放污染源的重大嫌疑 | 镇江饮用水气味异常，引发抢水潮。6日晚，下游如皋市在长江取水口检测到来自上游的水体中挥发酚超标，迅速启用了应急备用水源 |
| 24 | 2012年山西长治苯胺泄漏事件 | 12月31日，位于山西长治潞城市境内的潞安天脊煤化工厂发生苯胺泄漏入河事件 | 长治市通报称，泄漏在山西境内辐射流域约80 km，波及约2万人 |
| 25 | 2013年上海市金山区朱泾镇掘石港化工副产品泄漏事件 | 1月10日夜间，上海市金山区朱泾镇掘石港一条化工品运输船舶阀门未关闭，导致含苯乙烯等化工混合物泄漏 | 此次水污染事件共影响金山、松江3万多名居民，污染周边5~8 km水域，扩散至嘉善县和平湖市。金山、松江取水口自来水原水不达标，其中松江部分区域被迫停止供水，奉贤、闵行取水口受到不同程度的影响，造成金山及松江经济损失480多万元 |
| 26 | 2014年江苏靖江水污染事件 | 安徽海德化工科技有限公司经理非法将该公司生产的危废物102.44 t废碱液交给不具有危废物处置资质的个人进行处置，导致废碱液被直接倾倒入长江靖江段及新通扬运河，严重污染环境。5月9日上午，靖江长江水源出现水质异常。事后认定水污染物实为"二乙基二硫醚" | 全市暂停供水，近70万人生产、生活受影响，并引发抢水潮 |

-008-

## 1.3.2　太浦河近年突发水污染事件

近年来，太浦河区域发生了多起突发水污染事件，主要涉及污染物包括锑、二氯甲烷、甲酚，如表 1.2 所示。

**表 1.2　近年太浦河突发水污染事件起因及危害**

| 序号 | 时间 | 事件 | 起因 | 事故危害 |
|---|---|---|---|---|
| 1 | 2013 年 1 月 | 二氯甲烷超标事件 | 江苏省苏州市吴江区梅堰镇梅塘工业开发区的吴江市金穗化学有限公司向汾湖太浦河上游偷排含高浓度二氯甲烷的废水 | 嘉兴关闭饮用水水源地取水口 |
| 2 | 2013 年 1 月 | 甲酚罐车泄漏事件 | 装有甲酚 1 号的槽罐车发生车祸，车辆侧翻后泄漏甲酚部分流入位于事故现场旁边的小河内 | 采取筑堤筑坝截堵、土壤污染吸附处理、加密监测、污水处理等措施，直接经济损失 500 万以上 |
| 3 | 2014 年 7 月 | 锑浓度超标事件 | 印染纺织企业较多，企业排放标准与饮用水水源地水质标准不一致，受来水和下游潮位顶托等影响，浓度超过饮用水源地标准 | 嘉兴市嘉善县、平湖市自来水厂已关闭太浦河取水口，改从备用水源地取水。太湖流域管理局加大水资源调度力度，启动了突发水污染事件应急响应 |
| 4 | 2016 年 9 月 | 锑浓度超标事件 | 太浦河南岸地区印染企业排放工业污水，受"莫兰蒂"台风外围暴雨影响，太浦河南岸地区河网水位快速上涨 | 浙江省嘉兴市和上海市青浦区水源地锑浓度超标 |
| 5 | 2017 年 7 月 | 锑浓度超标事件 | 太浦河南岸地区印染企业排放工业污水，强降雨导致太浦河下游水位抬高，太浦闸关闭。受双台风及东南风影响，南岸支流平西大桥和雪湖桥断面锑浓度明显升高，黎里东大桥断面锑浓度升至 0.0055 mg/L | 上海市金泽水库太浦河取水口出现锑浓度超标，金泽水库已暂停从太浦河取水。太浦河嘉善水源地也已改由长白荡备用水源地取水。提前限制企业生产，开展预防监测，影响较小 |
| 6 | 2018 年 6 月 | 锑浓度超标事件 | 入梅以来太湖流域降雨量较大，平望水位较高，太浦闸开启难度较大，芦墟大桥和金泽锑浓度有所升高 | 开展预防监测，影响较小 |

### 1.3.2.1　二氯甲烷超标事件

2013 年 1 月 14 日晚，上海青浦区环境监测站反映太浦河下游练塘断面存在二氯甲烷浓度超标现象。经调查，事发原因为位于太浦河南岸的江苏省苏州市吴江区梅堰镇梅塘工业开发区的吴江市金穗化学有限公司，向汾湖太浦河上游偷排含高浓度二氯甲烷的废水，污染物排放頔塘后经江南运河汇入太浦河。太湖流域管理局随即组织开展了应急监测、值班、现场调查、会商等有关工作，吴江关停污染企业，嘉兴关闭饮用水水源地取水口。15—18日，监测显示太浦河平望至金泽段、江南运河平西大桥断面存在二氯甲烷超标；19—21日，部分断面仍存在二氯甲烷超标情况；1月22日，所有断面全部达标，事件响应结束，水源地恢复供水。

### 1.3.2.2　甲酚罐车泄漏事件

2013年1月11日14时，一牌号为皖P的小型普通客车由江苏常熟往安徽宁国方向行驶，由东向西行驶至G50沪渝高速公路105 km + 500 m处时，在从左侧超越前方第三车道内一牌号为沪A的重型半挂牵引车拖带沪B重型罐式半挂车的过程中，操作不当导致车辆向右偏驶。小客车车身右侧与重型半挂牵引车右前轮发生碰撞后，牌号为沪A的重型半挂牵引车拖带沪B重型罐式半挂车失控侧翻于公路路基下，造成二车和交通隔离栏不同程度受损、半挂车上所载货物（甲酚1号）部分泄漏、人员受轻伤的交通事故。牌号为沪B的重型罐式半挂车内装有甲酚1号，侧翻后罐内有留存。泄漏甲酚部分流入位于车辆侧翻现场旁边的小河内。

事发后，吴江区消防大队第一时间在泄漏处筑堤，防止更多的危化品流入河道，区、镇公安第一时间在事故现场周围设立警戒线加强警戒，及时联系相关部门将槽罐车拖离现场，防止污染扩大，对污染水体的小河的上下游筑坝彻底封堵，将污染源控制，对现场残存的危化品液体和受污染的土地进行吸附后，由有危废处置资质的太湖工业废弃物处置有限公司专业人员进行收集并集中处置。苏州、吴江环保部门采取应急监测，每2小时监测一次，及时掌握污染水体和上下游河道水质情况；将控制在截污坝内的高浓度污水抽到附近污水处理厂或化工厂的应急池中暂存，并逐渐将污水放入污水处理厂处理池中处理达标后排放；在高速公路管理处的配合下，由固废处置单位将受污染的土壤收集后进行无害化处理。

### 1.3.2.3　锑浓度超标事件

太浦河沿岸的苏州市、嘉兴市地区，是我国传统的纺织印染行业重点地区，部分生产环节中可能会产生锑排放，根据《纺织染整工业水污染物排放标准》（GB 4287—1992），在对纺织染整工业企业或生产设施水污染物排放限值、监测和监控的要求中，并未涉及锑元素检测。当地对企业及污水处理厂排放的废水也未进行锑含量检测。随着全社会环保意识的增强，国家及地方节能环保政策越来越严格具体，国家排放标准进一步提高，印染业正面临着巨大的压力。目前，地方政府正加大印染行业"提标升级"服务，并且组织制定地方规范，鼓励和支持研究印染厂、污水处理厂处理锑的方法、工艺，限定印染厂和集中污水处理厂锑含量的排放限值。

（1）2014年锑浓度超标事件

2014年7月，上海市有关部门监测到太浦河锑浓度异常。经调查，事故原因为印染纺织企业排放废水。当年印染相关行业订单量增加，前期夏季本地降雨量较少，太浦河水位相对较低，导致锑浓度超标。9日，嘉善县环境监测部门在嘉善太浦河水厂水质监测中发现，锑浓度平均值为 5.02 μg/L；12日，苏州市环保局接到嘉兴市环保部门通报后，与吴江区政府共同成立应急处置领导小组，对吴江全区主要河道连续进行了布点监测，并开展了污染源排查；13日，吴江初步确定了纺织企业所排放的锑是造成太浦河水体中锑含量偏高的原因，江苏省环保部门对纺织企业采取了关停限产等措施，降低了区域内锑的排放总量。江苏省、浙江省、上海市环保部门加强沟通协调，相互通报，及时掌握水质动态。17日，嘉善县太浦河饮用水水源地锑浓度再次出现异常，嘉善县已启用备用水源地；吴江区人民政府向太湖流域管理局请求开启太浦闸或运用太浦河泵站，提高下泄流量。18日，吴江区环保局对太浦河沿线所有的印染企业实施全面停产，对全区范围内其他印染企业按现有生产能力的50%进行限产；江苏省环保厅、苏州市环保局、吴江区环保局监察人员逐家检查，一经发现有擅自生产的企业，将依法对其法人代表移送公安机关处理，并对所在辖区的行政负责人实施问责；下游的嘉善县环保局也在同日发出《关于责令全县喷水织机企业（户）实施停产的紧急通知》，责令相关公司立即停止生产；太湖流域管理局于11时开启太浦闸，按200 m³/s 的流量向下游增供清水。18—21日持续增供水，19日稳定达到限值要求。

（2）2016 年锑浓度异常事件

2016 年 9 月 15—17 日，因受"莫兰蒂"台风外围影响，太湖下游地区出现暴雨，太浦河南岸地区河网水位快速上涨，区域河网水大量流入太浦河。9 月 20 日，太湖流域管理局监测发现太浦河干流金泽断面锑浓度异常，为 6.4 μg/L，水流方向为流向上海市；太浦河南岸支流江南运河平西大桥断面锑浓度为 6.1 μg/L，水流方向为流入太浦河，可能影响水源地供水安全。当晚 18 时 30 分，太湖流域管理局组织应急会商，决定于 19 时起调整太浦闸下泄流量为 80 m³/s，增加清水稀释流量，同时将监测情况通报了两省一市水利（水务）、环保部门，要求相关部门加大太浦河周边地区污染源排查力度，严格企业污染物排放监管，严厉查处违法排污行为，共同保障太浦河供水安全。21 日，应急监测结果显示，太浦河干流、南岸支流、浙江省嘉兴市和上海市青浦区水源地锑浓度均已超标，达到 6.1 μg/L，经紧急会商研究，太湖流域管理局于 21 日晚 20 时启动了应对突发水污染事件 III 级应急响应。22 日监测发现，太浦河南岸支流江南运河平西大桥断面锑浓度为 7.4 μg/L（水体为滞流）。为加快消除污染影响，太湖流域管理局调整工程调度，从当日 12 时起太浦闸调整为按 200 m³/s 下泄。23 日监测数据表明，监测断面锑浓度均低于 5 μg/L，于 21 时终止了突发水污染事件应对 III 级应急响应。

（3）2017 年锑浓度异常事件

2017 年 7 月下旬，台风预报显示第 9 号台风"纳沙"和第 10 号台风"海棠"将于 30—31 日先后在太湖流域片福建省霞浦到晋江一带沿海登陆，登陆后双台风将继续对流域片各省（市）造成严重风雨影响，其中杭嘉湖区降雨量可能较大。29 日，太湖流域管理局提前向太浦河水资源保护省际协作机制各成员单位发出预警，要求各单位加强太浦河区域污染防控，密切关注区域降雨、太浦河及下游水源地水质情况，全力保障供水安全；并制定了台风期间太浦河锑浓度应急监测方案，决定 7 月 30 日至 8 月 4 日每日开展监测。接到预警后，江苏省有关环保部门于 30 日对太浦河周边吴江区域内的纺织、印染企业紧急实施限产措施；31 日对吴江区域内盛泽镇纺织、印染企业实施停产措施。限产、停产后，区域污染物排放总量在一定程度上得到了控制。7 月 30 日至 8 月 1 日，受东南风等因素影响，太浦闸部分时段因倒流临时关闸。8 月 1 日，监测数据显示，太浦河干流各断面及下游水源地锑浓度无异常；但南岸支流平西大桥和雪湖桥断面锑浓度明显升高，分别为 10.3 μg/L、6 μg/L，流向均为流入太浦河。为保障下游水源地供水安全，太湖流域管理局于 8 月 1 日 18 时起启动太浦河泵站向下游供水。8 月 2 日，监测结果表明，太浦河干流黎里东大桥断面锑浓度升至 5.5 μg/L，下游干流各断面及水源地锑浓度呈缓慢上升趋势；南岸支流平西大桥和雪湖桥锑浓度仍较高，分别为 9.7 μg/L、7.9 μg/L，流向均为流入太浦河，说明含较高浓度锑的污水团由南岸江南运河及附近支流流入太浦河。太湖流域管理局于 18 时起关闭太浦河泵站，恢复太浦闸供水。后续监测数据表明，太浦河干流各断面锑浓度均不超过 4 μg/L，下游水源地均稳定达标，供水安全得到有效保障。

（4）2018 年锑浓度异常事件

2018 年 6 月 19—20 日，杭嘉湖区两日累计降雨量 38.4 mm，太浦闸于 6 月 20 日 15 时 15 分关闸，分析表明平望水位高于太浦河入口 0.06 m，短时间内太浦闸不具备开闸条件，太湖流域管理局于 20 时起开太浦河泵站 50 m³/s 供水。21 日下午 14—17 时，太浦闸试开无法保证稳定供水，同时降雨预报显示杭嘉湖区未来 24 小时仍有大到暴雨，为保障太浦河清水流量，维持太浦河泵站 50 m³/s 供水，关闭太浦闸。22 日，杭嘉湖区仍有一定降雨，维持调度不变，稳定向下游保持清水供应。23 日，太湖流域管理局按照《太浦河水资源保护省际协作机制——水质预警联动方案（试行）》要求，向太浦河水资源保护省际协作机制成员单位发布预报提示。24 日，太浦河锑浓度有所上升，但未达到影响供水安全的程度。25 日，上海市水务局致函太湖防总，商请加大东太湖下泄流量，同时太湖流域管理局监测数据显示，当日太浦河干流芦墟大桥和金泽锑浓度有所升高，分别达到 4.2 μg/L、3.9 μg/L。由于入梅以来，太湖流域降雨量较大，当前平望水位仍然较高，太浦闸开启难度较大，因此于当日 19 时加开 1 台泵，按 2 台泵 100 m³/s 控制，向下游增供清水。26 日，太浦闸具备稳定开闸条件，各方监测数据均显示太浦河锑浓度逐步回落，太湖流域管理局于当日 18 时关泵开闸。

尽管近年来太浦河突发水污染事件均得到有效控制，但其高发态势对沿河水源地供水安全仍造成较大压力，其治理与保护现状与水源地水质要求之间存在着较大差距，存在缺乏有效事故信息收集处理预警预报系统、应对措施相对单一、难以根治污染源、法律法规尚未健全等问题，亟待进一步深入开展太浦河污染风险分析及防控措施研究，提高区域供水安全保障。

# 1.4  水污染评估及应急处置研究进展

## 1.4.1  水污染风险分析评估

水污染风险评价是指通过定性定量分析系统所存在的危险，来判断发生危险的可能性和严重程度，从中寻求最佳的预防与控制措施，以尽可能地减小后果损失。

国际上突发事件风险评估研究起步较晚，20 世纪 70 年代美国核管会的《核电厂概率风险评价实施指南》建立了一套系统的概率风险评价方法，是最具代表性的事故风险评价体系。1994 年，Van Baardwijd 基于荷兰当地情况提出了污染物允许排放风险分析方法学，对常见的事故隐患行为进行分类，并分别给出相应的故障频率，用于指导预防水质污染事件。1996 年，Hengel 和 Kruitwagen 提出风险分级评分方法，将危害后果的大小以污染物浓度值来表示，评定了内陆河流运输环境污染事故的风险。90 年代末，Scott A 提出环境事故指数法，针对突发性化学污染，运用评价模型对事件风险源进行识别，对污染事件进行快速半定量分级。2000 年，Jenkins 提出通过深度分析历史数据中信息记录丰富的突发性事故，以其中某几次典型事故为标准，找出风险事故之间可能具有的相似信息，进行生态和经济损失评估，得到所有可能发生事故的相对损失评估值。

流域尺度环境风险评估主要偏重于生态、健康和累积性超标风险评价，专门针对突发性水污染事件的研究较少，现有的方法尚不完善，以确定型评价和概率型评价为主，如指数评价法、贝叶斯网格法、相对风险评估法等。国外的研究基本集中探讨和研究海域突发事件的风险评估，在对突发水污染事件的概率预测及后果评估方面，大多借用一些其他风险预测领域已成熟运用的方法，常用的方法有 AHP 综合模糊评估法和 AHP 综合指数法，通过简化来近似表征事故排放污染物的动态和瞬时特性。2000年，胡二邦等参考化工、工程类风险评价，梳理和归纳了河流突发事件的风险评价理论，提出了对突发性水污染事件进行风险评价的方法。2006年，李如忠用三角模糊数表示河流水体支撑能力和污染负荷水平，构建了河流水质风险模糊评价模型。除此之外，还有如污染事件事后的水质健康风险评估等一些分散、单一的专题研究。

近年来，突发水污染事件风险评估主要研究思路为综合水生态功能分区的风险源特征、风险传播途径和敏感受体等建立源项分析体系，利用风险评估模型对监测数据模拟不同条件下污染源对流域同一地区不同区段的影响范围，评价污染源潜在风险造成的损失，包括生态影响、环境健康和其他损失，划分风险等级和风险区，根据需求输出不同形式的评估结果及效果图，实现基于流域生态功能分区的风险评估。2009年，孙鹏程等通过贝叶斯网络表示事故风险源和河流水质之间的相关性，并用时序蒙特卡罗算法将风险源状态模拟、水质模拟和贝叶斯网络推理过程结合，对多个风险源共同影响下的南水北调东线工程河流突发性水质污染事故的超标风险进行量化评估。2017年，贾倩等基于环境风险系统理论和长江流域突发水污染事件风险特征，建立了涵盖环境风险源强度、环境风险受体易损性、排污通道扩散性指标的长江流域突发水污染事件风险评估指标体系，提出了指标量化方法与区域突发水污染事件风险评估模型，并结合GIS技术开展了长江流域突发水污染事件风险评估与结果可视化展示。2019年，刘明喆等在综合考虑环境脆弱性、污染源危险性和危险控制能力等因素的基础上，构建了永定河山区突发水污染风险等级评估指标体系，采用层次分析法和模糊综合评价法评估了突发水污染风险等级。

## 1.4.2 水污染事件应急管理

传统的水资源环境管理研究更集中在非点源管理、流域管理、保护区划定、土地利用区划、水资源安全评估和经济调控措施等方面，对于突发性水污染应急管理的研究较少。随着世界各大流域水污染事件频发，各国学者对突发水污染事件应急管理进行了大量的研究，主要集中在应急预警、风险决策管理两个方面。1985年，莱茵河保护委员会组织制订了WAP计划，专门针对莱茵河的水环境安全，应用水质在线监控技术、危险化学品识别技术和预警指标筛选技术来预报因污染物泄漏引起的突发性环境污染事故。1997年，多瑙河沿岸9国协同开发了多瑙河突发性事故应急预警系统，具有较为完备的危险物质数据库和快速的信息传递能力，可以较为准确地模拟污染物影响水平。James P. Dobbin等开发了一套全新适用决策支持系统，将数据库技术和互联网技术应用于密西西比河航运事故性污染风险管理。

我国关于突发水污染事件应急管理的研究始于20世纪90年代中期，国家环保总局制定了黄河引黄济津期的水污染防治规划，水利部制定了三峡水库重大水污染事件报告办法与应急调查处理规定，多个城市颁布了包括城市水源地在内的突发污染事件应急预案。彭祺等提出采用3S技术和数据库系统、计算机辅助决策系统给予预警应急系统技术支持，潘莹等提出了基于Web GIS/Web Service的应急预警系统开发思想。

### 1.4.3 水污染事件决策处置

不同污染情景所需要采用的应急处置技术及相应的应急材料物资装备等都会有很大差异，如何选择最适宜的应急处置技术及应急处置材料，确定工程实施操作和运行参数，都是在技术预案和技术方案制定过程中需要考虑的关键问题，将为污染事件的快速处置提供科学的决策支持。

对具体污染物制定其处理处置措施时，应针对不同类型的污染物采取不同的处理方法。①有毒有机物主要采用吸附法、氧化分解等方法来对其进行处理。水中的有机污染物如苯系物、酚类、农药等可利用活性炭等吸附材料去除，高锰酸钾、臭氧等具有很好的除臭、除酚效果，可以将水体中的有机污染物氧化从而达到去除污染物的目的。②重金属污染物主要采用混凝沉淀及吸附法来处理，吸附法工艺简单、效果稳定，特别适用于大流量低污染物含量的去除。③突发性油类污染应急处理方法主要有物理回收（围油栏、撇油器等工具及吸油材料、分散剂、沉降剂）和化学方法（助燃剂燃烧）等。④生物污染主要采用化学氧化及消毒技术来处理，如当水体发生藻类污染时，应采用除藻剂及强化混凝剂去除原水中的藻类；当水体微生物超标时，则采用强化消毒技术对其进行消毒处理。⑤水溶性无毒低毒污染物采用稀释法进行应急处置。通过水利工程调度，加大上游来水量，降低污染断面以下污染物浓度至相关浓度标准以下，从而起到消除、降低污染物危害影响的作用。

同时，应急处置技术的筛选问题逐渐得到关注，利用计算机和信息技术对突发水污染事故相关信息和模型进行集成和可视化而形成的应急调度管理系统可为应急响应工作提供决策支持。在决策系统研究方面，Shi 等 2014 年将基于层次分析法的群决策技术用于山西长治浊漳河苯胺污染事件的应急处置技术筛选中，取得了一定的效果。Liu 等 2015 年提出了模糊灰度相关分析方法（GRA）对应急处置技术进行智能筛选，2016 年又建立了基于差异驱动的多重 CBR 算法（MCBR）进行应急处置材料筛选的方法。刘仁涛等 2017 年将应急处置技术预案（方案）拆分为"案例—技术—材料"3 个模块，系统地提出"相似历史案例筛选、应急处置技术筛选、应急处置材料筛选"3 步筛选模式及决策模型，开发软件平台用于智能生成应急处置技术预案或方案，并以 2011 年浙江建德新安江苯酚污染事件为案例进行验证分析，快速生成了基于吸附技术与混凝技术的处置方案。

# 1.5 工程调度防控水污染研究进展

水利工程调度是合理调控洪涝灾害、改善水资源与水环境条件、促进河湖水体有序流动、发挥水利工程减灾兴利综合效益的重要手段。水利工程调度主要包括防洪调度、供水调度、水生态环境调度、综合调度等。防洪调度由来已久，是运用防洪工程，有计划地实时安排洪水以达到防洪最优效果，减免洪水危害，同时兼顾其他综合利用要求的水利工程调度方式。为了有效解决水资源日益增长的供需矛盾，供水调度研究成为近年水资源优化配置的重点。水资源调度是运用水利工程的蓄、泄和挡水等功能，兴利除害，综合利用水资源，合理利用水工程和水体，在时间和空间上对径流进行重新分配，以适应国民经济各部门的需要。

经济社会发展和生态环境保护都对水质提出了更高要求，特别是对于饮用水水源地而言，水质安全更是至关重要。传统的水资源调度以水量调度为核心，建立的调度模型包括耗水量最小模型、防洪调度模型，在一定程度上忽视了水质的重要性，难以满足当前水资源安全保障中迫切的现实需求。近年来，水量水质联合调度成为水文水资源领域重要的热点问题之一。在大力开展污染源治理的同时，在有条件的区域，利用水利工程改进和加强水资源调度和配置，加快水体流动，提高水环境承载力，不但可以达到河流水质和水环境改善的阶段目标，而且可以成为促进水污染防治和水资源保护的长久之计。水生态环境调度旨在抢救或修复已受损的河流生态系统，是为促进河流生态系统自我修复能力提高而实施的水利工程调度措施的统称，其实质是将生态因素纳入现行水利工程调度进行多目标综合调度。

## 1.5.1 水利工程调度防控水污染实践

随着人们对生态环境的重视和环境问题的日益严重，充分利用外部水环境容量开展河道水质和生态环境改善的水资源调度工作日益受到人们的重视，为改善环境的调度也伴随着对区域水质的保护应运而生。最早通过水资源调度改善河道水质的工作始于日本。1964 年，东京为改善隅田川水质，从利根川和荒川引入相当于隅田川原流量 3 ~ 5 倍的清水，1975 年，日本继续开展河流间的调度，引入其他河流的清洁水净化了中川、新町川和歌川等 10 条河流，开始了国际上引清调度改善水质的工作。美国、日本、欧洲等国家和地区在相关法案中均提出维持河道最小流量的生态环境要求。上海从 20 世纪 80 年代中期开始利用水利工程进行引清调度的实践，开始我国进行水利工程调度改善水质的先例，随后，福州、苏州、南京、杭州、昆明和太湖流域等地陆续开展了各类利用水资源调度改善水质的区域性试验研究和实践，其中最为成功的属福州的内河调水。为改善生态环境的调水实践工作也相继展开，如水利部提出确保"三生"（生产、生活和生态）用水方针的同时，开展了黑河分水、新疆塔里木河调水、黑龙江扎龙湿地补水、黄海调水调沙试验、南四湖生态补水等实践。

太湖流域也开展了广泛的水利工程调度改善水环境实践，包括 1990 年引江

太浦河水源地取水安全水利工程联合调控优化研究

-018-

济浦水质污染调水实践、2002 年起引江济太调水实践、2003 年黄浦江石油泄漏调度、2007 年太湖蓝藻调水实践等。2010 年，为保障流域防洪安全和上海世博会供水安全，太湖流域管理局通过实施引江济太精细调度，全年共实施了 6 个阶段的引江济太调水，望虞河常熟水利枢纽全年引水 216 天，其中泵引 158 天，累计引水 22.29 亿 m³，望亭水利枢纽引水 150 天，累计入湖水量 10.04 亿 m³，太浦闸运行 359 天，向下游泄水 38.43 亿 m³，其中增加供水 30.82 亿 m³，有效增加了流域供水，改善了流域内重要供水水源地水质及受水地区水环境。

## 1.5.2　水利工程调度理论

在开展引清调水实践的同时，相关的理论研究也逐步深入。1994 年，方子云等从环境水利的角度在国内提出了利用水利工程调度改善环境的概念。2001年，钱正英和张光斗提出生态环境用水的概念，并认为生态环境用水是指为维护生态环境不再恶化并逐步改善所需要消耗的水资源总量。2001 年，汪恕诚等提出水资源承载能力和水环境承载能力的概念，水资源承载能力指的是在一定流域或区域内，其自身的水资源能够支撑经济社会发展规模，并维持良好的生态系统的能力；水环境承载能力指的是在一定的水域内，其水体能够被继续使用并仍保持良好生态系统时，所能够容纳污水及污染物的最大能力，也就是水体的自净能力。随后，我国对改善河道水质、提高水体环境容量的研究文献也逐渐丰富起来。董增川针对引江济太调水试验，建立了区域水量水质模拟与调度的耦合模型；刘玉年等针对淮河中游，建立了一、二维水量水质耦合的非恒定流模型，并将该模型用于模拟预测淮河中游洪水、污染物运动规律，评价各种调度方案改善水质的效果；彭少明等建立了水量水质一体化调配模型，优化了黄河典型河段水资源调配方案。

相关研究认为，要利用水利工程改善水环境，需要具备一定的工程、环保条件和保障措施。①具备优于调入地区水质的水源，调出地区不致因水量调出对本身环境造成不良影响。②有足够的水头，受到江海潮位影响的地区，要考虑潮位变化，无条件自流时，需采用泵引。③有控制性建筑物（泵站等）进行取水，要有适当线路的输水工程（河渠或管道）送水。④河道要有必要的控制，平交河道交叉处需要挡污水的要能挡住，以便形成清污分流和有序流动。在增水调控的条件下，总体上终可改善水质，但必须通过污染治理措施从源头上削减污染源排放，否则会产生污染转移，对下游地区造成不良影响。

## 1.5.3　工程调度优化方法

在防洪调度研究中，许多学者提出了库容、泄量、水位、流量、设计标准等防洪调度指标，以及最大削峰率、最小成灾历时、最小洪峰流量、最小泄流水量、最小洪灾损失、最高防洪系统安全度等防洪调度目标，并采用模糊优选模型、层次分析法、粒子群算法、灰色决策理论等方法和技术进行多目标防洪优化调度方案决策分析。

供水调度相关研究提出的供水调度目标包括解决水资源短缺、生态环境保护、防止库区灾害、保障城市生产生活供水等单个或多个目标。指标主要包括供水区重要性评价指标、供水风险综合评价指标、供水权重趋势系数评价指标、供水量最大评价指标、引水效率最高评价指标、生态需水量评价指标等。研究中涉及的供水调度模型包括跨流域调水模型、水库群联合调度模型、多目标优化模型、引水与供水联合优化调度模型、多水源调度模型等，模型求解算法包括粒子群算法、遗传算法、蚁群算法、模糊模式识别优化算法、决策树算法、Copula 算法、样本分析等。

国外关于水生态环境调度的研究主要集中在河道生态需水理论及计算方法、水库水沙调节、生态洪水、水质保护、水库及下游河道生物栖息地改善等方面；国内关于水生态调度的研究主要集中在生态需水调度、水文情势调度、防治水污染调度、水库水沙调度、生态因子调度、水系连通性调度等方面。

社会经济发展对水资源量与质的要求不断提高，且水资源利用目标日趋多元化，因此，优化水利工程运行调度，成为有效协调区域用水矛盾，合理配置生产用水、生活用水和生态用水的客观要求。国内外学者针对水利工程多目标联合调度开展了持续探索。综合调度兼顾防洪、灌溉、发电、供水、生态等多方面效益，其评价指标体系根据水量、调蓄、调水、调沙等具体调度目标，综合考虑社会发展、生态、效率、经济等合理性进行构建。国内外研究开发了多种多目标规划模型、决策模式和优化算法，如人工蜂群（ABC）和引力搜索算法（GSA）、序贯遗传算法（SGA）和非支配排序遗传算法（NSGA）、粒子群算法、主成分分析和拥挤距离排序的多目标复杂演化全局优化方法（MOSPD）、可行搜索空间优化非支配排序遗传算法（FSSO-NSGA-II）等。其中，关于水库群多目标调度的研究开展较早、成果也较多，其重要目的是通过优化水库群调度运用方式，以协调防洪、供水、发电、航运、输沙等利用目标，提高水资源综合利用效益。另有一些学者在水库传统兴利目标基础上，进一步考虑了河道内生态需水保障、水污染防治等目标要求。还有一些学者则研究了更为复杂的多水源、跨区域、不同类型工程的协同调控问题，进一步拓展了水利工程多目标联合调度的维度和尺度。近年来，我国一些河网地区水资源利用与水生态环境保护之间的矛盾比较突出，水质型缺水问题凸显，一些学者开始研究以河网闸坝群为主体的水利工程多目标联合调度。

针对突发水污染事件的水利工程应急调度是水生态环境调度的一种重要形式。河渠内发生水污染事故后，由于其内部水体的流动性及河网、渠系可能存在的交叉、分岔等情况，污染物将会沿河渠发生输移扩散，若处置不当，将会带来十分严重的影响和危害。因此，在有条件的河流或渠道上，应尽可能地利用已有的水利工程，针对突发水污染事故开展应急调控工作，力求将污染物控制在一定范围内，最大限度地减少事故造成的影响，同时为应急处置提供支持。已有研究广泛采用了模糊综合评价方法和水力学水质模型模拟分析了突发水污染事故的应急调度，如卜英在三峡水库基于 CE-QUAL-W2 建立二维水力学水质模型，提出三峡水库长、中、短期调度规则来抑制藻类水华的暴发；辛小康等在长江宜昌段基于 MIKE21 建立二维水力学水质模型，针对该河段的 3 种突发 $COD_{Mn}$ 水污染事故，各设置 5 种三峡水库应急调度方案进行模拟，结果表明针对不同事故的应急调度方案效果各异；丁洪亮等在汉江丹襄段建立二维水力学水质模型，针对该河段的突发 COD 水污染事故，设置 4 种丹江口水库应急调度方案进行模拟，结果表明丹江口水库应急调度仅对离水库较近的江段有较好的效果；魏泽彪在南水北调东线小运河段基于 MIKE11 建立一维水力学水质模型，针对突发铅和苯酚水污染事故，制定相应的应急调度方案进行模拟，并对效果进行简单的比较分析；桑国庆等在南水北调东线两湖段建立一维水力学水质模型，针对突发甲醇水污染事故后污染物的扩散过程和渠道水位变幅约束，设置多种应急调度方案进行模拟，并选出合适的闸泵联合应急调度方案；王帅在南水北调东线胶东干线建立一维水力学水质模型，针对 BOD 和氨氮突发水污染事故，在事故渠池设置多种同步和异步闭闸方案，并对应急调度下的污染物扩散和水位波动进行模拟分析；王家彪在西江流域建立河库水流水质耦合模拟模型，针对贺江突发镉水污染事故，设置多种水库群应急调度方案进行模拟，并对各方案的水库工程自身影响、对下游河道影响和对污染物流动进程影响进行简单的评价分析。

# 1.6　研究内容及技术路线

## 1.6.1　研究内容

本书以保障太浦河水源地供水安全为目标，系统梳理太浦河周边水系、水资源、水环境及水利工程调度现状，详细调查太浦河周边地区污染源分布，识别污染风险区域，并针对水利工程调度防洪排涝、水资源供给及水源地水质保障的多目标性，研究提出工程优化调度方案。主要研究内容如下。

（1）太浦河及周边区域污染源现状分析

梳理太浦河及周边河流水系分布、沿线区域社会经济发展、水资源开发利用、河流岸线开发利用等情况，分析太浦河及周边区域水质现状问题。通过已有资料的收集整理，同时开展现场调查、复核，摸清太浦河及周边区域分布的化工业、造纸及纸制品业、化学原料及化学制品制造业、医药制造业、有色金属冶炼业等企业分布情况，调查太浦河岸线管理范围内分布的工业企业及加油站、危险化学品码头等污染源分布情况。

（2）太浦河突发水污染事件风险综合评价体系构建和评估

根据污染源分布情况，建立基于 GIS 的太浦河突发水污染事件风险污染源信息库，实现污染风险源位置、属性信息完整，可快速查询、可视化。结合太浦河重要保护水域分布和水系特征，对突发水污染事故风险评价中的风险源、风险受体、风险暴露过程等主要影响因素进行深入分析，系统梳理太浦河存在的突发水污染事件风险，细化风险评价的评价方法、评价标准、评价指标等具体内容，建立太浦河突发水污染事件综合评价指标体系，对存在的风险进行分级，从时间和空间维度上总结分析风险的强度，识别和划定可能发生突发水污染事件的敏感响应区域，划分风险重点区域和一般区域，采用ArcGIS软件绘制各类污染源的风险图。

（3）太浦河突发水污染事件影响模拟分析

通过对区域内典型突发水污染物质进行识别，筛选太浦河近年水污染事件及沿线污染风险源调查中的代表性污染物，利用流域河网水动力模型，对于区域内突发氨氮、重金属铬及有毒有害物质锑污染进行定量化模拟，分析研究太浦闸不同下泄量、两岸口门不同运行方式下，突发水污染事件对太浦河水源地水质的影响，探索以改善水质为单目标的水利工程调度运行对减轻突发水污染事件的效果。

（4）基于多目标管理的太浦河水利工程优化调度研究

统筹太浦河防洪、水资源及水环境保护等不同情况下对水利工程调度的需求，同时考虑流域及相关区域防洪安全、供水安全、水质改善需求，分析太浦河沿线水源地取水安全水利联合调度需求及指标，拟定满足流域、区域多目标的调度策略集，采用流域区域耦合的水量水质模型分析各调度策略的效果，构建联合调度决策数学模型，通过相互反馈调整，研究太浦河及两岸口门多目标水利联合调度优化方案。

（5）太浦河供水安全保障对策措施研究

在研究太浦河水利工程优化调度保障供水安全的同时，针对太浦河周边区域存在的污染源风险，加强源头污染防控和减排，提出水生态保护与修复及突发水污染事件风险防控、水污染防治监督管理等措施，通过综合治理措施的实施，以实现水源地供水安全。

## 1.6.2 技术路线

本书以收集大量基础资料和实地调研为基础，梳理太浦河周边区域污染源，识别潜在的风险源，以 GIS 等关键技术为手段，建立污染源信息库；以指标评估法为依托，建立突发水污染事件评估指标体系，确定风险敏感区域，绘制风险图；以太湖流域水量水质耦合模型为工具，分析突发水污染事件的影响；以太浦河沿线已有水利工程和调度方案为基础，通过太湖流域平原河网水量水质模型与

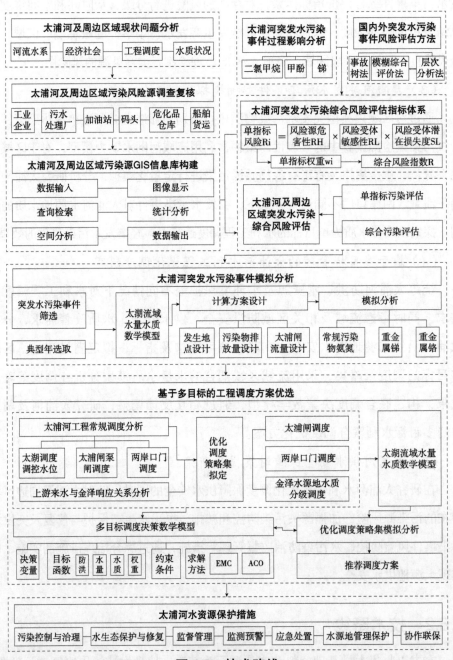

图 1.2　技术路线

联合调度决策数学模型交互反馈，研究提出利用水利工程调度保障供水安全的优化调度方案，并以源头控制为根本，提出有针对性的太浦河水污染综合治理和监督管理措施。技术路线如图 1.2 所示。

# 参考文献

［1］ VAN BAARDWIJK FAN. Preventing accidental spills: risk analysis and the discharge permitting process ［J］. Water Science & Technology, 1994, 29（3）: 189-197.

［2］ HENGEL WV, KRUITWAGEN PG. Environmental risks of inland water treatment transport ［J］. Water Science and Technology, 1996, 29（3）: 173-179.

［3］ SCOTT Å. Environment - accident index: validation of a model ［J］. Journal of Azardous Materials, 1998, 61（1）: 305-312.

［4］ JENKINS L. Selecting scenarios for environmental disaster planning ［J］. European Journal of Operational Research, 2000, 121（2）: 275-286.

［5］ LIU J, GUO L, JIANG J. Evaluation and selection of emergency treatment technology based on dynamic fuzzy GRA method for chemical contingency spills ［J］. Journal of Hazardous Materials, 2015, 299:306-315.

［6］ LIU RT, JIANG JP, GUO LI. Screening control and clean-up materials of river chemical spills by the multiple case-based reasoning method with a difference-driven revision strategy ［J］. Environmental Science and Pollution Research, 2016, 23（11）:11247-11256.

［7］ 李如忠. 水质预测理论模式研究进展与趋势分析 ［J］. 合肥工业大学学报（自然科学版）, 2006（1）:26-30.

［8］ 季笠, 陈红, 蔡梅, 等. 太湖流域江河湖连通调控实践及水生态环境作用研究 ［M］. 北京:中国水利水电出版社, 2013.

［9］ 艾恒雨, 刘同威. 2000—2011 年国内重大突发性水污染事件统计分析 ［J］. 安全与环境学报, 2013（4）:288-292.

［10］郭媛. 汾河水库突发事件水污染模拟与应急处置研究 ［D］. 山西:太原理工大学,

2015.

[11] 孙鹏程，陈吉宁．基于贝叶斯网络的河流突发性水质污染事故风险评估［J］．环境科学，2009，30（1）:47-51.

[12] 贾倩，曹国志，於方，等．基于环境风险系统理论的长江流域突发水污染事件风险评估研究［J］．安全与环境工程，2017，24（4）:84-88，93.

[13] 刘明喆，孔凡青，张浩，等．基于层次分析法和模糊综合评价的突发水污染风险等级评估［J］．水电能源科学，2019，37（1）:53-56.

[14] 刘仁涛，姜继平，史斌，等．突发水污染应急处置技术方案动态生成模型及决策支持软件系统［J］．环境科学学报，2017，37（2）:763-770.

[15] 卜英．不同调度方案下三峡库区垂向二维水动力模型研究［D］．天津：天津大学，2010.

[16] 辛小康，叶闯，尹炜．长江宜昌江段水污染事故的水库调度措施研究［J］．水电能源科学，2011，29（6）:46-48，95.

[17] 丁洪亮，张洪刚．汉江丹襄段水污染事故水库应急调度措施研究［J］．人民长江，2014，45（5）:75-78，106.

[18] 魏泽彪．南水北调东线小运河段突发水污染事故模拟预测与应急调控研究［D］．济南：山东大学，2014.

[19] 桑泽栋．南水北调东线两湖段突发水污染应急模拟研究［D］．济南：济南大学，2017.

[20] 王家彪．西江流域应急调度模型研究及应用［D］．北京：中国水利水电科学研究院，2016.

[21] 张羽．城市水源地突发性水污染事件风险评价体系及方法的实证研究［D］．上海：华东师范大学，2006.

[22] 林楠．国内跨界水体污染事件协调机制及损害评估体系研究［D］．哈尔滨：哈尔滨工业大学，2014.

[23] 王运鑫．基于模糊贝叶斯网络的突发水污染事故风险评价研究［D］．兰州：兰州交通大学，2018.

[24] 唐行鹏．流域突发性水污染风险区划与管理方法研究［D］．哈尔滨：哈尔滨工业大学，2012.

# 第 2 章
# 太浦河水系、水资源和水环境状况

　　太浦河是太湖流域阳澄淀泖区与杭嘉湖区的分区界，西起东太湖边时家港，东至南大港入西泖河接黄浦江，全长 57.6 km，是太湖的重要出湖河道之一，也是流域两省一市的省际河道。两岸主要涉及江苏省苏州市、浙江省嘉兴市和上海市青浦区等行政区域，是我国经济最发达、人口最密集的地区之一。太浦河北岸阳澄淀泖区是著名的江南水乡，分布有诸多大小河道和阳澄湖、淀山湖等蓄水湖荡，形成西部引排太湖、东部泄流江（长江）浦（黄浦江）的自然水系。太浦河南岸杭嘉湖区地势平坦、河流纵横，按排水方向有北排太湖、东排黄浦江、南排杭州湾等水系。

# 2.1 两岸水系及航道

## 2.1.1 两岸水利分区

太浦河作为太湖流域骨干河道，北与阳澄淀泖区相连，南接杭嘉湖区。

阳澄区以阳澄湖群为水系调蓄中心，京杭运河来水和望虞河东岸地区径流主要由界泾、冶长泾、渭泾塘、黄埭塘等东西向河道东入阳澄湖群，后由张家港以东通江河道注入长江。常浒河、白茆塘、七浦塘、杨林塘、浏河为骨干通江引排河道，80%的水量由这五大河道排入长江。

淀泖区毗邻东太湖。东太湖出水河道主要有瓜泾港、三船路闸、大浦口闸和戗港。瓜泾港向东汇入运河，汇合吴江松陵水系和运河来水后入吴淞江；吴淞江旁纳两岸水流向东进入上海入江，东流过程部分水量经长牵路、屯浦港、澄湖、大直港、千灯浦等分流南下，进入淀泖区腹部，由淀泖湖群承转后汇入淀山湖下泄。三船路闸东接北大港入运河，大浦口闸由海沿槽、直渎港入大浦港后入京杭运河，经大窑港和北大港东泄，大窑港东泄途中汇合长牵路来水经南星湖、牛长泾、八荡河、元荡汇入淀山湖，北大港一股经长白荡、南参荡、元鹤荡、三白荡东泄。戗港出水一部分折入横草路入运河，主流由沧州荡沧浦河入太浦河东流。

杭嘉湖区以运河水系为主，河网水流总流势自西南而东北。除北排入太湖的娄港水系外，运河水网自然形成3个排水系统：古运河嘉兴以西水系，形成以古运河、澜溪塘和頔塘为骨干的自西南而东北的排水系统，即杭嘉湖北排通道，承泄嘉兴以西的洪涝水汇入太浦河。古运河以东，沪杭铁路以北的嘉兴嘉善洼地水网，以俞汇塘、清凉港等东排河道入园泄泾入黄浦江。沪杭铁路以南水系，以上海塘、广陈塘为骨干，承泄路南和海盐以北的高地来水经大泖港入黄浦江。

由于近代杭嘉湖区原有排水出路不足，自20世纪50年代开始向南开辟新河，实施了谈家埠排涝闸、长山河排涝工程等南排杭州湾工程，利用低潮位排泄部分涝水。1991年太湖大水后，太浦河工程、杭嘉湖南排工程、红旗塘工程、杭嘉湖北排通道工程等骨干工程实施完成，杭嘉湖区形成了"北排太浦河，东排黄浦江，南排杭州湾"的水系格局。

## 2.1.2　两岸水系

太浦河沿线支流共有 96 条，太浦河和支流之间多通过小型河网及湖荡连接，流态复杂（图 2.1）。自西向东串联的主要湖荡包括蚂蚁漾、雪落漾、大龙荡、杨家荡、木瓜荡、汾湖、邗上荡、上白荡、白渔漾等；北岸有江南运河、牛长泾—北窑港等主要河流汇入太浦河，南岸主要支流包括江南运河、頔塘、澜溪塘、老运河、芦墟塘等。监测结果显示，常水位下，太浦河北岸主要支流江南运河、北窑港水流流向均为向南入太浦河；南岸敞开的新运河、老运河、雪河、頔塘均为向北入太浦河，已建闸控制的芦墟塘、丁珊港、大舜港等支流一般情况下口门敞开，自然流向以出太浦河为主。

江南运河：京杭运河南段自镇江谏壁至杭州三堡，全长 314.7 km，又称江南运河。江南运河沿程与通长江、进出太湖和南排杭州湾的许多河道交汇，在平望与太浦河相交。京杭运河贯穿流域腹地及下游诸水系，起着水量调节和承转作用，太浦河以北的京杭运河承接苏南地区洪涝水，太浦河以南的京杭运河承接杭嘉湖地区洪涝水，均汇入太浦河，下泄黄浦江。江南运河沿线串联常州、无锡、苏州等经济发达城市，沿途纳入大量污染物，现水质情况不容乐观。

頔塘：西起湖州市城东二里桥，途经浙江省湖州市菱南、东迁、南浔，东至江苏平望与江南运河中支澜溪塘沟通，全长约 59 km，宽 80 ~ 100 m，为长湖申航道的一部分。頔塘承接东苕溪东排水量和杭嘉湖区环太湖口门出湖水量，从浙西高地排入嘉北低片，最终汇入太浦河。

澜溪塘：自浙江省桐乡市境内金牛塘、白马塘交汇处的乌镇起，向东北流经江浙边界的鸭子坝，继续北上直至江苏省苏州市吴江区平望镇汇入莺脰湖，流经浙江省新市、含山、练市、嘉兴、乌镇及江苏省盛泽、震泽、平望等地，河道全长 29 km，其中浙江境内 14.1 km，江苏境内 14.9 km，现为江南运河南支主干河道。澜溪塘两侧支流众多，西岸有麻溪等 20 余条大小支流，东岸有新塍糖、乌桥港等 20 余条支流。澜溪塘承泄西岸杭嘉湖区涝水，一部分向北排入太浦河，

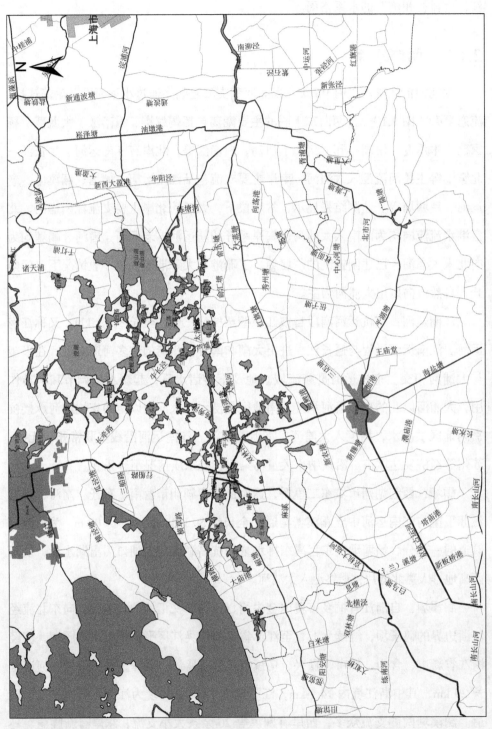

太浦河水源地取水安全水利工程联合调控优化研究

图 2.1 太浦河两岸水系分布示意

另一部分经东岸诸支流东排入老运河。澜溪塘作为苏浙两省间主要水上通道，为 IV 级航道，航运繁忙。

老运河：自嘉兴市区北丽桥起，向北经秀洲区王江泾、大坝，西北折至江浙交界，全长 18.98 km，河道底宽 50 ~ 60 m，亦称苏嘉运河。老运河北偏西流，东西两岸支流甚多，与其交汇的河道主要有新农港、双桥港、虹阳港、铁店港、斜路港等。汛期老运河洪涝水北泄经大坝水路北出吴江市黎里镇杨家荡，东北出章湾荡，南经尤家港入汾湖。

横路港：南起苏浙交界，由南北横塘至蚂蚁漾、雪落漾，北至太浦河，是一条西南—东北向的骨干河道，全长 25.4 km，平均河面宽 36.8 m，平均河底高程为 0.2 m。

混水河—雪湖港：南起莺脰湖，经混水河、雪湖港串联雪湖、杨家荡至太浦河，全长 2.9 km。

斜路港—梅坛港：起自老运河，经斜路港、梅家荡，入田北荡、菩堤荡、毛洋荡、元黄荡与大坝水道向东的水流汇合，经南尤家港、梅坛港入太浦河，全长 11.3 km。

芦墟塘：南起三店塘三店村，向北经杨河浜穿越红旗塘，再经嘉善下甸庙、陶庄，过陶庄枢纽连接太浦河汾湖段，全长 23.8 km。

丁栅港：南起俞汇塘，北入太浦河，在太浦河口建有丁栅枢纽，河道全长 5.1 km。

牛长泾塘：北起南星湖，南至三白荡，为汾湖开发区境内一条重要的南北向排水河道。全长 9 km，目前河面宽 40 m，河底宽 35 m，河底高程为 0.5 m。

北窑港：北部承接三白荡之水，并汇集东西两侧的地区来水入太浦河。全长 1.18 km，目前河面宽 50 m，底宽 40 m，河底高程为 0.8 m。

## 2.1.3 两岸骨干航道

太湖流域是我国内河航运最为发达的地区之一。目前，包括太湖流域在内的长江三角洲地区内河航道里程超过 3.3 万 km，其中 IV 级及以上航道 1770 km。太浦河及两岸涉及的主要航道有京杭运河、长湖申线、湖嘉申线、乍嘉苏线、芜申线、苏申内港线、苏申外港线（表 2.1）。

**表 2.1  太浦河及两岸航道现状和规划概况**

| 航道名称 | 所在河道 | 里程 /km | 现状等级 | 规划等级 |
|---|---|---|---|---|
| 京杭运河 | 京杭运河 | 314.7 | III ~ IV 级 | III 级 |
| 乍嘉苏线 | 江南运河 | 110.8 | III ~ VI 级 | IV 级 |
| | 平湖塘 | | | |
| 芜申线 | 芜太运河 | 190.4 | 等外 ~ III 级 | III 级 |
| | 太湖航线 | 66.0 | | |
| | 太浦河 | 57.6 | | |
| 苏申外港线 | 澄湖 | 65.4 | IV 级 | III 级 |
| | 淀山湖 | | | |
| | 拦路港 | | | |
| | 泖河 | | | |
| | 斜塘 | | | |
| 苏申内港线 | 吴淞江 | 102.4 | III ~ IV 级 | III 级 |
| | 蕴藻浜 | | | |
| 长湖申线 | 頔塘 | 142.2 | IV ~ VI 级 | III 级 |
| | 太浦河 | | | |
| 湖嘉申线 | 双林塘 | 104.0 | III ~ IV 级 | III 级 |

（1）京杭运河

京杭运河北起北京，南至杭州，流经北京、天津、河北、山东、江苏、浙江 6 省（市），沟通了海河、黄河、淮河、长江、钱塘江五大水系，全长 1794 km，是我国南北向重要的水上运输大通道，尤其是煤炭运输大动脉，在促进区域经济发展、水资源综合利用及在全国内河航运体系中具有重要地位。

京杭运河横贯了整个太湖流域，京杭运河是流域内里程最长、货流密度最大、运输效益最好的航段，现状为 III ~ IV 级航道，近十年来货运量稳定增长，在长江三角洲地区经济发展中具有重要的战略地位。京杭运河是《长江三角洲地区高等级航道网规划》的"两纵"干线航道之一，也是重要的内河集装箱运输通道，规划为 III 级航道。目前，京杭运河苏南段、浙江段航道"四改三"已基本实施完成。

（2）长湖申线

长湖申线航道起自浙江省长兴县小浦，至上海西泖河口，全长 143.88 km。上游（浙江段）从小浦起，经帅家村、吕山、湖州至南浔省界，长 77.1 km；中游（江苏段）自浙南浔进入江苏省境内，经吴江市的震泽、梅堰、于平望入太浦河，过黎里、芦墟等城镇，止于苏沪交界，长 51.58 km；下游（上海段）为太浦河的一段，西起苏沪交界，东止苏申外港线的西泖河口，长 15.2 km。担负着重要的防洪、灌溉、排涝任务，是浙西北矿建材料运往上海的便捷通道。

长湖申线主要涉及流域和区域骨干河道頔塘、太浦河，航道在平望与京杭运河相交，是浙西北地区矿建材料和非金属矿石运往上海和沿线地区的"生命线"，也是长江三角洲地区最繁忙的航线之一，为该地区的基础设施和城市建设发挥着不可替代的作用。长湖申线湖州段航道于 2008 年 8 月开始实施全线整治，其中长兴小浦合溪至帅家村航段 15 km 按Ⅵ级航道标准改造，通航 500 t 级船舶，帅家村至南浔航段 62.9 km 按Ⅲ级航道标准改建，通航 1000 t 级船舶；江苏和上海境内太浦河段现状为Ⅵ级航道。长湖申线是《长江三角洲地区高等级航道网规划》的"六横"干线航道之一，规划为Ⅲ级航道。

（3）湖嘉申线

湖嘉申线位于太湖南部浙江杭嘉湖区，航道自湖州闸西至红旗塘，途经湖州、乌镇等地市，连接了湖州、嘉兴、上海等城市，是浙北地区通往上海最便捷的水上运输通道，全长约 104 km。湖嘉申线利用的主要河道有双林塘、京杭运河、红旗塘等，在乌镇和鸭子坝之间航道为京杭运河段，沟通了京杭运河、杭湖锡线、乍嘉苏线、杭申线等航道。

湖嘉申线是湖州通往上海的第 2 条水上运输大通道，同时也是长湖申线的复线和分流航道，能够起到分流长湖申线日益繁重的货运量和预防突发事件发生的作用，也是湖州、嘉兴与上海之间的内河集装箱运输通道。湖嘉申线是《长江三角洲地区高等级航道网规划》的"六横"干线航道之一，规划为Ⅲ级航道；其一期工程也是浙江省内河首条Ⅲ级航道，工程于 2009 年通过竣工验收，目前二期工程（京杭运河石汇头—乍嘉苏航道口）的可行性研究通过专家评审。

（4）乍嘉苏线

乍嘉苏线自乍浦经平湖、嘉兴至苏州吴江平望镇草荡，现为Ⅳ～Ⅴ级航道，可通航 300 t 级船舶。乍嘉苏线是长江三角洲高等级航道成网直达运输的重要连接通道，是浙北沟通苏南的跨省航道，沟通了京杭运河、长湖申线、杭申线、杭平申线等航道，主要担负杭嘉湖与苏锡常及长江中下游地区的物资交流任务，也是乍浦港的集疏运通道，规划为Ⅳ级航道。

（5）芜申线

芜申线即芜申运河，起自安徽省芜湖市，经芜湖县、当涂、郎溪，至江苏的高淳、溧阳、宜兴，然后入太湖，穿太湖经太浦口在吴江市进入上海，全长 271 km，是一条沟通长江和太湖水系跨流域的省际内河航运通道。芜申运河纵贯皖、苏、浙、沪，穿越长三角，是《长江三角洲地区高等级航道网规划》的"六横"干线航道之一，也是江苏省"两纵四横"主骨架航道中的关键"一横"，对于改善长三角水运交通条件、完善区域综合交通体系、充分发挥水路运输优势、促进沿线经济社会发展等具有重要作用。芜申线江苏段航道里程约 254.7 km，规划为Ⅳ级航道，最大船舶通航能力为 1000 t 级。

（6）苏申内港线

苏申内港线位于江苏省苏州市和上海市，沿途经过江苏省经济最活跃的苏州、昆山，连入蕴藻浜入上海宝山区，全长约 111 km，涉及主要河流为吴淞江和蕴藻浜。苏申内港线是苏州及长江沿线各省通往上海沿海港口最便捷的一条航运通道，沟通连申线和京杭运河，增强了江苏省与上海市通过内河航运的交流和辐射。

苏申内港线是《长江三角洲地区高等级航道网规划》的"六横"干线航道之一，也是长江三角洲地区一条重要的内河集装箱运输通道，规划为Ⅲ级航道，目前江苏段已经完成航道整治工程初步设计。

（7）苏申外港线

苏申外港线位于江苏省苏州市和上海市，自宝带桥至分水龙王庙，航道主要河流为澄湖、淀山湖、拦路港、泖河、斜塘，全长 64.7 km，是京杭运河物资通过内河船舶运往上海最便捷的通道，也是长江、淮河和太湖流域通往上海的主要通道之一。

苏申外港线同样是《长江三角洲地区高等级航道网规划》的"六横"干线航道之一和重要的内河集装箱运输通道，规划为Ⅲ级航道，目前上海段已经完成Ⅲ级航道整治工程，江苏段也完成了工程初步设计。

# 2.2 太浦河工程及岸线开发利用情况

## 2.2.1 太浦河工程

（1）河道

太浦河工程是治太11项骨干工程之一，具有防洪、排涝、供水和航运等综合功能，由河道、太浦闸和太浦河泵站、两岸支流口门建筑物组成。

太浦河防洪排涝泄水断面按1954年洪水设计，根据太浦河工程竣工验收报告，太浦河从杨家荡至西泖河底高程 −5.0 m，底宽 90 ~ 139 m（其中汾湖段底高 −1.5 m，底宽 50 m）；杨家荡西口—京杭运河段底高程 −4.5 ~ −2.5 m，底宽 117.4 m；京杭运河—新运河段底高程 −2.5 ~ −2.14 m，底宽 117.4 m；平望以西局部深槽按底高 −2.5 m，底宽 40 m 疏浚。太浦河两岸建有堤防，京杭运河以西设计水位 4.20 m，堤顶高程 5.60 m；京杭运河以东设计水位 4.10 m，堤顶高程 5.5 m。

太浦河沿线支流共有96条，已建口门控制建筑物88座。北岸43条支流，京杭运河敞开，其余均已控制；南岸53条支流，芦墟以东46条支流已控制，芦墟以西7条支流敞开。《太湖流域综合治理总体规划方案》在南岸芦墟以西安排了7个敞开口门，总过水面积1080 m²（高程3.0 m以下），其中蚂蚁漾50 m²，雪落漾180 m²，新运河270 m²，雪河260 m²，牛头河170 m²，南尤家港、梅坛港合计150 m²。太浦河支流按行政区域划分，江苏段共有支流70条，其中北岸32条，已建控制31条；南岸38条，已建控制33条。浙江省段共有支流10条，已建控制8条。上海段共有支流16条，均已控制。

（2）太浦闸及太浦河泵站

太浦闸位于苏州市吴江区境内的太浦河进口段，是太浦河干流重要的控制建筑物，目前，太浦闸除险加固工程已完成，规模为净宽 120 m，闸底板高程 –1.5 m，闸底设有宽顶堰，顶高程 0 m。太浦闸是太湖东部骨干泄洪通道和环太湖大堤重要口门控制建筑物，在太湖流域防洪和向下游地区供水中发挥着重要作用。《太湖流域综合治理总体规划方案》确定太浦河泄水能力为：遇 1954 年型洪水（50年一遇）5—7 月承泄太湖洪水 22.5 亿 $m^3$，最大旬平均流量为 721 $m^3/s$；同时承泄杭嘉湖北排涝水 11.6 亿 $m^3$，最大旬平均流量为 261 $m^3/s$；上述泄水过程控制平望旬平均半潮位不超过 3.3 m。2011 年 12 月，水利部以《关于太浦闸除险加固工程初步设计报告的批复》（水总〔2011〕639 号）批复了太浦闸除险加固工程初步设计报告。太浦闸除险加固采用改建方案，即在原址对原水闸拆除重建。2015 年 6 月，工程顺利完工并通过验收，重建后的太浦闸有 10 孔闸门，每孔净宽 12 m，底板高程 –1.5 m，设计流量 985 $m^3/s$，近期设闸槛堰顶高程 0 m。

太浦河泵站位于太浦闸南岸，建成于 2003 年。工程主要目的为：在流域干旱年（1971 年型），当太湖水位偏低、太浦闸自流流量较小时，利用泵站抽引太湖水，补充黄浦江上游水量，遏制上海市黄浦江取水口江段水质受污水上溯影响，改善取水口江段（松浦大桥）的水质。工程规模为 300 $m^3/s$。

## 2.2.2 岸线开发利用情况

综合考虑太浦河地貌形态特征、河流流域水文分区、行政分区、河岸临岸土地利用情况及水功能区划分等因素，将太浦河纵向划分为 3 段，分别为太浦闸—京杭运河段、京杭运河—芦墟大桥段、芦墟大桥以东段。

太浦闸—京杭运河段始于太浦闸，终于京杭运河，北岸途径江苏省横扇镇，南岸途径江苏省八都镇和盛泽镇，总体为从北向南走向，太浦闸—京杭运河整体开发利用强度相对较弱。

京杭运河—芦墟大桥段始于京杭运河，终于芦墟大桥，北岸途径江苏省黎里镇，南岸途径江苏省陶庄镇，总体为从北向南走向，京杭运河—芦墟大桥段整体开发强度相对较强。

芦墟大桥以东段始于芦墟大桥，终于练塘河口。北岸途径上海市，南岸途径浙江省嘉兴县和上海市练塘镇，总体为从北向南走向，芦墟大桥以东段整体开发利用强度较弱。

通过人工解译卫片结合现场实际调查，对太浦河 58 个监测河段、共 172 个监测断面进行岸线开发利用情况（2017 年）评价分析，主要包括堤防状况、河岸带植被覆盖度、河岸带人工干扰程度、河流连通状况等，均参照《河湖健康评估技术导则（征求意见稿）》进行评价。

（1）堤防状况

太浦河两岸岸线总长约 123.1 km，其中堤防（不含距河口线较远的 G318 段）总长约 91.7 km，其余 31.4 km 岸线无堤防，需依靠临水侧挡墙防洪。91.7 km 的堤防中，达到原堤顶高程计标准的堤防长度为 65.4 km，占比约 71%；未达到原堤顶高程计标准的堤防长度为 26.2 km，占比约 29%，河段堤防达标情况如表 2.2 所示。

表 2.2　太浦河堤防达标情况

单位：km

| 河段名称 | 堤防 | | | 无堤段护岸长度 | 合计 |
|---|---|---|---|---|---|
| | 达标 | 未达标 | 总长 | | |
| 太浦闸下—平望 | 20.6 | 3.8 | 24.5 | 2.1 | 26.6 |
| 平望—苏护省界芦墟大桥 | 29.2 | 7.1 | 36.3 | 26.5 | 62.8 |
| 苏护省界芦墟大桥—出口 | 15.6 | 15.3 | 30.9 | 2.8 | 33.7 |
| 合计 | 65.4 | 26.2 | 91.7 | 31.4 | 123.1 |

（2）河岸带植被覆盖度

根据《河湖健康评估技术导则（征求意见稿）》，植被覆盖度分析河岸带水边线以上范围内乔木、灌木和草本植物的覆盖度，共分为无该类植被、植被稀疏、中度覆盖、重度覆盖、极重度覆盖 5 个等级，河岸带植被覆盖度得分为乔木、灌木和草本覆盖度得分的算术平均值。

太浦闸—京杭运河段大部分区域都被乔灌木组成的林地覆盖，靠近太浦闸的区域，植被覆盖度较高，整段处于重度覆盖水平。河岸带有部分被工厂和居民区侵占，使得整段中某些区域出现无植被覆盖和植被稀疏的情况。该段主要有两种典型植被结构，包括意大利杨—夹竹桃—狗根草3层结构、意大利杨+香樟—夹竹桃+构树—狗根草3层结构。该段北岸长度占河岸总长的11.17%，南岸占河岸总长的11.18%。北岸5种覆盖度类型的比重依次为5.8%、19.6%、45.7%、18.9%、10.0%；南岸5种覆盖度类型的比重依次为5.5%、10.2%、36.0%、35.8%、12.5%。

京杭运河—芦墟大桥段总体处于中度覆盖水平。受城镇化影响，不同区域的植被覆盖度水平差异较大，总体来看，南岸的植被覆盖程度高于北岸。该段主要有3种典型植被结构，包括极少植物覆盖、意大利杨+香樟—夹竹桃+构树两层结构、植被结构性比较差。该段北岸、南岸河岸线分别占河岸总长度的18.76%、20.70%，无植被覆盖点位分别被工厂、码头、渡口、在建工地等侵占。北岸5种覆盖度类型的比重依次为16.4%、35.7%、30.7%、13.8%、3.4%，北岸城镇化地区较多，河岸带被侵占情况比较严重；南岸5种覆盖度类型的比重依次为18.5%、25.2%、38.4%、15.6%、2.3%，南岸农田比较多，植被覆盖程度好于北岸，中度植被覆盖的地区较多。

芦墟大桥以东段总体处于重度覆盖水平，与太浦闸—京杭运河段和京杭运河—芦墟大桥段相比，植物的覆盖水平较高，该段主要的典型植被结构为意大利杨+香樟—夹竹桃—狗尾草3层结构。南北两岸各监测河段的植被覆盖度有无植被覆盖、植被稀疏、中度覆盖、重度覆盖和极重度覆盖5种情形，其中北岸物种覆盖类型占评价河长的比例分别为8.9%、15.5%、41.8%、20.7%、13.1%，无植被覆盖主要出现在工厂岸线，极重度覆盖出现在芦墟大桥以东段防护林沿线，中度植被覆盖水平占比最大；南岸5种覆盖度类型的比重依次为10.6%、14.5%、30.4%、34.5%、10.0%。

（3）河岸带人工干扰程度

太浦河各段出现的人工干扰类型有河岸硬性砌护、沿岸建筑物（房屋）、垃圾堆放、公路（铁路）、管道、农业耕种和畜牧养殖。太浦河全段的主要人工干扰类型为河岸硬性砌护、沿岸建筑物（房屋）、公路（或铁路）、农业耕种及畜牧养殖。沿岸建筑物主要为工业企业、加油站、码头等；公路主要分布于太浦河两岸河岸带区域，部分公路在邻近陆域和河道内（桥梁）出现。农业耕种和畜牧养殖用地在太浦河两岸不均匀分布，主要区块为京杭运河（苏震桃公路）至京杭运河（G15W）、汾湖南岸、汾湖大桥至练塘口。

太浦闸—京杭运河段人工干扰类型有河岸硬性砌护、沿岸建筑物（房屋）、公路（或铁路）、农业耕种、畜牧养殖。北岸沿线的人工干扰类型主要为沿岸建筑物（房屋），农业耕种零星分布，几乎不存在畜牧养殖干扰，河岸带邻近陆域的人工干扰类型主要为沿岸建筑物（房屋）、公路（铁路）和农业耕种，存在部分畜牧养殖干扰。南岸沿线河岸带及邻近陆域人工干扰类型与北岸相似。

京杭运河—芦墟大桥段两岸土地利用差异性较大，北岸用地以工矿仓储用地为主，南岸用地以林地、农业用地、水产养殖为主，城镇化、工业化程度较高，河岸带的人工干扰相对较为严重，人工干扰类型有7种。其中，河道内的主要干扰类型为公路（或铁路），河岸带的干扰类型为河岸硬性砌护、沿岸建筑物（房屋）、垃圾堆放、公路（或铁路）、管道、农业耕种、畜牧养殖；邻近陆域的干扰类型有沿岸建筑物（房屋）、公路（或铁路）、农业耕种和畜牧养殖。京杭运河—芦墟大桥段河岸带用地类型较复杂，主要问题有京杭运河附近存在较多工业企业，以纺织印染、化工厂、水泥厂为主，大桥附近存在大型二手船舶交易市场，大量船只停靠。

芦墟大桥以东段主要用地类型为林地，两岸有稳定的防护林存在，主要人工干扰类型有5种。其中，河道内干扰类型为公路（铁路），河岸带干扰类型主要有河岸硬性砌护、沿岸建筑物（房屋）和公路（或铁路），存在少量农业耕种和畜牧养殖干扰，其中农业耕种干扰多分布于南岸，干扰量与前两段相比较少；近岸陆域的人工干扰类型主要为沿岸建筑物，有少量公路（铁路）、农业耕种和畜牧养殖干扰。两岸相比，南岸比北岸干扰量少。

（4）河流连通状况

太浦河两岸沿线水闸共119座，主要包括5种类型，分别为泵站、防洪闸、涵洞、节制闸和套闸。①泵站：利用水泵进行引排水的系统。古池泵站、桃花养泵站、平望大桥东泵站等均为泵站。②防洪闸：防洪闸又称排涝闸，起到防洪排涝的作用，通常建设在洪涝地区向江河排水出口处、灌溉渠道处及沿海排水出口处，利于检修渠道，排水挡潮。柳湾港闸、忠家港闸、杨家港闸等均为防洪闸。

③涵洞：用于排除公路沿线的地表水，用闸门调节水量，保证地基安全。太浦河沿线有两座涵洞，分别为周家头涵洞和鹤脚扇涵洞。④节制闸：用于调节太浦闸—京杭运河水位，控制下泄水流量，通常见于河道或渠道中。太浦闸、大日港闸、振兴桥闸等均为节制闸。⑤套闸：小型船闸，在短距离内设置两个节制闸，起到挡外河水、排洪、灌溉、通航等作用。时家港闸、小红头套闸、高桥河套闸等均为套闸。还有一部分支流使用防洪闸与泵站结合、节制闸与泵站结合，或节制闸与套闸相结合。

在 119 座水闸中，共有泵站 18 座，防洪闸 17 座，涵洞 2 座，节制闸 36 座，套闸 46 座。根据现场实际调查情况，太浦河两岸支流水闸较多，三段水闸数量的集中程度各不相同，京杭运河—芦墟大桥段的水闸数量最多，有 63 座，占总数的 52.94%；太浦闸—京杭运河段和芦墟大桥以东段的水闸数量近似，分别有 25 座和 27 座，占总数的 21.01% 和 22.69%。太浦闸—京杭运河段闸坝密度（闸坝数量/河长）为 1.60 个/km，京杭运河—芦墟大桥段为 3.04 个/km，芦墟大桥以东段为 1.27 个/km。

# 2.3　水资源及其开发利用现状

## 2.3.1　太浦河水资源

太浦河的水资源主要来源于3个方面：一是太湖通过太浦河闸泵的下泄水量；二是两岸支流进出水量；三是下游潮水上溯水量。

（1）太湖来水

太湖是流域内最重要的调蓄湖泊，也是流域内最重要的供水水源地，在流域供水体系中占有不可替代的重要地位，对流域特别是滨湖及广大下游平原区生活、生产和生态用水安全具有十分重要的意义。太湖除直接对苏州、无锡、湖州等环湖城市供水外，还通过环湖溇港和下游河道向环湖地区和上海市供水，供水范围内人口超过 2000 万人。

太浦闸的开启及其下泄流量的大小主要取决于太湖水位、下游河网水位的高低及下游用水需求。2002 年以来，太湖流域实施引江济太水资源调度，结合雨洪资源利用，通过太浦河工程向下游和黄浦江增加供水，改善了受水区的水质和水环境。引江济太水资源调度实施后，太浦闸由常关转为常开，一般情况下流量比较稳定，平均约 50 m³/s。2003 年首次尝试太浦闸全年开启，实施向下游地区全年供水调度。

《太湖流域洪水与水量调度方案》确定的太浦河闸泵工程水量调度原则如下：为保障太湖下游地区供水安全，原则上太浦闸下泄流量不低于 50 m³/s；当太湖下游地区发生饮用水水源地水质恶化或突发水污染事件时，可加大太浦闸供水流量，必要时启动太浦河泵站增加流量。

据统计，2008—2017 年太浦闸全年下泄水量在 11.09 亿 ~ 67.91 亿 m³，平均为 30.93 亿 m³。来水主要集中在 3—8 月，9—12 月来水量占全年来水量的二至三成。5 年旬平均最大流量为 850 m³/s，出现在 2016 年 7 月中旬，主要原因为 2016 年为流域丰水年，降水频率 1%；最小流量为 35.8 m³/s，出现在 1 月中旬（表 2.3）。

表 2.3　2008—2017 年太浦闸月均下泄流量及泄水量统计

| 年份 | 项目 | 1 月 | 2 月 | 3 月 | 4 月 | 5 月 | 6 月 | 7 月 | 8 月 | 9 月 | 10 月 | 11 月 | 12 月 | 平均 | 合计 |
|---|---|---|---|---|---|---|---|---|---|---|---|---|---|---|---|
| 2008 年 | 流量 / (m³/s) | 45 | 82 | 96 | 59 | 93 | 132 | 109 | 46 | 44 | 49 | 44 | 48 | 71 | — |
| | 泄水量 / 亿 m³ | 1.21 | 1.99 | 2.56 | 1.68 | 2.5 | 3.76 | 2.93 | 1.24 | 1.26 | 1.32 | 1.25 | 1.29 | — | 22.99 |
| 2009 年 | 流量 / (m³/s) | 33 | 29 | 34 | 32 | 60 | 37 | 46 | 268 | 86 | 63 | 29 | 32 | 63 | — |
| | 泄水量 / 亿 m³ | 0.89 | 0.7 | 0.92 | 0.91 | 1.61 | 1.07 | 1.23 | 7.19 | 2.46 | 1.69 | 0.82 | 0.85 | — | 20.33 |
| 2010 年 | 流量 / (m³/s) | 27 | 57 | 195 | 257 | 170 | 99 | 162 | 99 | 94 | 96 | 69 | 139 | 122 | — |
| | 泄水量 / 亿 m³ | 0.76 | 1.5 | 5.49 | 6.88 | 4.64 | 2.57 | 4.42 | 2.72 | 2.51 | 2.57 | 1.82 | 3.74 | — | 39.62 |

| 年份 | 项目 | 1月 | 2月 | 3月 | 4月 | 5月 | 6月 | 7月 | 8月 | 9月 | 10月 | 11月 | 12月 | 平均 | 合计 |
|---|---|---|---|---|---|---|---|---|---|---|---|---|---|---|---|
| 2011年 | 流量/（m³/s） | 30 | 28 | 20 | 19 | 24 | 105 | 140 | 89 | 104 | 46 | 46 | 52 | 59 | — |
| | 泄水量/亿 m³ | 0.84 | 0.7 | 0.55 | 0.51 | 0.51 | 3.03 | 3.82 | 2.6 | 2.73 | 1.27 | 1.23 | 1.43 | — | 19.23 |
| 2012年 | 流量/（m³/s） | 49 | 49 | 148 | 164 | 45 | 82 | 63 | 150 | 20 | 0 | 1 | 1 | 64 | — |
| | 泄水量/亿 m³ | 1.35 | 1.27 | 4.2 | 4.28 | 1.25 | 2.21 | 1.77 | 4.06 | 0.52 | 0.01 | 0.02 | 0.03 | — | 20.98 |
| 2013年 | 流量/（m³/s） | 0 | 0 | 0 | 0 | 39 | 131 | 48 | 40 | 44 | 21 | 46 | 45 | 35 | — |
| | 泄水量/亿 m³ | 0 | 0 | 0 | 0 | 1.05 | 3.5 | 1.29 | 1.06 | 1.19 | 0.55 | 1.25 | 1.21 | — | 11.09 |
| 2014年 | 流量/（m³/s） | 42 | 33 | 114 | 73 | 168 | 46 | 90 | 59 | 159 | 52 | 64 | 59 | 80 | — |
| | 泄水量/亿 m³ | 1.13 | 0.79 | 3.04 | 1.88 | 4.5 | 1.19 | 2.41 | 1.57 | 4.12 | 1.39 | 1.66 | 1.58 | — | 25.26 |
| 2015年 | 流量/（m³/s） | 48 | 44 | 87 | 213 | 178 | 196 | 280 | 189 | 98 | 76 | 80 | 74 | 130 | — |
| | 泄水量/亿 m³ | 1.3 | 1.06 | 2.34 | 5.53 | 4.78 | 5.07 | 7.51 | 5.07 | 2.54 | 2.03 | 2.08 | 1.99 | — | 41.29 |
| 2016年 | 流量/（m³/s） | 82 | 139 | 140 | 155 | 217 | 309 | 758 | 173 | 91 | 141 | 260 | 110 | 215 | — |
| | 泄水量/亿 m³ | 2.19 | 3.37 | 3.75 | 4.02 | 5.82 | 8.00 | 20.30 | 4.64 | 2.36 | 3.77 | 6.75 | 2.94 | — | 67.91 |
| 2017年 | 流量/（m³/s） | 158 | 115 | 108 | 178 | 175 | 145 | 117 | 120 | 115 | 117 | 112 | 87 | 129 | — |
| | 泄水量/亿 m³ | 4.23 | 2.78 | 2.89 | 4.61 | 4.69 | 3.75 | 3.14 | 3.22 | 2.99 | 3.12 | 2.9 | 2.33 | — | 40.64 |
| 平均 | 流量/（m³/s） | 51 | 58 | 94 | 115 | 117 | 128 | 181 | 123 | 86 | 66 | 75 | 65 | 97 | — |
| | 泄水量/亿 m³ | 1.39 | 1.42 | 2.57 | 3.03 | 3.13 | 3.41 | 4.88 | 3.34 | 2.27 | 1.77 | 1.98 | 1.74 | — | 30.93 |

注：2010年为保障上海世博会，太浦闸加大泄水量；2012年9—12月中旬开始，太浦闸因除险加固而关闭。

2008—2017 年，太浦闸、平望与金泽站 3 者旬均流量变化过程及变化趋势比较一致，总体而言，金泽站旬均流量大于平望站，平望站旬均流量大于太浦闸站，说明太浦河两岸地区有水量汇入太浦河。太浦河沿程流量除受上游来水、两岸汇水影响外，还受下游潮水顶托影响，越向下游，潮水顶托影响越明显。

2016—2017 年，太浦河金泽水源地通水后，太浦闸下泄流量明显增大，2016 年平均下泄流量 215 m³/s，非汛期供水流量为 145 m³/s；2017 年是金泽水库正常运行完整年，太浦闸年均下泄流量 129 m³/s，非汛期供水流量为 117 m³/s，有效保障了金泽水源地的供水安全。

（2）太浦河两岸进出水量

目前，太浦河两岸除京杭运河南、北岸及南岸芦墟以西共 8 个口门未实施控制外，其余两岸口门已全部控制。沿太浦河两岸支流汇入处设置控制闸，可根据太湖水位、河网水位及排水或灌溉的需求启闭，以排泄太湖洪水、太浦河南岸杭嘉湖地区的涝水，并在干旱期满足农业和水环境用水需求。

太浦河两岸进出水量缺乏系统的监测资料，太浦河南岸河道江苏段从 2014 年开始监测，其中 2014 年设 1 个流量单站，即新运河—平望新运河大桥；3 个流量基点站，由西向东分别是厍港大桥、雪湖新桥、陶庄枢纽。2015 年调整为 2 个流量单站，即新运河—平望新运河大桥和芦墟荡—陶庄枢纽；3 个流量基点站，由西向东分别是厍港大桥、雪湖新桥、梅台港桥。太浦河南岸河道浙江段巡测段丁栅段由浙江水利部门实施监测，2014—2015 年为丁珊段，2016 年调整为大舜站及丁珊段。

太浦河北岸监测站点从 2016 年开始布设，布设有 3 个流量单站，即戗港—沧浦路桥、京杭大运河—八坼科林大桥、北窑港—窑港桥。

太浦河南北两岸 2014—2017 年进出水量如表 2.4 所示。分析结果显示：北岸支流以入太浦河为主；南岸支流出入太浦河水量年际变化较大，南岸入太浦河水量在 25 亿 ~ 30 亿 m³，出太浦河水量在 17 亿 ~ 30 亿 m³。2015 年、2016 年较 2014 年降水丰沛，太浦河泄洪量增加，出太浦河水量较 2014 年增加 10 亿 m³ 左右。

表 2.4　2014—2017 年太浦河两岸进出水量　　　　　　　　单位：亿 m³

| 岸别 | 段（站）名 | 2014 年 | | 2015 年 | | 2016 年 | | 2017 年 | |
|---|---|---|---|---|---|---|---|---|---|
| | | 入太浦河 | 出太浦河 | 入太浦河 | 出太浦河 | 入太浦河 | 出太浦河 | 入太浦河 | 出太浦河 |
| 南岸 | 库港大桥段 | 9.08 | 1.19 | 6.53 | 1.98 | 3.40 | 7.59 | 4.45 | 0.87 |
| | 新运河大桥站 | 6.75 | 0.58 | 4.84 | 2.44 | 3.10 | 4.11 | 2.67 | 1.84 |
| | 雪湖新桥墩 | 8.41 | 0.79 | 11.16 | 0.39 | 14.28 | 0.56 | 13.20 | 0.05 |
| | 梅台港桥段 | — | — | 0.93 | 2.58 | 1.96 | 1.38 | 1.52 | 1.85 |
| | 陶庄枢纽段（站） | 2.23 | 5.29 | 0.14 | 9.96 | 1.02 | 9.84 | 0.17 | 8.69 |
| | 丁栅段 | 3.97 | 9.56 | 6.45 | 11.42 | 0.60 | 1.35 | | |
| | 大舜站 | — | — | — | — | 0.79 | 2.34 | | |
| | 合计 | 30.44 | 17.42 | 30.05 | 28.76 | 25.15 | 27.17 | | |
| 北岸 | 沧浦桥站 | — | — | — | — | 3.87 | 0.04 | 2.41 | 0.05 |
| | 科林大桥站 | — | — | — | — | 11.60 | 1.32 | 12.82 | 1.26 |
| | 窑港桥站 | — | — | — | — | 5.17 | 0.29 | 3.82 | 1.68 |
| | 合计 | — | — | — | — | 20.64 | 1.64 | 19.05 | 2.99 |

（3）感潮影响

太浦河下游的黄浦江，其出口位于长江入海口，受长江口潮汐影响，属中等强度感潮河流，多年平均吴淞口进潮量约 409 亿 m³/a，为上海市用水提供了重要的补充水资源。当长江口潮波进入黄浦江河口上溯时，因受河床阻力和上游径流顶托的双重影响而变形，前坡变陡，后坡变缓，涨潮历时向上游逐渐缩短，落潮历时延长。涨潮流一般可以上溯至淀山湖和苏浙沪边界，潮区界可上达苏嘉运河及平湖一带。

## 2.3.2　相关行政分区水资源量

（1）苏州市

2017 年苏州市水资源总量为 33.81 亿 m³，其中地表水资源量为 29.91 亿 m³，地下水资源量为 9.66 亿 m³，重复计算量为 5.76 亿 m³，水资源总量比上年度减少 43.83 亿 m³。全市平均产水系数 0.357，产水模数为 41.16 万 m³/km²。2016—

2017 年苏州市各行政分区水资源总量如表 2.5 所示。

表 2.5　2016—2017 年苏州市各行政分区水资源总量　　　单位：亿 m³

| 年份 | 张家港市 | 常熟市 | 太仓市 | 昆山市 | 吴江区 | 苏州市区 | 太湖水面 | 合计 |
|---|---|---|---|---|---|---|---|---|
| 2016 年 | 9.25 | 9.98 | 5.07 | 7.8 | 9.91 | 19.36 | 16.26 | 77.63 |
| 2017 年 | 6.07 | 6.71 | 3.4 | 4.44 | 3.77 | 8.27 | 1.23 | 33.81 |
| 较上年 /% | −34.38 | −32.77 | −32.94 | −43.08 | −61.96 | −57.28 | −92.44 | −56.34 |

（2）嘉兴市

2017 年嘉兴市水资源总量为 27.31 亿 m³，较多年平均 20.07 亿 m³ 多 36.1%，较 2016 年 40.61 亿 m³ 少 32.7%，产水系数 0.52，产水模数 69.3 万 m³/km²。2016—2017 年嘉兴市各行政分区水资源总量如表 2.6 所示。

表 2.6　2016—2017 年嘉兴市各行政分区水资源总量　　　单位：亿 m³

| 年份 | 南湖 | 秀洲 | 嘉善 | 平湖 | 海盐 | 海宁 | 桐乡 | 合计 |
|---|---|---|---|---|---|---|---|---|
| 2016 年 | 4.34 | 5.85 | 4.85 | 5.31 | 5.27 | 6.82 | 8.18 | 40.61 |
| 2017 年 | 2.76 | 3.43 | 3.04 | 3.49 | 3.81 | 5.46 | 5.32 | 27.31 |
| 多年平均 | 2.14 | 2.68 | 2.36 | 2.70 | 2.42 | 3.84 | 3.93 | 20.07 |
| 较上年 /% | −36.3 | −41.3 | −37.3 | −34.3 | −27.6 | −19.9 | −35.0 | −32.7 |
| 较多年 /% | 28.9 | 28.0 | 29.0 | 29.1 | 57.7 | 42.1 | 35.2 | 36.1 |

（3）上海市

2017 年上海市水资源总量为 28.4 亿 m³，其中地表水资源量为 23.3 亿 m³，地下水资源量为 7.6 亿 m³，重复计算量为 2.5 亿 m³，较 2016 年 48.8 亿 m³ 少 41.8%。

## 2.3.3　水源地分布

太浦河是太湖流域重要的供水水源地之一，承担向下游地区供水的任务，太浦河河道内取水户主要为浙江嘉善及上海水源地取水。太浦河沿线原主要有浙江省嘉善县取水口、平湖市取水口和上海市金泽水库取水口，均位于太浦河中段的金泽镇附近。太浦河沿线现状及规划取水情况如图 2.2 所示。

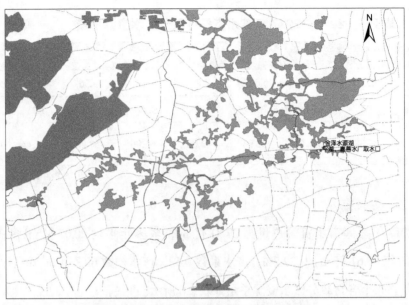

**图 2.2　太浦河沿线取水口分布示意**

（1）嘉善县太浦河原水厂

嘉善县太浦河原水厂取水口位于丁栅镇太浦河，供水范围为县域城镇和乡村生活用水、部分工业用水、城镇环境用水。工程一期取水规模 30 万 m³/d，规划 2020 年取水规模 45 万 m³/d。该供水工程于 2009 年建成，2017 年实际取水量为 8047 万 m³。

（2）平湖市太浦河原水厂

平湖市太浦河原水厂建于嘉善县丁栅镇水庙村北，太浦河南岸公路的南侧，供水范围为平湖市域（含嘉兴港区），供水对象包括城乡居民生活用水、第二产业的大部分用水、第三产业用水及城镇生态环境用水。平湖市太浦河原水厂工程一期（2005—2012 年）取水规模为 35 万 m³/d，供水人口（2010 年）约为 71 万人；二期（2013—2020 年）取水规模为 50 万 m³/d，供水人口（2020 年）为 95 万人。该工程已于 2013 年建成，2017 年实际取水量为 5624 万 m³。

（3）金泽水库工程

上海市在太浦河北岸金泽湖荡地区建设小型生态调蓄水库，为青浦、松江、金山、奉贤和闵行（部分）等西南五区供应原水，规划 2020 年供水规模为 351

万 m³/d，2030 年供水规模为 500 万 m³/d。水库在现有的乌家荡、李家荡基础上挖深拓浚，建设小型生态水源湖库，水库引水方式为闸引，取水水源为太浦河干流，2017 年金泽水库处于试运行阶段，实际取水量为 68 513 万 m³。

以太浦河为水源地的取水工程及规模如表 2.7 所示。

**表 2.7　太浦河取水口布局及取水规模**　　　　　　单位：万 m³/d

| 行政分区 | 取水口名称 | 取水规模 | | |
|---|---|---|---|---|
| | | 2016 年 | 2020 年 | 2030 年 |
| 嘉兴 | 平湖市城镇自来水厂 | 35 | 50 | 50 |
| | 嘉善县城镇自来水厂 | 30 | 45 | 45 |
| 上海 | 金泽水库 | 351 | 351 | 500 |
| 合计 | | 416 | 446 | 595 |

# 2.4　水环境状况

太浦河沿程各断面全年期年均值水质均好于 Ⅲ 类。太浦闸下至平望段，水质最好，受大运河来水的影响，平望大桥水质有所变差，至下游金泽、东蔡大桥等断面，受两岸支流来水、航运等影响，水质较上游逐渐变差，金泽往下游各项指标沿程变化不大。采用 2014—2017 年水质数据对太浦河水质进行分析。

## 2.4.1　太浦河水质状况

太浦河沿途穿越江苏省吴江市、浙江省嘉善县和上海市青浦区。根据国务院批复的《太湖流域水功能区划（2010—2030 年）》，太浦河从东太湖到西泖河全段划分为苏浙沪调水保护区，长度为 57.6 km，水质目标为 Ⅱ 类至 Ⅲ 类。

各省（市）的水功能区划中对太浦河水资源保护标准均较高，从水功能区划对水质的要求而言，均达到 Ⅱ 类至 Ⅲ 类水质目标的要求。其中，江苏省将境内河段以芦墟大桥为界划分为饮用水源保护区和农业用水区两段，长度为 46 km；

浙江省将太浦河陶庄枢纽至丁栅枢纽部分划分为饮用水源二级保护区，长度为12 km；上海市将其境内河段划分为太浦河保护区，长度为16.5 km，由于两省一市以太浦河中泓线为省（市）边界线，故存在分省（市）边界的河段长度重复计算的情况，各省（市）水功能区划河长合计大于实际太浦河总长（表2.8）。

**表2.8　太浦河水功能区划**

| 区划单位 | 水功能区名称 | 范围 | | 长度/km |
|---|---|---|---|---|
| | | 起始断面 | 终止断面 | |
| 流域 | 太浦河苏浙沪调水保护区 | 东太湖 | 西泖河 | 57.6 |
| 江苏省 | 太浦河苏浙沪保护区（饮用水源保护区） | 东太湖 | 芦墟大桥 | 40.0 |
| | 太浦河苏浙沪保护区（农业用水区） | 芦墟大桥 | 池家港出境 | 6.0 |
| 浙江省 | 太浦河嘉善饮用水源区（饮用水源二级保护区） | 陶庄枢纽 | 丁栅枢纽 | 12.0 |
| 上海市 | 太浦河保护区 | 沪苏边界 | 西泖河 | 16.5 |

为全面掌握太浦河干流沿程水质状况，太湖流域水环境监测中心及江苏省水行政主管部门在太浦河干流布设常规监测站点，共包括太浦闸下、平望大桥、金泽、东蔡大桥、练塘大桥5个断面监测站点，监测频率为每月一次，站点分布如图2.3所示。

**图2.3　太浦河水质监测站点示意**

根据2014—2017年水质监测资料显示，太浦河沿程监测站点水质指标浓度呈现上游逐渐增大、中下游趋于平稳的趋势。太浦闸下断面靠近东太湖，水质指标浓度最低；平望大桥因受大运河相交的影响水质略有变差；至下游金泽、东蔡大桥、练塘大桥等断面，因两岸支流来水、航运等影响，各水质指标较上游有变差趋势。金泽断面以下各指标浓度沿程变化不大，水质情况趋于稳定。

从 2014—2017 年太浦河沿程各断面逐月各指标超 III 类频次来看（表 2.9），除太浦闸下外，太浦河干流断面其他监测站点水质浓度全年基本均有超 III 类情况出现。TP 浓度各断面均未超 III 类。

表 2.9　2014—2017 年太浦河沿程各断面水质指标浓度超 III 类频次

| 指标 | 年份 | 太浦闸下 | 平望大桥 | 金泽 | 东蔡大桥 | 练塘大桥 |
|---|---|---|---|---|---|---|
| NH₃-N | 2014 年 | 0 | 0 | 8.30% | 8.33% | 0 |
|  | 2015 年 | 0 | 0 | 0 | 0 | 0 |
|  | 2016 年 | 0 | 8.33% | 0 | 0 | 0 |
|  | 2017 年 | 0 | 0 | 0 | 0 | 0 |
| 高锰酸盐指数 | 2014 年 | 0 | 0 | 0 | 0 | 0 |
|  | 2015 年 | 0 | 0 | 0 | 0 | 0 |
|  | 2016 年 | 0 | 16.67% | 0 | 0 | 0 |
|  | 2017 年 | 0 | 0 | 0 | 0 | 0 |
| TP | 2014 年 | 0 | 0 | 0 | 0 | 0 |
|  | 2015 年 | 0 | 0 | 0 | 0 | 0 |
|  | 2016 年 | 0 | 0 | 0 | 0 | 0 |
|  | 2017 年 | 0 | 0 | 0 | 0 | 0 |
| DO | 2014 年 | 0 | 16.67% | 25.00% | 33.33% | 33.33% |
|  | 2015 年 | 0 | 16.67% | 16.67% | 25.00% | 25.00% |
|  | 2016 年 | 0 | 8.33% | 8.33% | 8.33% | 8.33% |
|  | 2017 年 | 0 | 8.33% | 8.33% | 16.67% | 16.67% |

## 2.4.2　太浦河支河水质状况

调查范围内河网水系除太浦河干流外，还有江南运河、頔塘、澜溪塘、老运河、北窑港、芦墟塘、丁栅港等支流，以及雪落漾、莺脰荡、牛头湖、三白荡等湖荡。本书以周边主要河道和湖荡 2014—2017 年水质监测数据为基础，对区域河网水质进行评价。监测站点包括江南运河南北两岸的平望运河桥、平西大桥，頔塘上的浔溪大桥，澜溪塘上的太师桥，老运河上的北虹大桥，芦墟塘上的陶庄枢纽，北窑港上的窑港桥，以及大舜枢纽、坟头港、丁栅枢纽、雪落漾、雪河、牛头湖、长荡湖等 14 个（图 2.4），评价指标为溶解氧（DO）、高锰酸盐指数（COD$_{Mn}$）、氨氮

（NH$_3$-N）、总磷（TP）、总氮（TN）。

从北岸三大支流2014—2017年水质监测情况看，长荡、北窑港、江南运河平望运河桥全年期DO、COD$_{Mn}$、NH$_3$-N、TP 4项监测指标全部达到或优于Ⅲ类标准。南岸入太浦河为主的支流中，以DO、COD$_{Mn}$、NH$_3$-N、TP 4项指标评价，江南运河以西的雪落漾水质较好，4年来各指标均达到Ⅲ类标准；頔塘省界断面的浔溪大桥、澜溪塘省界断面太师桥水质也达到Ⅲ类标准；頔塘、澜溪塘汇合后经平西大桥流入太浦河，此断面水质为Ⅳ类至Ⅴ类；老运河省界断面北虹大桥水质为Ⅳ类；自老运河汇入太浦河的牛头河水质为Ⅳ类至劣于Ⅴ类、雪河水质为Ⅲ类至Ⅴ类。太浦河南岸芦墟以东的芦墟塘、大舜港、坟头港、丁栅港等支流以出太浦河为主，水质状况基本满足Ⅲ类要求。

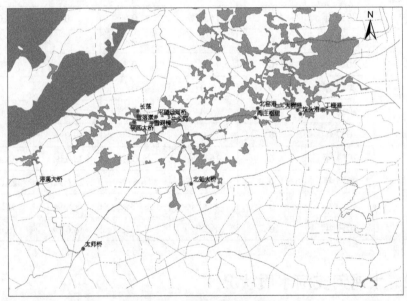

图2.4 监测站点分布示意

# 2.5 存在问题分析

太浦河地跨江苏、浙江、上海两省一市，是浙江嘉善、平湖及上海西南五区的主要水源地，其现状水质不能完全满足水功能区的水质要求；同时，近年突发的水污染事件对沿河水源地供水安全造成较大的压力，其治理与保护现状与水源地水质要求之间存在着一定差距。

## 2.5.1  太浦河及两岸地区水质超标情况仍然存在，与水功能区水质目标要求之间存在一定差距

太浦河工程是治太11项骨干工程之一，具有防洪、排涝、供水和航运等多重功能。随着引江济太的实施，太浦河逐渐成为流域内的清水通道之一，《太湖流域水资源综合规划》将太湖和太浦河作为流域内的主要水源地。目前，太浦河两岸支流尚未全部有效控制，两岸水质较差水体汇入太浦河，加之两岸地区码头林立、船厂分散、环境脏乱，河道航运繁忙，沿线及支流污染企业及入河排污口较多，巨大的污染排放直接影响水源地水质，密集的航运也为水源地突发水污染事件暴发埋下隐患。

## 2.5.2  太浦河突发性污染事故风险大，风险预警及评估体系缺乏，安全保障性不高

太浦河目前尚未建立有效的风险防控和评估体系，存在典型污染源信息库不完善、关键技术掌握不足等问题。亟须摸清太浦河干流及沿线潜在污染风险源，建立突发水污染事件风险评估体系，实现及时、有序、高效地防控和应对突发性水污染事件，最大限度地减少突发性水污染事件可能造成的影响，保障区域供水安全，也为流域突发水污染风险防控提供基础和参考依据。突发水污染事件应对措施也不够健全。我国对突发水污染事件的应急处置水平在不断提高，但是对于某一特定区域内的特定突发水污染事件处置措施针对性不强，如信息上报及信息发布不及时，造成不必要的恐慌，扩大事件的不良影响；善后处理中涉及的责任追究、环境损害补偿力度与实际造成的损失不相匹配等。

## 2.5.3  沿线地区对太浦河保护定位不一，太浦河水资源统一管理与保护薄弱

太浦河沿途跨越江苏、浙江、上海，既是流域性骨干河道，也是省际边界河

道，但目前针对太浦河的跨省监管机制尚未形成。一方面，江苏省吴江区对太浦河功能侧重于防洪排涝；浙江省嘉善县及上海市青浦区对太浦河功能定位则集中在水源地供水；上下游地区对太浦河功能定位差异较大，且存在一定矛盾。另一方面，太浦河及两岸一定范围内的水事行为由两省一市分别进行监督管理，同样不利于太浦河水资源的统一管理与有效保护。各涉水部门之间缺乏协调和约束，省际边界地区没有形成上下游协同保护机制，迫切需要建立太浦河水资源保护管理协调体系，科学决策、依法监管，统筹协调太浦河水资源管理中的重大事项。

# 参考文献

［1］ 水利电力部太湖流域管理局．太湖流域综合治理总体规划方案［R］．1987.

［2］ 水利部太湖流域管理局．太湖流域综合规划［R］．2013.

［3］ 王同生．太湖流域防洪与水资源管理［M］．北京：水利水电出版社，2006.

［4］ 黄宣伟．太湖流域规划与综合治理［M］．北京：水利水电出版社，2000.

［5］ 李敏，吴时强，展永兴，等．太湖流域综合调度促进河湖有序流动的研究与实践［M］．北京：水利水电出版社，2018.

［6］ 何建兵，李敏，蔡梅．太湖流域江河湖水资源联合调度实践与理论探索［M］．南京：河海大学出版社，2019.

［7］ 水利部太湖流域管理局．太湖流域及东南诸河水资源公报［R］．2010—2017年.

［8］ 太湖流域防汛抗旱总指挥部办公室．太湖流域片防汛防台年报［R］．2010—2017年.

［9］ 太湖流域管理局，江苏省水利厅，浙江省水利厅，等．太湖健康状况报告［R］．2010—2017年.

［10］上海勘测设计研究院．太浦河后续工程方案研究报告［R］．2010—2017年.

# 第 3 章
# 太浦河周边污染源风险评估

## 3.1 污染源分布

太浦河沿岸区域地跨两省一市（江苏省、浙江省与上海市），污染源数量众多、分布面广、关系复杂，不同污染源排放污染物的种类、数量、位置与途径都直接关系到污染源对太浦河水环境的影响范围与程度。

通过资料收集与现场调研等手段，调查区域范围内主要污染源的类型与空间位置，以及排放污染物的种类与数量，分析太浦河沿岸区域的主要污染源与污染物，可为太浦河沿岸区域污染源的风险评价提供基础数据。

### 3.1.1 污染源调查范围与调查内容

（1）污染源调查范围

确定太浦河周边区域污染源风险调查范围是开展污染源调查与复核的基础

性工作，综合考虑太浦河周边水系汇流和沿岸区域污染源排放量情况确定调查范围。

太浦河位于流域平原河网地区，水流形势复杂，为摸清太浦河水资源水环境现状，通过对太浦河周边区域河湖水系情况进行梳理，将对太浦河水资源、水质影响较大的区域作为调查评价范围。

从阳澄淀泖区、杭嘉湖区及整个流域的地形地貌看，太湖流域呈周边高、中间低的碟形地貌，阳澄淀泖区北部为沿长江高地，杭嘉湖区南部为沿杭州湾高地，阳澄淀泖区南部与杭嘉湖区北部及两区分界线太浦河一带区域为流域中部的低洼地区。流域上游及太湖洪涝水通过京杭运河、頔塘等河道汇聚到此区域，再通过区域内东西向骨干河道排入长江或黄浦江，除太浦河这条流域东西向的主要泄水通道外，淀泖区的吴淞江，杭嘉湖区的红旗塘、大泖港等也是东西向排水河道。

从两岸区域污染源调查看，太浦河北岸以入太浦河为主，太浦河南岸芦墟以西支河口门以入太浦河为主、以东口门以出太浦河为主。太浦河北岸及南岸芦墟以西河道是太浦河污染物的主要来源，这些河道主要位于太浦河上游的吴江区境内，该区工农业发达，污染物排放量相对较大。

综合考虑太浦河周边水系汇流和沿岸区域污染源排放量情况，结合太浦河水质保护目标，确定本次研究调查评价范围为以下区域：西以东太湖东部大堤为界，北以吴淞江、急水港为界，东以拦路港、西泖港为界，南以红旗塘、浙苏交界河道为界。同时，为分析周边更广区域对太浦河的影响及太浦河周边发生突发水污染事件后对下游地区的影响，本次研究还对调查范围的外围相关区域有关情况进行了分析。

调查范围总面积为 1624.0 km$^2$，涉及两省一市（江苏省、浙江省与上海市）的 4 个县区（吴江区、秀洲区、嘉善县、青浦区），涉及乡镇共 17 个，包括吴江区的 9 个乡镇（七都镇、震泽镇、桃源镇、盛泽镇、松陵镇、平望镇、同里镇、黎里镇、横扇镇），嘉善县的 4 个乡镇（陶庄镇、天凝镇、西塘镇、姚庄镇），秀洲区的王江泾镇与油车港镇，青浦区的练塘镇与金泽镇。调查范围内河流与湖荡广泛分布、错综复杂，太浦河位于调查范围中间位置（图 3.1）。

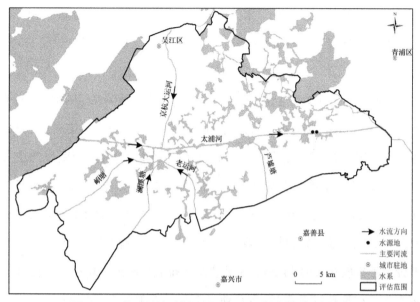

**图 3.1　太浦河污染源调查及风险评估范围示意**

（2）污染源调查内容

为摸清太浦河突发水污染事件来源，以区域内环保部门 2015 年统计数据为基础，对调查范围内分布的化工业、造纸及纸制品业、化学原料及化学制品制造业、医药制造业、有色金属冶炼业等工业企业及污水处理厂等污染源分布及常规污染物情况进行调查。通过收集有关资料与实地调查，摸清调查范围内 2017 年太浦河及沿线水系（顿塘、江南运河、老运河、太浦河沿线、芦墟塘）沿岸 1000 m 范围内码头、加油站及危化品仓库等分布及污染物情况；太浦河干河航运船舶种类调查，分析船舶污染类型等。

## 3.1.2　污染源调查情况

（1）工业企业污染源

经调查统计，调查范围内共收集到 400 余家工业企业的污染物排放情况，所有工业企业均有工业废水排出，累计工业废水年排放量 15 224.7 万 t，工业废水年排放量超过 100 万 t 的企业有 28 家。工业废水中有监测统计资料的污染物主要包括化学需氧量（COD）、氨氮、挥发酚、重金属铬等指标。调查范围内工业企业的化学需氧量年排放量 10 043 t，主要来源于纺织厂，化学需氧量年排放量超过 100 t 的企业有 15 家；氨氮年排放量 565 t，来源于生活污水，氨氮年排放量超过 5 t 的企业有 23 家；挥发酚年排放量 183 kg，主要来源于化工厂；重金属铬年排放量 1762 kg，主要来源于电镀厂。

根据太浦河周边区域工业企业的空间分布，其中太浦河北岸的主要工业企业有 100 余家，占调查范围内工业企业总数量的 23.6%，工业废水年排放量 2303.1 万 t，占调查范围内工业企业工业废水年排放总量的 15.1%；太浦河南岸的主要工业企业有 300 余家，占调查范围内工业企业总数量的 76.4%，工业废水年排放量 12 921.6 万 t，占调查范围内工业企业工业废水年排放总量的 84.9%。工业企业数量以江苏省吴江市盛泽镇数量最多，工业废水年排放量 6729.4 万 t，占调查范围内工业废水年排放总量的 44.2%，工业废水年排放量超过 100 万 t 的企业有 20 家，工业废水年排放量超过 200 万 t 的企业有 7 家。浙江省嘉兴市王江泾镇工业企业数量其次，主要是纺织企业，规模较小，工业废水年排放量均小于 50 万 t。

各类企业均排放化学需氧量、氨氮。化工厂是挥发酚的主要来源，分布较为分散，主要分布在桃源镇、平望镇、同里镇等乡镇。电镀厂主要产生铬污染物，广泛分布在同里镇，该镇工业企业的重金属铬年排放量占调查范围内工业企业重金属铬年排放总量的 86.5%，黎里镇也有少量电镀厂分布。

鉴于太浦河沿线近年多次发生过锑浓度超标事件，为此，对工业企业锑排放情况也进行了专项调查。据调查，太浦河周边吴江区境内有 60 余家涉锑印染企业，主要分布在太浦河支流沿岸。其中，清溪、烂溪塘附近涉锑企业较为集中，頔塘河沿岸也有零星的企业分布；嘉善县境内有近 20 家涉锑印染企业，主要集中在红旗塘上游，分布在洪溪工业园区。锑污染物主要通过污水处理厂排放进入太浦河流域；部分企业的锑污染物通过废水直排形式进入太浦河。

研究区域内的工业企业废水多数排入污水处理厂处理，日常运行中对水环境影响很小，本研究为评估突发水污染潜在风险，因此对工业企业进行调查分析。

（2）污水处理厂

太浦河周边区域多数工业企业的工业废水通过管网进入污水处理厂，由污水处理厂进行处理，其中污水管网由市政负责维护，因此，工业企业污染物的实际排放量为污水处理厂的出水污染物排放量，污染处理厂是太浦河及周边区域污染源的关注重点。

经调查，调查范围内共收集 41 家污水处理厂的资料，累计污水设计处理能力 79.0 万 t/d，累计污水实际处理量 52.8 万 t/d，主要处理工业废水与生活污水。其中，王江泾镇的污水处理厂数量最多（19 家），但污水设计处理能力均较小，平均污水设计处理能力为 0.59 万 t/d，主要处理小型工业企业的工业废水。污水处理厂的污染物排放主要采用《城镇污水处理厂污染物排放标准》。

根据污水处理厂的规模（大型：大于 2 万 t/d；中型：1 万 ~ 2 万 t/d；小型：小于 1 万 t/d），调查范围内共包括小型污水处理厂 24 家，中型污水处理厂 9 家，大型污水处理厂 8 家。结合污水处理厂的处理污水类型（生活污水与工业废水），调查范围内污水处理厂主要可划分为以下 4 种类型。

大型生活污水处理厂：主要以处理生活污水为主，污水处理能力大于 2 万 t/d，污水处理厂周边区域的劳动力密集型工业企业（如电子厂）众多，工业废水量不多，但生活污水产出量多，污水处理厂的管网布设由市政维护。

大型工业污水处理厂：该类型污水处理厂为乡镇政府的下属企业，主要处理印染厂废水，同时处理乡镇区域的部分生活污水，污水处理能力大于 2 万 t/d。

中型工业污水处理厂：部分区域（如浙江省嘉兴市王江泾镇）的中小型工业企业分布分散，工业废水集中处理的难度较大，因此采用分散的中型工业污水处理厂处理，污水处理能力为 1 万 ~ 2 万 t/d。

小型工业污水处理厂：主要处理污水处理厂周边区域工业企业的工业废水，污水处理能力小（小于 1 万 t/d），部分污水处理由企业联合投资建设，属于非营利性机构。

（3）加油站

调研与复核结果表明：调查范围内主要水系沿岸分布 77 个加油站和 2 个油储基地，主要集中于硤塘、澜溪塘与老运河的交汇处、江南运河、太浦河中段。多数加油站与水系距离小于 500 m，且有许多水上加油站，加油站分布数量较多的乡镇包括松陵镇（19 个）、平望镇（19 个）、黎里镇（17 个）。

根据《汽车加油加气站设计与施工规范》（GB 50156—2002），加油站类型可根据油罐总容积划分等级，包括一级加油站、二级加油站、三级加油站。加油站等级划分标准说明如下。

①一级加油站：油罐总容积大于 120 m³。

②二级加油站：油罐总容积大于 60 m³、小于或等于 120 m³。

③三级加油站：油罐总容积小于或等于 60 m³。

根据上述标准，调查范围内主要水系沿岸分布有大型油储基地 2 个，一级加油站 30 个、二级加油站 33 个、三级加油站 14 个。2 个大型油储基地分别位于黎里镇、平望镇；一级加油站主要分布在松陵镇、震泽镇、平望镇、黎里镇；二级加油站主要分布在黎里镇、平望镇。

加油站主要有以下 3 个方面的风险：一是油罐和管道采用掩埋处理，经过长时间土壤氧化作用后，油罐、管道氧化严重，存在石油泄漏风险，发生严重泄漏事故时，会导致严重水污染，其水污染影响程度与石油泄漏量大小、加油站与水系空间距离、水系的水文条件等因素相关。二是油品跑冒滴漏造成的污染。加油站职工在为客户车辆加注油品时，可能发生油枪滴洒现象；由于加油员责任心不强而导致的油箱溢油现象；油品接卸过程中，未能及时关闭阀门而造成油品泄漏现象，都会对环境造成污染。此外，地埋油罐和管线使用时间较长或者施工质量把关不严而发生渗漏未能及时发现，会对周边环境造成极大影响，而这种污染造成的影响将在若干年内存在，甚至对某些土壤造成永久性污染。三是含油污水排放造成的污染。加油站内的含油污水主要来自冲洗有油污的场地时产生的污水和油罐及管线清洗过程中产生的污水。在加油、接卸油品的过程中，跑冒滴漏产生的油污经过水冲洗后，如果未能正确处理并进入油水分离池，而是直接进入排水沟、河流和池塘等，由于油分子集中在水面上，形成油膜，会破坏水的自净功能，造成水变黑发臭，极大地影响了生态系统，对周边居民的生活也造成威胁。加油站发生突发水污染事件时，将对周边湖泊和河流造成严重水体污染，影响范围与程度与油品泄漏量、河流水文条件等因素相关。

（4）码头

调研与复核结果表明：调查范围内主要水系沿岸分布码头 99 个，主要分布于顿塘、澜溪塘水系沿岸、太浦河中段等区域。码头均位于太浦河水系沿岸，码头分布数量较多的乡镇包括平望镇（25个）、黎里镇（24个）。

多数码头船舶货运类型为建筑材料，包括黄沙、碎石子、水泥、PVC材料等；部分码头（如震泽古镇游船码头）的船舶用于运送游客；少量码头的船舶货运为化学物品（硫酸、盐酸、液碱），如吴江庙头新路桥储运专用码头，该码头为索普化工公司的专用码头，该公司仅作中转销售，不涉及化学物品生产。

码头存在以下污染风险：岸上管线、法兰由于受压、长期磨损、腐蚀等原因导致管线破裂、穿孔，法兰垫片撕裂造成油品外泄；同时，船舶在装船过程中由于错误操作、监视不够、仓容不足的原因造成油品、危化品货物溢流。此外，船舶在行驶过程中受碰撞、搁浅或与码头碰撞导致船体受损爆裂，仓内油品发生大量泄漏。码头发生突发水污染事件时，可造成水体严重污染，影响范围与程度与污染物类型、污染物泄漏量、河流水文条件等因素密切相关。

（5）危化品仓库

调研与复核结果表明：调查范围内主要分布危化品仓库86个。其中，26个危化品仓库分布于頔塘水系，且距离水系大多在500 m范围内，成为太浦河周边区域分布危化品仓库最多的水系；其他危化品仓库距离水系较远，这与多年国家对太浦河周边水系及水源地环保督查、环境倒逼、关停或转移部分紧靠水系的危化品生产与储运企业有关。此外，在经济发展新常态下部分危化品生产与仓储企业也在困境中不断寻求转型升级，向环保新材料或其他高科技、环境友好型领域转型。危化品仓库分布数量较多的乡镇包括黎里镇（16个）、震泽镇（13个）、平望镇（12个）和桃源镇（12个）。

危化品仓库企业排放的废水中主要包括化学需氧量、氨氮与挥发性酚等污染物，其中水中酚类属有毒物质，人体摄入一定量会出现急性中毒症状；长期饮用被酚污染的水，可引起头痛、出疹、瘙痒、贫血及各种神经系统症状。当水中含酚量为0.1～0.2 mg/L时，鱼肉有异味；大于5 mg/L时，鱼中毒死亡。

危化品企业的工业废水均通过处理后排放，但在存储与运输过程中均有一定的泄漏风险，危险化学品泄漏进入水体后，即使很低的浓度也可能严重危害饮用水安全和水生态系统。危化品突发水污染的影响范围与程度与污染物泄漏量、水文条件、泄漏位置等要素有关。

（6）船舶货运

太浦河及周边支流多为重要航道，其中江南运河、长湖申线、太浦河、外港线都为 IV 级航道，苏嘉线为 V 级航道。其中，太浦河与江南运河交汇处 2012 年货运量约为 2.14 亿 t/a，船舶产生的污水主要包括含油废水和生活污水，同时，太浦河与江南运河两岸也有数量较多的加油站，以及太浦河水系的水上加油站，存在一定的突发水污染风险，但目前已有相对完善的航运污染监管制度，建设了船舶垃圾回收站、油废水回收站，总体上可以有效控制太浦河船舶污染。

调研结果表明：太浦河平望大桥断面的日过境船只数量约为 626 只，以中型船只（500 ~ 1000 t）为主，占过境船只总量的 89.0%，大型船只与小型船只数量较少，占过境船只总量的比例分别为 3.0% 与 8.0%。船只运输的货物主要为碎石与钢筋等散装建材物品，占过境船只总量的 47.9%，有少量化学物品运输船只，占过境船只总量的 5.1%，化学物品采用化学品容器装载，化学物品泄漏可能造成严重的河流污染；过境船只的空载比例为 36.9%；航向为自西向东的过境船只数量略大于自西向东的过境船只数量，占过境船只总量的 51.9%。

# 3.2 信息管理平台构建

## 3.2.1 GIS 信息库目标定位

太浦河及周边区域污染源信息库的构建是以规范化、安全性、实用性、可扩展性为原则，通过分析太浦河沿线污染源风险识别的数据需求，明确太浦河及周边区域污染源信息库的功能定位；参照国家和行业信息化管理的有关标准整编数据，为太浦河沿线污染源风险识别提供数据支持。信息库包括研究对象（太浦河周边区域）的水系、行政区划、工业企业污染源、污水处理厂污染源等数据。

## 3.2.2　GIS 信息库结构

GIS 信息库的结构主要包括 3 个层次：数据层、平台层、专题图层。其中，数据层主要包括：工业企业污染源信息、污水处理厂污染源信息、基础地理信息；平台层主要通过两种数据类型实现数据管理，包括空间数据（Shapefile、GRID、IMG 数据格式）与属性数据（DBF 数据格式），数据库管理平台采用 ArcGIS 实现，该平台是目前 GIS 数据库管理的通用平台；专题图层主要包括：污染源空间分布、污染源的主要污染物排放、突发水污染风险等信息，数据存储格式为 TIF 与 JPG。

## 3.2.3　GIS 信息库构建的关键技术

### 3.2.3.1　GIS 数据标准制定

GIS 数据标准是指数据的名称、代码、分类编码、数据类型、精度、单位、格式等的标准形式。数据标准化不但是一个系统与另一个系统实现数据共享的需要，而且是在一个系统内保持数据的连贯性、持续有效性的需要。为了尽可能满足数据共享，在数据生产和数据库建设过程中应尽量满足 GIS 数据标准化所包含的基本内容。本项目的数据标准主要考虑以下几个方面的内容。

（1）统一的地理坐标系统

地理坐标系统又称数据参考系统或空间坐标系，具有公共地理定位基准是地理空间数据的主要特点。通过投影方式、地理坐标、网格坐标对数据进行定位，可使各种来源的地理信息和数据在统一的地理坐标系统上反映出它们的空间位置和四至关系特征。统一的地理坐标系统是各类地理信息收集、存储、检索、相互配准及进行综合分析评价的基础，是保障数据共享的前提。

（2）统一的分类编码

GIS 数据必须有明确的分类体系和分类编码。只有将 GIS 数据按科学的规律进行分类和编码，使其有序地存入计算机，才能对它们进行存储、管理、检索分析、输出和交换等，从而实现信息标准化、数据资源共享等应用需求，并力求实现数据库的协调性、稳定性、高效性。分类过粗会影响将来分析的深度，分类过细则采集工作量太大，在计算机中的存储量也很大。分类编码应遵循科学性、系统性、实用性、统一性、完整性和可扩充性等原则，既要考虑数据本身的属性，又要顾及数据之间的相互关系，保证分类代码的稳定性和唯一性。

（3）统一通用的数据交换格式标准

数据交换格式标准是规定数据交换时采用的数据记录格式，主要用于不同系统之间的数据交换。一个完善的数据交换标准必须能完成两项任务：一是能从源系统向目标系统实现数据的转换，尽管它们之间在数据模型、数据格式、数据结构和存储结构方面存在差别；二是能按一定方法转换空间数据，该方法要跨越两个系统硬件结构之间的不同。在当前 GIS 软件数据格式较多的情况下，应制定一套稳定的数据交换格式标准，能将不同的基础空间数据转换成统一的标准，逐步向各行业推广。

（4）统一的数据采集技术规程

GIS 数据库中涉及多源数据集，具有数据量大、数据种类繁多，空间定位数据和统计调查数据并存的特点。数据随时更新且有共享性，利于数据传输、交换等需求。根据空间数据库的目标和功能，要求数据库全面而准确地拥有尽可能多的有用数据。作业规程中对设备要求、作业步骤、质量控制、数据记录格式、数据库管理及产品验收都应做详细规定。所采集的数据应具有权威性、科学性和现势性的特点。

（5）统一的数据质量标准

GIS 数据质量标准是生产、使用和评价数据的依据，数据质量是数据整体性能的综合体现，对数据生产者和用户来说都是一个非常重要的参考因子，它可以使数据生产者正确描述他们的数据集符合生产规范的程度，也是用户决定数据集是否符合他们应用目的的依据。其内容包括：执行何种规范及操作细则，数据情况说明，位置精度或精度评定，属性精度，时间精度，逻辑一致性，数据完整性，表达形式的合理性等。

（6）统一的元数据标准

随着 GIS 数据共享的日益普遍，管理和访问大型数据集正成为数据生产者和用户面临的突出问题。数据生产者需要有效的数据管理、维护和发布办法，用户需要找到快捷、全面和有效的方法，以便发现、访问、获取和使用现势性强、精度高、易于管理和易于访问的 GIS 数据。在这种情况下，数据的内容、质量、状况等元数据信息变得更加重要，成为数据资源有效管理和应用的重要手段。数据生产者和用户都已认识到元数据的重要价值。其内容包括：基本识别信息，空间数据组织信息，空间参考信息，实体和属性信息，数据质量信息，数据来源信息，其他参考信息。

### 3.2.3.2 GIS 地图投影

为更好规范 GIS 数据，信息库的 GIS 数据均采用目前广泛使用的 1954 年北京坐标系与高斯 – 克吕格投影，介绍如下。

（1）1954 年北京坐标系

建国初期，为了迅速开展我国的测绘事业，鉴于当时的实际情况，将我国一等锁与苏联远东一等锁相连接，然后以连接处呼玛、吉拉宁、东宁基线网扩大边端点的苏联 1942 年普尔科沃坐标系的坐标为起算数据，平差我国东北及东部区一等锁，这样传算过来的坐标系就定名为 1954 年北京坐标系。该地理坐标系属参心大地坐标系，采用克拉索夫斯基椭球的两个几何参数，大地原点在苏联的普尔科沃，采用多点定位法进行椭球定位，高程基准为 1956 年青岛验潮站求出的黄海平均海水面，高程异常以苏联 1955 年大地水准面重新平差结果为起算数据。

（2）高斯 – 克吕格投影

高斯 – 克吕格投影按照投影带中央子午线投影为直线且长度不变和赤道投影为直线的条件，确定函数的形式，从而得到高斯 – 克吕格投影公式。投影后，除中央子午线和赤道为直线外，其他子午线均为对称于中央子午线的曲线。设想用一个椭圆柱横切于椭球面上投影带的中央子午线，按上述投影条件，将中央子午线两侧一定经差范围内的椭球面正形投影于椭圆柱面。将椭圆柱面沿过南北极的母线剪开展平，即为高斯投影平面。取中央子午线与赤道交点的投影为原点，中央子午线的投影为纵坐标 $X$ 轴，赤道的投影为横坐标 $Y$ 轴，构成高斯 – 克吕格平面直角坐标系。

### 3.2.3.3 坐标转换

GIS 平台中都预定义有上百个基准面供用户选用，但均没有我国的基准面定义。假如精度要求不高，可利用苏联的 Pulkovo 1942 基准面代替 1954 年北京坐标系；假如精度要求较高，则需要自定义基准面。GIS 系统中的基准面通过当地基准面向 WGS1984 的转换 7 参数来定义，转换通过相似变换方法实现。

## 3.2.4　GIS 信息库内容

### 3.2.4.1　基础地理信息

（1）数据格式

源文件采用 Shapefile 数据格式存储，该文件格式是描述空间数据的几何和属性特征的非拓扑实体矢量数据结构的一种格式，由 ESRI 公司开发。地图文件采用标签图像文件格式（TIFF）存储，该数据格式是一种灵活的位图格式，主要用来存储包括照片在内的图像。

（2）地图投影

地理坐标系采用 1954 年北京坐标系，投影坐标系采用高斯 – 克吕格投影。

（3）数据内容

包括太浦河沿线污染源风险评估范围、太浦河沿线的主要河流水系、评估范围内的行政区划与城市驻地。

### 3.2.4.2　污水处理厂污染源信息

（1）数据格式

源文件采用 Shapefile 数据格式存储，GIS 专题图采用 TIFF 数据格式存储。

（2）地图投影

地理坐标系采用 1954 年北京坐标系，投影坐标系采用高斯 – 克吕格投影。

（3）数据内容

包括污水处理厂名称、地理位置（经度与纬度）、所在乡镇、污水处理能力等内容。

（4）GIS 专题图

基于 GIS 专业软件绘制，包括太浦河周边区域污水处理厂污水处理能力的专题图。

### 3.2.4.3　工业企业污染源信息

（1）数据格式

源文件采用 Shapefile 数据格式存储，GIS 专题图采用 TIFF 数据格式存储。

（2）地图投影

地理坐标系采用 1954 年北京坐标系，投影坐标系采用高斯 – 克吕格投影。

（3）数据内容

包括工业企业的名称、地理位置（经度与纬度）、所在乡镇、工业废水年排放量、工业废水年化学需氧量排放量、工业废水年氨氮排放量、工业废水年挥发酚排放量、工业废水年重金属铬排放量等内容。

（4）GIS 专题图

基于 GIS 专业软件绘制，包括太浦河周边区域工业企业工业废水年排放量、太浦河周边区域工业企业化学需氧量年排放量、太浦河周边区域工业企业氨氮年排放量、太浦河周边区域工业企业挥发酚年排放量、太浦河周边区域工业企业重金属铬年排放量的专题图。

### 3.2.4.4 加油站污染源信息

（1）数据内容

包括加油站名称、地理位置（经度与纬度）、所在省市、所在县区、所在乡镇、所属河道、总容积等内容。

（2）GIS 专题图

基于 GIS 专业软件绘制，包括太浦河主要水系沿岸加油站空间分布图等专题图。

### 3.2.4.5 码头污染源信息

（1）数据内容

包括码头名称、地理位置（经度与纬度）、所在省市、所在县区、所在乡镇、所属河道、规模、船舶货运类型等内容。

（2）GIS 专题图

基于 GIS 专业软件绘制，包括太浦河主要水系沿岸码头空间分布图等专题图。

### 3.2.4.6 危化品仓库污染源信息

（1）数据内容

包括危化品仓库名称、地理位置（经度与纬度）、所在省市、所在县区、所在乡镇、工业废水年排放量、工业废水化学需氧量年排放量、工业废水氨氮年排放量、工业废水挥发酚年排放量等内容。

（2）GIS 专题图

基于 GIS 专业软件绘制，包括太浦河周边危化品仓库空间分布图、太浦河周边危化品仓库工业废水年排放量及危化品仓库化学需氧量、氨氮、挥发酚年排放量等专题图。

### 3.2.4.7　船舶货运信息

（1）数据格式

源文件采用 Microsoft Office Excel 数据格式存储。

（2）数据内容

过境船只数量、过境船只类型、过境船只运输货物类型等内容。

## 3.2.5　GIS 信息管理平台功能

根据太浦河沿线污染源风险评估的数据需求，太浦河及周边区域污染源信息库平台具有数据输入、图形显示、查询检索、统计分析、空间分析、数据输出和系统维护 7 个功能模块的数据库。

（1）数据输入功能

可对矢量数据、栅格数据及属性数据执行各种输入操作，可实现数据输入及编辑修改。

（2）图像显示功能

可实现对空间数据的分层显示、图像缩放和图像漫游。

（3）查询检索功能

可对空间数据和属性数据实现组合条件查询，并根据用户需求，将查询结果以表格或图形的形式输出。

（4）统计分析功能

可根据用户给定的条件，对数据库的数据字段进行统计，并可将统计结果以统计图、统计表及统计报告的形式输出。

（5）空间分析功能

包括栅格分析、缓冲区分析、网络分析、叠加分析等。

（6）数据输出功能

包括打印输出、绘图仪输出，并可转换为其他数据格式。

（7）系统维护功能

包括文件管理、数据库更新及数据库运行环境设置等。

# 3.3 评估体系构建

## 3.3.1 评估体系构建原则

太浦河水系是一个兼具封闭性与开放性、动态与静态的，由人和自然共同构成的包括生态、经济及社会子系统在内的，复杂、完整、动态的复合系统，系统内部湖泊—河流—流域之间各种事件的发生和变化存在着共生和因果联系，是相互联系、相互影响的有机整体。因此，在进行太浦河突发水污染风险评估时应考虑太浦河水系的特殊性，并遵循以下原则。

（1）科学性

突发水污染风险评估结果是否可信很大程度上依赖其指标、标准、程序等方法是否科学。指标应反映评估对象的特征，同时指标的概念和物理意义必须明确，测定方法标准，统计计算方法规范。

（2）层次性

指标体系应层次分明，全面反映风险源本身及其对受体危害的主要特征和发展状况。

（3）针对性

指标的选取要有针对性，应能够为评估活动、评估目的服务，能够针对评估任务的要求为评估结果的判定提供依据，要能反映出太浦河突发水污染风险特征。

（4）可比性

指标数据选取和计算采取通行口径与标准，保证评估指标与结果具有类比性质，应针对特定目标和太浦河突发水污染风险及其矛盾建立与选择指标体系。

（5）可操作性

建立指标体系应考虑到现实的可能性，指标体系应符合国家政策，应适应于指标使用者对指标的理解接受能力和判断能力，适应于信息基础，因此，指标设置应避免过于烦琐，涉及数据应真实可靠并易于量化。

（6）导向性

要充分考虑到系统的动态变化，综合反映建设现状及发展趋势，便于进行预测与管理，起到导向作用。

## 3.3.2　评估体系框架

近年来，我国突发性水污染事故频发，2003—2013 年环保部接报处置的 1000 多起环境突发事件中，水污染事件占 55% 以上，给当地造成很大的经济损失和生态环境破坏。开展突发性水污染事故风险识别能够有效提高突发水污染事件的防控水平与应急处置能力，是突发水污染风险管理的迫切需求。

根据风险评估内涵及发生机制，风险源、风险受体是风险评估的重要组成部分。不同类型的风险受体（生境）对外界干扰的抵抗能力是不同的，有些风险受体较为脆弱，对外界干扰敏感，在风险源的作用下极易受到损害，而另一些生境抗逆性能力强，可直接影响到风险源的破坏力，在相同的风险源作用下仍能够保持其基本的功能，即相同强度的同一风险源作用于不同的风险受体类型，可能对整个区域的结构和功能产生不同强度的危害。因此，风险评估需要定量表征 3 个方面的要素：①外界干扰（污染源）的危害性；②风险受体的敏感性（抗干扰能力）；③风险受体的损失度。

本研究依据评估模型、指标体系构建原则，基于目标层—要素层—指标层多层次框架结构，从风险源危害性、风险受体敏感性及风险受体潜在损失度 3 个方面考虑构建流域生态风险评估指标体系（图 3.2），选取适当的指标来评估太浦河突发水污染风险大小。

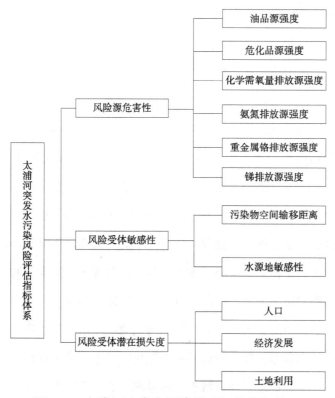

**图 3.2　太浦河突发水污染风险评估指标体系**

## 3.3.3　评估技术方法

### 3.3.3.1　评估方法

现有研究主要基于风险概念的内涵，根据风险评估对象的特征，采用不同的指标表征风险源危害性、风险受体敏感性及潜在损失度（式 3.1），本研究的风险受体为太浦河及其沿岸周边区域，评估内容是污染源对太浦河水污染的影响，因此，风险源为太浦河周边区域的相关污染源，其危害性与污染源源强大小直接相关，采用风险源源强指数表征：

$$R=RH \times RS \times SL 。 \tag{3.1}$$

其中，$R$ 为单一污染物风险；$RH$ 为该类风险源的风险源危害性；$RS$ 为该类风险源的风险受体敏感性；$SL$ 为该类风险源的风险受体潜在损失度。

风险源危害性（$RH$）与风险源强度（源强）直接相关，可采用源强指数度量风险源的危害性，源强指数既考虑了不同污染源的源强大小，也克服了不同评价指标的量纲差异，是污染源风险评估中的重要指标。风险源危害性分析是对评估区域中可能对风险受体或其组分产生不利作用的干扰进行识别、分析和度量。根据风险评估的目的找出具有风险的因素，即进行风险识别，主要包括人与自然相互作用过程中，一切存在或潜伏着的对自然环境、人类社会和人与环境系统及其持续稳定发展构成危害作用的因素。

风险受体敏感性（$RS$）可理解为太浦河对污染源发生突发水污染事件的敏感程度，因此有两个重要因素。①污染源与太浦河的输移距离：如果该距离非常大，则污染源发生突发水污染事件时，污染物需要较长时间才能输移到太浦河，而在输移过程中污染物可能被稀释、降解，因此对太浦河影响较小；反之，如果污染源与太浦河的输移距离很小，则污染源发生突发水污染事件时，污染物很短时间内可输移到太浦河，对太浦河影响很大。因此，本研究拟采用污染物空间输移距离指数表征该距离的大小。②污染源与太浦河取水口的距离：取水口是太浦河的敏感区域，水资源管理中应该尽可能避免突发水污染事件对取水口水质的影响，因此，采用水源地敏感性指数表征污染源与取水口距离的大小。风险受体损失度评估，即突发水污染事件发生后的作用效果对风险承受者造成的损失，是污染风险评估的重要组成部分。这些影响对下游人口、社会与经济系统具有直接的扰动和打击。

风险受体潜在损失度（$SL$）即突发水污染事件发生后的作用效果对风险承受者具有的负面影响，是污染风险评估的重要组成部分。这些影响对社会经济具有直接的扰动和打击，经济学上常用经济损失来表示风险损失大小。一般认为，社会经济条件可以定性反映区域社会系统的受灾损失度。经济发达地区的人口、城镇密集，产业活动频繁，社会经济价值高，因此，当遇到同样等级的风险灾害事件时，经济发达、人口稠密、城镇密布地区的绝对损失度往往比经济落后地区大很多。

### 3.3.3.2　调查范围空间网格剖分

基于 ArcGIS 软件的空间分析模块，完成太浦河污染源风险调查范围的空间网格剖分，采用正方形网格剖分单元，网格的空间分辨率为 1000 m × 1000 m（图3.1），网格的地理坐标系采用 1954 年北京坐标系，投影坐标系采用高斯－克吕格投影，中央经线为东经 120°，边界分别为 40533000（左边界）、40605000（右边界）、3404000（下边界）、3457000（上边界），调查范围网格共 53 行、72 列，共包括 1624 个网格单元，总面积 1624 km²。

### 3.3.3.3 风险源危害性表征

太浦河周边区域分布有大量的加油站、危化品仓库、码头。加油站的油罐和管道采用掩埋处理，使油罐和管道掩埋在经过土壤氧化作用后，造成油罐、管道氧化严重，存在汽油泄漏风险。当发生严重泄漏事故时，会导致严重水污染，其水污染影响程度与加油站规模大小、加油站与水系空间距离、水系的水文条件等要素相关。码头岸上管线、法兰由于受压、长期磨损、腐蚀等原因导致管线破裂、穿孔，法兰垫片撕裂造成油品外泄；船舶在行驶过程中受碰撞、搁浅或与码头碰撞导致船体受损爆裂，仓内油品发生大量泄漏。危化品企业的工业废水均通过处理后排放，但在存储与运输过程中均有一定的泄漏风险，危险化学品泄漏进入水体后，将直接严重危害到饮用水安全和水生态系统。

同时，该区域纺织厂、电子厂、化工厂等工业企业，以及配套的污水处理厂和废水输送管道等设施数量众多，而废水中含大量氨氮、化学需氧量、锑、重金属铬等污染物，发生突发水污染事件时，对周边区域的生态环境造成了极其恶劣的影响，是太浦河突发水污染的主要风险源。

基于上述污染源特征，本研究基于太浦河污染源风险调查范围的剖分网格，结合太浦河及周边区域污染源调查与复核数据，采用 GIS 关联分析方法计算各网格单元（1624 个）主要污染物的排放源强，网格单元某污染物的排放源强值为该网格单元单位时间内所有污染源排放该污染物的总和。其中，油品污染物来源于加油站与一般类型码头；危化品污染物来源于危化品仓库及其专用码头；化学需氧量、氨氮、锑、重金属铬污染物来源于工业企业与污水处理厂。网格单元的某污染物排放源强值越大，表明该网格内各污染源单位时间内排放该污染物的数量越大。

本研究首先分别计算了 6 种主要污染物：油品、危化品、化学需氧量、氨氮、锑、重金属铬的排放源强值。其中，油品源强指数根据加油站油罐容积大小表示；危化品采用危化品仓库企业的废水排放量衡量；化学需氧量、氨氮、锑、重金属铬来源于工业企业与污水处理厂的实测统计数据，工业企业的工业废水锑排放无实测数据，因此采用涉锑企业的工业废水排放量表征。其次采用数据标准化方法计算不同风险源的源强指数，该方法主要解决数据的可比性，能够有效消除不同污染物排放源强的量纲差异，即各指标值都处于同一个数量级别上，可以进行综合测评分析，是环境风险评估中的有效方法，计算公式如下：

$$RH_{ix}^* = \frac{RH_{ix} - RH_{min}}{RH_{max} - RH_{min}} \circ \qquad (3.2)$$

其中，$RH_{ix}^*$ 为 $i$ 网格污染物 $x$ 的风险源源强指数；$RH_{ix}$ 为 $i$ 网格污染物 $x$ 的排放源强；$RH_{min}$ 为太浦河污染源风险调查范围的污染物 $x$ 风险源源强的最小值；$RH_{max}$ 为太浦河污染源风险调查范围的污染物 $x$ 风险源源强的最大值。

风险源源强指数（$RH_{ix}^*$）是无量纲化的污染物排放源强，各网格单元的风险源源强指数取值范围为0～1.0，数值越大，表明该网格排放该类污染物的总量越大。

### 3.3.3.4　风险受体敏感性表征

太浦河突发水污染风险不仅与污染源的危害性有关，也与风险受体的敏感性相关，风险受体敏感性可理解为太浦河对污染源发生突发水污染事件的敏感程度，根据上文对风险受体敏感性的分析，风险受体敏感性与污染物到太浦河的空间输移距离、水源地对污染源的敏感性有关，可采用以下公式计算：

$$RS_i^* = \frac{SDI_i^* + WSI_i^*}{2} \circ \qquad (3.3)$$

其中，$RS_i^*$ 为太浦河对 $i$ 网格污染物的敏感性指数；$SDI_i^*$ 为 $i$ 网格的污染物空间输移距离指数；$WSI_i^*$ 为 $i$ 网格的水源地敏感性指数。$RS_i^*$ 数值越大，表示太浦河对该网格单元发生的突发水污染事件越敏感。

污染物空间输移距离指数、水源地敏感性指数的计算过程说明如下。

#### （1）污染物空间输移距离指数计算

本研究主要评估太浦河突发水污染风险，因此，不同污染源污染物到太浦河的空间输移距离是评价风险受体脆弱性的重要指标，采用污染物空间输移距离指数计算。

基于太浦河及主要干流的水流方向，计算各网格单元污染物到太浦河的空间输移距离（$d$），计算步骤包括：①计算各网格单元到最近太浦河水系点的距离（$d_1$），如果网格单元的最近太浦河水系点位于太浦河，则 $d = d_1$；②如果网格单元的最近太浦河水系点不在太浦河，则需要进一步计算该点位到太浦河的输移距离（$d_2$），则 $d = d_1 + d_2$。该距离数值的含义是污染物输移到太浦河所需要的距离，计算过程采用计算机编程语言实现。此外，潮汐对太浦河水流也有一定影响，但影响过程复杂，本项目研究尚未考虑，拟于后期研究项目中，通过水动力模型模拟潮汐对污染物输移过程的影响。

与风险源源强指数计算方法类似，本研究采用变换的数据标准化方法消除空间输移距离与其他评估指标差异，计算各网格单元污染源到太浦河的输移距离指数，公式说明如下：

$$SDI_i^* = 1 - \frac{SDI_i - SDI_{\min}}{SDI_{\max} - SDI_{\min}}。 \tag{3.4}$$

其中，$SDI_i^*$ 为 $i$ 网格的污染物空间输移距离指数，$SDI_i$ 为 $i$ 网格的污染物空间输移距离（km）；$SDI_{\min}$ 为太浦河污染源风险调查范围的污染物空间输移距离的最小值（km）；$SDI_{\max}$ 为太浦河污染源风险调查范围的污染物空间输移距离的最大值（km）。

（2）水源地敏感性指数计算

本研究风险受体为太浦河，其中太浦河取水口是风险受体的敏感区域，因此需要进一步分析污染源对敏感区域的可能影响，其敏感程度大小采用水源地敏感性指数表征，敏感性数值越大，表征突发水污染事件发生条件下，污染源对取水口影响越大，该指标是风险评估的重要指标。

太浦河中下游有两处水源地，分别位于嘉善县姚庄镇与金泽镇（表 3.1）。嘉善县姚庄镇太浦河取水口设在嘉善县丁栅枢纽与长白荡之间，长白荡作为备用水源，采用"二口一站"的取水方式；青浦区金泽水库取水口于 2014 年年底动工建设，已于 2016 年年底通水，该水源地将服务青浦区、奉贤区、金山区、闵行区、松江区居民，为保障该水源地建设，青浦区金泽镇于 2014—2016 年完成了百余家工业企业的关停调整。

表 3.1　太浦河中下游水源地信息

| 水源地名称 | 经度 | 纬度 | 所在省市 | 所在县区 | 所在乡镇 |
|---|---|---|---|---|---|
| 嘉善县姚庄镇太浦河取水口 | 120.95° | 31.02° | 浙江省 | 嘉善县 | 姚庄镇 |
| 青浦区金泽水库取水口 | 120.94° | 31.02° | 上海市 | 青浦区 | 金泽镇 |

基于太浦河污染源风险调查范围的网格，采用 GIS 缓冲分析方法，分别计算各网格单元到水源地的直线距离。参考风险源源强指数计算方法，采用数据标准化方法计算各网格单元的水源地敏感性指数（$WSI_i^*$），计算公式如下：

$$WSI_i^* = 1 - \frac{WSI_i - WSI_{\min}}{WSI_{\max} - WSI_{\min}} \text{。}$$  （3.5）

其中，$WSI_i^*$ 为 $i$ 网格的水源地敏感性指数；$WSI_i$ 为 $i$ 网格到最近水源地的直线距离；$WSI_{\min}$ 为太浦河污染源风险调查范围网格单元到最近水源地距离的最小值（km）；$WSI_{\max}$ 为太浦河污染源风险调查范围网格单元到最近水源地距离的最大值（km）。

### 3.3.3.5　风险受体潜在损失度表征

研究主要从人口状况、土地利用程度、经济发展 3 个方面，选取下游人口数量、下游建设用地比重、下游人均 GDP 等相关指标，运用综合评估法对太浦河地区的潜在损失进行评估。其中，下游地区是指总面积 1624 km² 的调查范围内，计算网格水流方向下游的所有网格所覆盖的地区。计算公式如下：

$$SL_{ix}^* = \beta_1 TP_{ix}^* + \beta_3 CP_{ix}^* + \beta_2 G_{ix}^* \text{。}$$  （3.6）

其中，$SL_{ix}^*$ 为 $i$ 网格污染物 $x$ 的下游潜在损失度；$TP_{ix}^*$ 为 $i$ 网格污染物 $x$ 下游的常住人口数量指数；$CP_{ix}^*$ 为 $i$ 网格污染物 $x$ 下游的建设用地面积指数；$G_{ix}^*$ 为 $i$ 网格污染物 $x$ 下游的 GDP 指数；$\beta_1$、$\beta_3$、$\beta_2$ 分别为常住人口数量、GDP、建设用地面积指数的相对权重（表 3.2）。

表 3.2　风险受体潜在损失度评估指标体系

| 目标层 | 类别层 | 权重 | 指标层 | 指标类型 |
|---|---|---|---|---|
| 潜在损失度评估 | 人口状况 | 0.40 | 下游人口数量 | 正向 |
| | 土地利用程度 | 0.20 | 下游建设用地面积 | 正向 |
| | 经济发展 | 0.40 | 下游 GDP | 正向 |

（1）下游人口数量

反映污染风险源下游地区的常住人口总数。下游人口越多，遭受相同灾害或外界干扰时对太浦河社会经济系统的潜在损失度就越大。计算方法如下：

$$TP_{ix} = D_{ix} S_{ix} \text{。}$$  （3.7）

其中，$TP_{ix}$ 为 $i$ 网格污染物 $x$ 的下游调查范围内的人口总数（人）；$D_{ix}$ 为 $i$ 网格污染物 $x$ 的下游区域平均人口密度（人 / km²）；$S_{ix}$ 为 $i$ 网格污染物 $x$ 的下游土地面积（km²）。$i$ 网格污染物 $x$ 的下游区域平均人口密度 $D_{ix}$ 的计算方法如下：

$$D_{ix} = \sum_{j=1}^{m} D_j S_j。 \tag{3.8}$$

其中，$D_j$ 为 $i$ 网格污染物 $x$ 的下游第 $j$ 个乡镇的人口密度（人 /km²）；$S_j$ 为下游第 $j$ 个乡镇在污染物 $x$ 下游评估区域内的面积百分比；$m$ 为下游的乡镇总个数。$D_j$ 根据乡镇 $j$ 人口总数与土地面积的比值计算。采用数据标准化方法计算 $i$ 网格污染物 $x$ 下游的人口数量指数 $TP_{ix}^*$。

（2）下游建设用地面积

反映污染风险源的下游地区城镇化和土地开发利用强度。下游土地开发强度越大，说明水污染事件造成的经济和社会潜在损失越大。土地利用数据来源于欧洲航天局根据卫星遥感解译制作的 CCI-LC 土地利用分布图，并进行重分类获得各污染源下游区域的建设用地面积（km²）。此外，也对下游建设用地面积采用公式进行极差标准化处理，得到 $CP_{ix}^*$。

（3）下游 GDP

反映污染风险源的下游地区总体经济发展水平，地区生产总值越高，表明该地区的经济越发达，受突发水污染事件的潜在损失度越大。

$$G_{ix} = GP_{ix} P_{ix}。 \tag{3.9}$$

其中，$G_{ix}$ 为 $i$ 网格污染物 $x$ 的下游调查范围内的 GDP（万元）；$GP_{ix}$ 为 $i$ 网格污染物 $x$ 的下游人均 GDP（万元 / 人）；$P_{ix}$ 为 $i$ 网格污染物 $x$ 的下游人口总数（人）。$i$ 网格污染物 $x$ 的下游区域人均 GDP 的计算方法如下：

$$GP_{ix} = \sum_{J=1}^{m} GPP_j S_j。 \tag{3.10}$$

其中，$GPP_j$ 为 $i$ 网格污染物 $x$ 的下游第 $j$ 个乡镇的人均 GDP（万元 / 人）；$GPP_j$ 根据 $j$ 乡镇 GDP 与人口总数的比值计算。参考风险源源强指数计算方法，采用数据标准化方法也对 $G_{ix}$ 进行极差标准化处理，得到 $G_{ix}^*$。

### 3.3.3.6 评估标准

基于6种主要污染物（油品、危化品、化学需氧量、氨氮、锑、重金属铬）的风险指数计算结果，采用权重法计算网格单元的突发水污染综合风险指数，该方法综合考虑了污染源不同污染物对风险受体（太浦河）的可能影响，能够有效表征太浦河沿岸区域突发水污染事件的综合风险特征，计算方法如下：

$$R_i = \sum_{x=1}^{n} R_i^x w_x \text{。} \tag{3.11}$$

其中，$R_i$ 为 $i$ 网格的综合风险指数；$R_i^x$ 为 $i$ 网格的污染物 $x$ 的风险指数；$w_x$ 为污染物 $x$ 的权重系数；$n$ 为污染物数量（$n=6$）。本研究根据各污染物造成水质污染的相对危害性，确定权重系数，并通过专家咨询建议，对权重适当调整，最终确定油品、危化品、化学需氧量、氨氮、锑、重金属铬的权重分别为0.2、0.2、0.1、0.1、0.2、0.2。某一网格单元的综合风险指数数值越大，表征该网格单元的突发水污染事件造成的太浦河水污染影响越大。

基于突发水污染的综合风险指数计算结果，划分突发水污染的综合风险等级。根据综合风险指数的定义，采用常用的数值排序法确定风险等级，即风险指数数值越大，定义的风险级别越高。为便于风险分析，将突发水污染的综合风险等级划分为5级（Ⅰ级、Ⅱ级、Ⅲ级、Ⅳ级、Ⅴ级），与突发水污染综合风险指数的对应关系说明如表3.3所示。

表 3.3　太浦河污染源综合风险等级划分

| 风险等级 | 风险指数 | 风险等级说明 | 风险区域特征 |
|---|---|---|---|
| Ⅰ级 | 0 | 突发水污染风险极低 | 该区域无加油站、危化品仓库、码头、工业企业、污水处理厂 |
| Ⅱ级 | 0 ~ 0.03 | 突发水污染风险较低 | 该区域分布少量加油站、危化品仓库、码头、工业企业、污水处理厂中的一种或多种污染源组合 |
| Ⅲ级 | 0.03 ~ 0.05 | 突发水污染风险中度 | 该区域有较多的加油站、危化品仓库、码头、工业企业、污水处理厂中的一种或多种污染源组合 |
| Ⅳ级 | 0.05 ~ 0.10 | 突发水污染风险较高 | 该区域分布有更多的加油站、危化品仓库、码头、工业企业、污水处理厂中的一种或多种污染源组合 |
| Ⅴ级 | 大于 0.1 | 突发水污染风险高 | 该区域有大型加油站、危化品仓库、码头、工业企业、污水处理厂中的一种或多种污染源组合，或者与太浦河或水源地距离很近，下游经济社会潜在损失度高 |

Ⅰ级：该区域无加油站、危化品仓库、码头、工业企业、污水处理厂等污染源，对应风险指数为0，突发水污染风险极低。

Ⅱ级：该区域分布少量加油站、危化品仓库、码头、工业企业、污水处理厂中的一种或多种污染源组合，对应风险指数为0～0.03，突发水污染风险较低。

Ⅲ级：该区域有较多的加油站、危化品仓库、码头、工业企业、污水处理厂中的一种或多种污染源组合，对应风险指数为0.03～0.05，突发水污染风险为中度。

Ⅳ级：该区域分布有更多的加油站、危化品仓库、码头、工业企业、污水处理厂，对应风险指数为0.05～0.10，突发水污染风险较高。

Ⅴ级：该区域具有以下两个特征之一：①有大型或数量较多的加油站、危化品仓库、码头、工业企业、污水处理厂中的一种或多种污染源组合；②与太浦河或水源地距离很近，对应风险指数大，或涉及下游经济社会范围广，潜在损失度大，突发水污染风险高，是突发水污染事件风险的重点防控区域。

# 3.4　太浦河突发水污染风险评估

## 3.4.1　风险受体敏感性评估

（1）污染物空间输移距离指数计算

太浦河空间输移距离计算结果表明：各网格单元污染物到太浦河的空间输移距离为0～38.5 km，以太浦河为中轴线，呈现南北方向逐渐增大的趋势，其中同里镇、松陵镇、桃源镇、七都镇到太浦河的空间输移距离均较远。

基于污染物空间输移距离指数的计算结果，绘制其空间分布图，各网格单元的污染物空间输移距离指数为0～1.0。数值越大，表示该网格单元污染源到太浦河输移距离小，数值越小，表示该网格单元污染源到太浦河输移距离大，该指数与污染物空间输移距离空间分布图的数值大小呈相反趋势。

（2）水源地敏感性指数计算

基于水源地敏感性指数的计算结果，绘制其空间分布图，各网格单元的水源地敏感性指数取值范围为 0 ~ 1.0，数值越大，表示该网格单元的污染源对太浦河水源地可能造成的影响越大。太浦河及周边区域的水源地敏感性指数的空间分布呈现以两个水源地（嘉善县姚庄镇水源地、青浦区金泽镇水源地）为中心，太浦河为中轴线向四周逐渐减小的趋势。

（3）风险受体敏感性指数

在污染物到太浦河的空间输移距离、水源地对污染源的敏感性的基础上，计算出风险受体敏感性指数，并绘制成太浦河及周边区域的风险受体敏感性图。

结果表明，太浦河及周边区域的风险受体敏感性指数空间分布呈现以两个水源地（嘉善县姚庄镇水源地、青浦区金泽镇水源地）为中心，太浦河为轴线，向四周逐渐减小的规律（附图 1）。高度敏感区集中在距离水源地和太浦河均较近的黎里镇、陶庄镇、西塘镇、金泽镇、姚庄镇、练塘镇等区域。

（4）风险受体潜在损失度评估

基于风险受体潜在损失度的计算结果，绘制出各类型污染物的风险受体潜在损失度空间分布图。结果表明，风险受体潜在损失度的空间异质性较强（附图 1）。震泽镇、盛泽镇、松陵镇、桃源镇、同里镇等地处太浦河周边水系的上游区域，意外泄漏的油品、危化品、化学需氧量、氨氮、锑、重金属铬等污染物造成的水质污染影响范围将更广，涉及下游区域更多的人口、经济与土地资源，带来重大损失。

## 3.4.2 单指标评价

加油站与一般码头所在网格单元的油品源强较大值分布在黎里镇、平望镇与松陵镇。危化品仓库及专用码头所在网格单元的危化品源强以黎里镇和平望镇为高值区，盛泽镇与同里镇也有零星高值网格分布。大型污水处理厂与工业企业所在网格单元的化学需氧量与氨氮排放源强均较大，锑排放源强值较大的区域集中于太浦河南岸的盛泽镇与桃源镇，重金属铬排放源强较大值零星分布于太浦河北部的同里镇。

单一污染源风险指数的计算结果表明，太浦河污染风险评估范围内，油品、危险化学品、化学需氧量、氨氮、锑、重金属铬的风险指数存在显著空间差异（附图 2），分类情况如下。

（1）油品

大型的加油站和建材码头主要分布在京杭大运河周边的松陵镇、五河（太浦河、京杭大运河、頔塘、澜溪塘、老运河）交汇处的平望镇，且松陵镇位于太浦河周边水系的上游，风险受体潜在损失度较大，因此，两镇的油品风险指数显著高于其他乡镇。在黎里镇太浦河沿岸分布的加油站区域，距太浦河和水源地均较近，也分布有高值网格。

（2）危险化学品

危险化学品仓库和危险化学品专用运输码头集中分布于頔塘水系，导致该水系距太浦河比较近的平望镇成为危险化学品风险高值区。同里镇也分布有大型的危险化学品仓库，出现部分高值网格。

（3）化学需氧量与氨氮

大型工业企业与污水处理厂主要分布在盛泽镇，因此，盛泽镇的化学需氧量与氨氮风险指数较高；王江泾镇由于工业企业与污水处理厂的数量较多，其化学需氧量与氨氮风险指数也较高；横扇镇、天凝镇、平望镇和黎里镇的工业企业数量较少，但由于与太浦河的空间输移距离较小，其化学需氧量与氨氮风险指数也有高值网格零星分布；同里镇、松陵镇、桃源镇、震泽镇、七都镇与太浦河的空间输移距离较大，并且与嘉善水源地、青浦水源地的距离均较大，因此，其化学需氧量与氨氮风险指数并未呈连片分布。

（4）锑与重金属铬

锑与重金属铬的风险指数均呈现零星分布的特征，主要受工业企业性质决定。锑来源于涉锑的纺织工业企业，集中于太浦河南部的盛泽镇、天凝镇、王江泾镇，该区域的锑风险指数较大，其他区域有少量涉锑企业分布；重金属铬来源于电镀企业的工业废水排放，总体分布面积不大，并且规模较小，集中于太浦河北部的同里镇，导致该区域的重金属铬风险指数较大。

### 3.4.3 综合评估

太浦河周边乡镇的水污染综合风险面积统计如表 3.4 所示，突发水污染综合风险指数计算结果如附图 3 所示。太浦河污染源风险调查范围的突发水污染综合风险指数具有显著区域差异，中度风险以上的区域呈斑块状分布。

表 3.4 太浦河周边乡镇的水污染综合风险面积统计　　单位：$km^2$

| 风险等级 | I 级 | II 级 | III 级 | IV 级 | V 级 |
| --- | --- | --- | --- | --- | --- |
| 七都镇 | 79 | 12 | 0 | 0 | 0 |
| 震泽镇 | 59 | 30 | 3 | 1 | 0 |
| 桃源镇 | 68 | 20 | 1 | 0 | 0 |
| 盛泽镇 | 89 | 35 | 6 | 10 | 1 |
| 松陵镇 | 137 | 21 | 7 | 1 | 0 |
| 平望镇 | 80 | 30 | 10 | 4 | 0 |
| 同里镇 | 101 | 20 | 2 | 2 | 0 |
| 黎里镇 | 198 | 46 | 6 | 2 | 0 |
| 横扇镇 | 56 | 17 | 2 | 0 | 0 |
| 王江泾镇 | 32 | 24 | 3 | 0 | 0 |
| 油车港镇 | 8 | 4 | 0 | 0 | 0 |
| 陶庄镇 | 42 | 0 | 0 | 0 | 0 |
| 天凝镇 | 24 | 8 | 1 | 1 | 0 |
| 西塘镇 | 77 | 8 | 0 | 0 | 0 |
| 姚庄镇 | 40 | 6 | 0 | 0 | 0 |
| 练塘镇 | 97 | 0 | 0 | 0 | 0 |
| 金泽镇 | 88 | 5 | 0 | 0 | 0 |
| 总面积 | 1275 | 286 | 41 | 21 | 1 |
| 总面积占比 | 78.5% | 17.6% | 2.5% | 1.3% | 0.1% |

IV 级与 V 级突发水污染综合风险区域面积总和为 22 $km^2$，占太浦河污染源风险调查范围总面积的 1.4%。它们空间上集中于盛泽镇，零星分布于同里镇东

部、平望镇局部和黎里镇沿太浦河岸区域。盛泽镇布局有大型的纺织印染与助剂企业和污水处理厂，涉锑生产单位众多，且沿澜溪塘分布有危化品仓库和码头，使多种污染物的源强较大，对下游的风险受体潜在损失度大，成为突发水污染高风险发生区，应高度重视该区的应急处置能力建设。黎里镇在沿太浦河岸区域有密集的加油站、危化品仓库及专用码头分布，并布局有涉铬排放工业企业，因距离太浦河和水源地较近，可对太浦河及其下游造成直接的污染危害，是突发水污染高风险发生区，应高度重视该区的应急处置能力建设。同里镇东部分布有大型的危化品仓库、工业企业和污水处理厂，其重金属铬源强较高，下游经济潜在损失度高，是风险预警的重点关注区。

Ⅲ级突发水污染综合风险区域面积较大，总面积 41 km²，占太浦河污染源风险调查范围总面积的 2.5%。主要包括：①平望镇既是五河水路交汇处，又是 318 国道与常台高速、沪渝高速、S227 省道等陆路汇接处，是该区域的交通枢纽节点。因此，该区分布有大量的加油站、码头、危化品仓库等污染源，各类污染源源强指数偏高，且距离太浦河较近，水源地敏感性高。②松陵镇也分布一定量的工业企业和污水处理厂，且加油站较多，下游潜在损失度大，拥有较高的风险等级。

Ⅱ级突发水污染综合风险区域较多，总面积 286 km²，占太浦河污染源风险调查范围总面积的 17.6%。主要包括：①工业企业规模较大，危化品仓库分布较多，与太浦河、水源地距离均较远的区域，如桃源镇与震泽镇尽管有不少工业企业与污水处理厂、危化品仓库、码头分布，但到太浦河的空间输移距离均较远，并且与水源地距离也较远，因此，所在区域呈现中低风险等级；②工业企业规模很小，与太浦河、水源地距离较近的区域，如姚庄镇、金泽镇尽管存在少量工业企业到太浦河的空间输移距离较近，但由于工业企业规模不大，所在区域呈现中度风险以下等级。

Ⅰ级突发水污染综合风险区域面积最大（1275 km²），占总面积的 78.5%，该区域无加油站、危化品仓库、码头、工业企业、污水处理厂，突发水污染风险极低。

# 3.5 本章小结

①在对太浦河周边水系水质影响分析的基础上，确定了 1624.0 km² 的调查范围，通过对 2015 年工业企业污染源进行调查，该区域内共有工业企业 400 余家，工业废污水年排放量 15 224.7 万 t，主要污染物为化学需氧量、氨氮、挥发酚、重金属铬；共有污水处理厂 41 家，年污水处理量为 52.8 万 t。对 2017 年区域内重要河湖加油站、码头、危化品仓库调查显示，区域内分布加油站 79 个（含油储基地 2 个），码头 99 个，危化品仓库 86 个。

②以规范化、安全性、实用性、可扩展性为原则，参照国家和行业信息化管理的有关标准，以太浦河沿线污染源风险识别的数据需求开展污染源整编，构建了太浦河及周边区域污染源信息库，信息库包括研究对象（太浦河周边区域）的水系、行政区划、工业企业污染源、污水处理厂污染源等数据。为太浦河沿线污染源风险识别提供数据支持。

③根据风险评估内涵及发生机制，依据科学性、层次性、针对性、可比性、可操作性、导向性等原则，基于目标层—要素层—指标层多层次框架结构，从风险源危害性、风险受体敏感性及潜在损失度 3 个方面考虑构建流域生态风险评估指标体系，选取油品源强度、危化品源强度、化学需氧量排放源强度、氨氮排放源强度、重金属铬排放源强度、锑排放源强度、污染物空间输移距离、水源地敏感性、人口、经济发展、土地利用等 11 项指标来评估太浦河突发水污染风险大小。

④风险评估结果显示，太浦河周边区域的突发水污染综合风险具有显著的区域差异性，高风险（Ⅳ级与Ⅴ级）区呈现片状或斑块状分布，主要包括大型污水处理厂与工业企业分布的区域、加油站和危化品仓库集中分布区、工业企业分布的太浦河沿岸区域与水源地周边区域。Ⅲ级以上突发水污染综合风险区域面积为 63 km²，占区域总面积的 3.9%。

# 参考文献

［1］ 周宏伟，黄佳聪，高俊峰，等 . 太湖流域太浦河周边区域突发水污染潜在风险评估
［J］. 湖泊科学，2019，31（3）：646-655.

［2］ 丁凡，黄立勇，王锐，等 . 中国 2004—2015 年突发水污染事件监测数据分析［J］.
中国公共卫生，2017，33（1）：59-62.

［3］ 王云，吴树宝，王春雷，等 ."7.21" 涪江突发水污染事件应急监测分析［J］. 人民
长江，2012，43（12）：64-67.

［4］ 杨明祥，解建仓，李建勋，等 . 基于 3S 集成的突发水污染模拟研究［J］. 中国水
利，2011，11（1）：12-17.

［5］ 郑彤，王亚琼，王鹏 . 突发水污染事故风险评估体系的研究现状与问题［J］. 中国
人口·资源与环境，2016，26（11）：83-87.

［6］ 陶亚，雷坤，夏建新 . 突发水污染事故中污染物输移主导水动力识别：以深圳湾为
例［J］. 水科学进展，2017，28（6）：888-897.

［7］ 王家彪，雷晓辉，廖卫红，等 . 基于耦合概率密度方法的河渠突发水污染溯源
［J］. 水利学报，2015，46（11）：1280-1289.

［8］ 陶亚，任华堂，夏建新 . 突发水污染事故不同应对措施处置效果模拟［J］. 应用基
础与工程科学学报，2013，21（2）：203-213.

［9］ ZHANG B, QIN Y, HUANG M, et al. SD-GIS-based temporal-spatial simulation of water
quality in sudden water pollution accidents［J］. Computers & Geosciences, 2011,
37（7）：874-882.

［10］ GRIFOLL M, JORDÀ G, ESPINO M, et al. A management system for accidental water
pollution risk in a harbour: the Barcelona case study［J］. Journal of Marine Systems,
2011, 88（1）：60-73.

［11］ 房彦梅，张大伟，雷晓辉，等 . 南水北调中线干渠突发水污染事故应急控制策略
［J］. 南水北调与水利科技，2014，12（2）：133-136.

［12］ 张志娇，叶脉，张珂 . 广东省典型流域突发水污染事件风险评估技术及其应用
［J］. 安全与环境学报，2018，18（4）：1532-1537.

［13］ 肖瑶，黄岁樑，孔凡青，等 . 基于水功能区控制单元的流域突发性水污染事件风险
评价区划及其应用［J］. 灾害学，2018，33（3）：222-228.

［14］练继建，孙萧仲，马超，等 . 水库突发水污染事件风险评价及应急调度方案研究 ［J］. 天津大学学报：自然科学与工程技术版，2017，50（10）：1005-1010.

［15］靳春玲，王运鑫，贡力 . 基于模糊层次评价法的黄河兰州段突发水污染风险评价 ［J］. 安全与环境学报，2018，18（1）：363-368.

［16］DONG L，LIU J，DU X，et al. Simulation-based risk analysis of water pollution accidents combining multi-stressors and multi-receptors in a coastal watershed［J］. Ecological Indicators，2018，92：161-170.

［17］许妍，高俊峰，赵家虎，等 . 流域生态风险评价研究进展［J］. 生态学报，2012， 32（1）：1-9.

［18］BAE S，SEO D. Analysis and modeling of algal blooms in the Nakdong River，Korea［J］. Ecological Modelling，2018，37：253-263.

# 第 4 章
# 太浦河突发水污染事件影响分析

前文摸清了太浦河周边的污染源及突发水污染的风险区域，本章采用水量水质数学模型，选取常规污染物氨氮和部分重金属、有毒有害污染物进行突发污染的模拟，分析突发污染事件发生后太浦河闸泵采取应急调度措施后对沿程和水源地水质的影响。

## 4.1 水量水质数学模型

### 4.1.1 模型原理及计算机制

#### 4.1.1.1 水量水质模型系统

太湖流域平原河网水量水质数学模型系统在综合分析太湖流域平原河网特

点的基础上，收集大量基础资料，根据水文、水动力学等原理建立，对流域平原河湖、河道汊口连接和各种控制建筑物及其调度运行方式进行模拟，对流域各类供水、用水、耗水、排水进行合理概化，并采用一体化集成模式，将模型核心技术、数据库技术、地理信息系统技术及最新信息处理技术在系统底层进行集成，最终建立适合于太湖流域平原河网水利计算的系统平台。系统主要包括6个模型：降雨径流模型、河网水量模型、污染负荷模型、河网水质模型、太湖湖流模型和太湖湖区水质模型，各模型间的逻辑关系如图 4.1 所示。

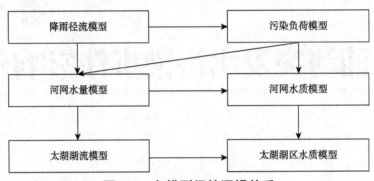

**图 4.1　各模型间的逻辑关系**

（1）降雨径流模型

主要模拟太湖流域各类下垫面的降雨径流关系及净雨的汇流过程。模型重点是解决农业用水量和回归水的过程。该模型提供的计算结果作为河网水量模型和污染负荷模型的输入资料的一部分。

（2）河网水量模型

主要根据降雨径流模型提供的结果及污染负荷模型所提供的面和点的废水排放量，河网水质模型模拟结果（耦合计算），再加上流域内引、排水工程的作用，模拟河网中的水流运动，计算各断面的水位流量。

（3）污染负荷模型

主要模拟流域内点、面污染源产生的废污水量、排放位置、空间分布及污染物的排放过程。

（4）河网水质模型

主要根据水量模型提供的各断面水位和流量，再将废水中的污染物含量化成干物质量，作为源项加入水质模型，模拟各河段的时段平均水质指标。

（5）太湖湖流模型

主要模拟各种风向、风速情况下的太湖风生流流场，采用准三维模型。

（6）太湖湖区水质模型

主要模拟太湖湖区一般水质指标，主要解决河网水质模型中太湖来水的水质边界条件。

### 4.1.1.2　水量水质模型机制

现重点针对降雨径流模型、污染负荷模型、河网水量模型及河网水质模型进行介绍。

（1）降雨径流模型

太湖流域降雨径流模型的任务是模拟流域各类下垫面的降雨径流关系及净雨汇流过程，模型的计算结果可作为河网水量模型和污染负荷模型的输入条件。

太湖流域降雨径流模型是以水利分区作为计算单元，对分属平原区、湖西山丘区和浙西山区的水利分区分别采用不同的计算方法来计算各水利分区的径流量。平原区和湖西山丘区各水利分区的降雨径流计算分产流和汇流两部分，产流计算分水域、水田、旱地和建设用水 4 类不同的下垫面。计算机制具体如下。

1）水面产流模拟机制

水域产流（净雨深）计算采用降雨扣除蒸发的方法进行计算：

$$R_W = P - C_E \times E。 \tag{4.1}$$

其中，$P$ 为日降雨量（mm）；$E$ 为蒸发皿的蒸发量（mm）；$C_E$ 为蒸发皿折算系数；$R_W$ 为水面日产流量（mm）。

对于平原区的各水利分区，圩区内的水面产流计算还需进一步考虑圩内水体的调蓄作用，计算过程如下：

$$W_E = W_S + （P - C_K \times E）。 \tag{4.2}$$

当 $W_E \leq W_M$ 时，不产流，即 $R_W = 0$；当 $W_E > W_M$ 时，产流量为：

$$R_W = W_E - W_M。 \tag{4.3}$$

其中，$W_E$ 为圩区内水面水体时段末的蓄水量（mm）；$W_S$ 为圩区内水面水体时段初的蓄水量（mm）；$W_M$ 为圩区内水面水体的蓄水容量（mm）。

2）水田产流模拟机制

水田产生的产流量按照田间水量平衡原理来进行计算。为了保证水稻的正常生长，水稻在不同的生育期需要田面维持一定的水层深度，其中起控制作用的水田水层深度有水田的适宜水深上限、适宜水深下限、耐淹水深等。适宜水深下限主要控制水稻不致因水田水深不足，失水凋萎影响产量，当水田实际水深低于适宜水深下限时，需及时进行灌溉。适宜水深上限主要是控制水稻最佳生长允许的最大水深，每次灌溉时以此深度作为限制条件。耐淹水深主要控制水田的水层深度不能超过其值，当降雨过大而使水层水深超过耐淹水深时，要及时排除水田里的多余水量，水田的排水量即为水田所产生的净雨深。在非水稻种植季节，水稻田作为旱地处理，产流计算按旱地下垫面的产流方法进行。

根据作物生长期的需水过程及水稻田适宜水深上、下限，耐淹水深等因素，逐日进行水量平衡计算，推求水田产水深 $R$。

$$H_0 = H_1 + P - \alpha E - f。 \tag{4.4}$$

其中，$H_0$ 为计算过程中间变量，水深（mm）；$H_1$ 为时段初的田间水深（mm）；$P$ 为时段内降雨量（mm）；$E$ 为时段内水面蒸发量（mm）；$\alpha$ 为水稻的需水系数；$f$ 为田间渗漏（mm）。

当 $H_0 > H_{max}$ 时产水：

$$\begin{cases} R = H_0 - H_{max} \\ H_2 = H_{max} \end{cases}; \tag{4.5}$$

当 $H_{min} \leqslant H_0 \leqslant H_{max}$ 时：

$$\begin{cases} R = 0 \\ H_2 = H_0 \end{cases}; \tag{4.6}$$

当 $H_0 < H_{min}$ 时灌溉：

$$\begin{cases} R = H_0 - H_m \\ H_2 = H_m \end{cases}。 \tag{4.7}$$

其中，$H_2$ 为时段末的田间水深（mm）；$H_{min}$ 为水田的适宜水深下限（mm）；$H_m$ 为水田的适宜水深上限（mm）；$H_{max}$ 为水田的耐淹水深（mm）；$R$ 为产水量（正值时）或灌溉量（负值时）（mm）。

3）旱地产流模拟机制

旱地（含林地、草地）产流计算拟采用 3 层蒸发模型的 3 水源新安江蓄满产流模型，用 3 个土层的模型，将流域土壤平均蓄水容量 WM 分为上层蓄水容量 WUM、下层蓄水容量 WLM 与深层蓄水容量 WDM；将流域土壤平均蓄量 W 分为上层蓄量 WU，下层蓄量 WL 与深层蓄量 WD，分别计算其蒸发量。降雨先补充上层，当上层蓄满时继续补充下层，当下层蓄满时继续补充深层；蒸散发则是先消耗上层的蓄水，当上层蓄水消耗完以后继续消耗下层蓄水，当下层蓄水消耗完以后继续消耗深层蓄水。

当上层蓄量足够时，上层蒸散发为

$$EU = E;\qquad(4.8)$$

当上层蓄水耗干，而下层蓄量足够时，下层蒸散发为

$$EL = E \times WL/WLM;\qquad(4.9)$$

当下层蓄水亦不足，要触及深层时，深层蒸散发为

$$ED = C \times E。\qquad(4.10)$$

其中，$C$ 为深层蒸散发系数；$E$ 为流域蒸散发量（mm），计算公式如下：

$$E = K \times EM。\qquad(4.11)$$

其中，$K$ 为蒸散发折算系数；$EM$ 为实测水量蒸发量（mm）。

在应用蓄满产流方法计算旱地总产流量时，逐时段水量平衡方程为：

$$W_{t+1} = P_t - R_t - E_t + W_t。\qquad(4.12)$$

其中，$P_t$ 为时段降雨量，由实测资料给出；$W_t$ 为时段初流域土壤含水量，为已知的初始条件或前一时段末的流域土壤含水量；$E_t$ 为时段流域蒸散发量，可以根据本时段初的流域土壤含水量 $W_t$ 和本时段的实测水面蒸发量，通过上述流域实际蒸散发计算模型计算得到；$R_t$ 为时段降雨形成的总径流量；$W_{t+1}$ 为时段末流域土壤含水量。

4）建设用地产流模拟机制

从产流角度，若简化处理，可认为建设用地大部分都是不透水地面，直接用降雨和综合径流系数计算地面产流。若进一步细分，可将城市下垫面分为 3 类：①透水层，主要是城市中的绿化地带，其特点是有树木和植物生长，占城市面

积的比例为 A1；②具有填洼的不透水层，道路、屋顶等为不透水层，具有坑洼，或下水道管网等调蓄，占城市面积的比例为 A2；③不具填洼的不透水层，占城市面积的比例为 A3。城市产流模型如图 4.2 所示。

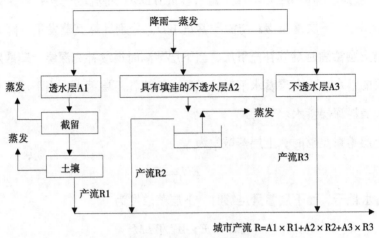

**图 4.2   城市产流模型**

平原区各水利分区的汇流计算分圩区和非圩区，其中圩区汇流计算主要考虑排涝模数，非圩区采用汇流单位线进行计算。湖西山丘区汇流计算采用瞬时单位线法进行，同时考虑大型水库对控制集水区域的调蓄影响。浙西山丘区采用新安江 3 水源模型进行降雨径流计算。

通过降雨径流模型的计算，输出各分区产汇流过程线和农业用水过程线，作为河网水量模型的输入条件。

（2）污染负荷模型

污染负荷模型主要是模拟流域内产生的废水量、排放位置、空间分布及污染物的排放过程。点污染源根据实测资料给定，面污染源通过建立模型计算。污染负荷模型按结构分为产生模块和处理模块两大部分。产生模块用于计算各种污染源的产生量，处理模块计算污染物经过各个处理单元后的污染负荷入河量。

污染负荷产生模块分为工业、大城市居民、城镇居民、农村居民、城市和城镇降雨径流、旱地降雨径流、稻田降雨径流、畜禽养殖和渔业养殖等 9 种。其中，工业污染源采用太湖流域水资源及开发利用现状调查的数据，并经过适当整理后得到；大城市居民和城镇居民产生的污染物采用 PROD 模式计算其污染负荷；

随稻田和旱地降雨径流迁移的污染负荷分别采用 PNPS 和 DNPS 模式估算；随城市和城镇降雨径流迁移的污染负荷采用 UNPS 模式估算；农村居民、畜禽养殖和水产养殖等与降雨—径流过程无关的污染负荷采用 PROD 模式估算。太湖流域污染负荷模型路径如图 4.3 所示。

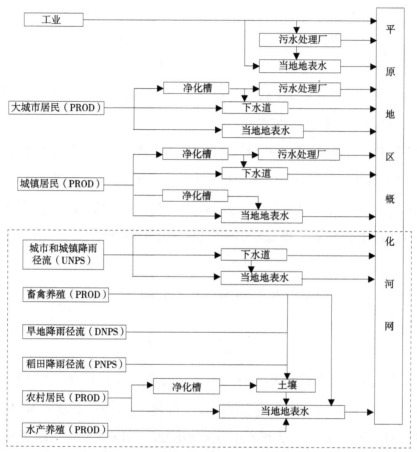

**图 4.3　太湖流域污染负荷模型路径**

PROD 模式也可称为当量模式，用于计算与降雨无关的污染负荷产生量，包括大城市居民、城镇居民、农村居民、畜禽养殖和水产养殖。

$$W_{Pi}^j = N_i \times R_i^j。 \tag{4.13}$$

其中，$W_{Pi}^j$ 为第 $i$ 种污染源第 $j$ 种污染物的产生量；$N_i$ 为第 $i$ 种污染源的数量；$R_i^j$ 为第 $i$ 种污染源第 $j$ 种污染物的污染负荷当量。

UNPS 用于计算城市和城镇降雨径流所携带的污染物产生量。按各种土地利用类型，分别计算单位面积单位时间所产生的污染负荷 [kg/（km²·d）]，然后再求得总的污染负荷量，计算公式为：

$$P = \sum_{i=1}^{n} P_i = \sum_{i=1}^{n} X_i A_i。 \tag{4.14}$$

其中，$P$ 为各种土地类型的污染物累积速率，kg/d；$P_i$ 为第 $i$ 种土地类型的污染物累积速率，kg/d；$X_i$ 为第 $i$ 种土地类型单位面积污染物累积速率，kg/（km² · d）；$A_i$ 为第 $i$ 种土地类型的总面积，km²；$n$ 为土地类型个数。其中，$X_i$ 的计算公式为：

$$X_i = \alpha_i F_i \gamma_i R_{cl}/0.9。 \tag{4.15}$$

其中，$\alpha_i$ 为城市污染物浓度参数，mg/L；$\gamma_i$ 为地面清扫频率参数；$R_{cl}$ 为城市临界降水量，mm/d；$F_i$ 为人口密度参数。

ANPS 用于计算农田降雨径流污染负荷。通过建立单位面积污染物流失量 $q$（kg/hm²）与净雨深 $Rd$（mm/d）间的相关关系，计算旱地污染物随时间的流失过程。先计算各计算单元旱地每日净雨深 $Rd_i$ 对应的单位面积产污量 $q_i$，再乘以计算单元内的旱地面积 $Ad_i$，得到各计算单元旱地的日产污量 $WD_i$。

$$WD_i = q_i \times Ad_i。 \tag{4.16}$$

水田根据水—土界面吸附—解吸规律及充分掺混假定，稻田田面水污染物浓度为：

$$C_a^1 = \frac{h_0 C_a^0 + h_r C_r + h_i C_i}{h_1 + R_i} + \frac{C_{max} - C_a^0}{T}。 \tag{4.17}$$

其中，$C_a^0$ 为前一时刻田面水污染物浓度，mg/L；$C_a^1$ 为后一时刻田面水污染物浓度，mg/L；$h_0$ 为前一时刻田面水水深，mm；$h_1$ 为后一时刻田面水水深，mm；$h_r$ 为该时段降雨量，mm；$C_r$ 为雨水中污染物浓度，mg/L；$R_i$ 为水田净雨深，mm；$h_i$ 为该时段灌溉水量，mm；$C_i$ 为灌溉水中污染物浓度，mg/L；$C_{max}$ 为田面水污染物浓度上限，mg/L；$T$ 为田面水污染物释放周期，d。

若 $R \leq 0$，即水田产流量为 0，则产污量 $WM_i = 0$；若 $R > 0$，即水田产流，产污量按式（4.18）计算：

$$WM_i = 0.01 C_a \times R_i \times A_{mi}。 \tag{4.18}$$

其中：$C_a$ 为水田产流的污染物浓度，mg/L；$R_i$ 为水田净雨深，mm/d；$WM_i$ 为水田日产污量，kg；$A_{mi}$ 为计算单元内的水田面积，hm²。$h_0$、$h_1$ 和 $h_r$ 可由产汇流模型提供，$C_{max}$ 取值参考苏南地区的水田试验数据。

根据污染负荷产生量、各条污染路径的比例系数及各种处理单元的处理效率，计算污染物入河量。

$$W_e = W_i \times p_i \times (1 - f_i)。 \tag{4.19}$$

其中，$W_e$ 为污染物入河量，kg/d；$W_i$ 为污染物产生量，kg/d；$p_i$ 为污染路径的比例系数；$f_i$ 为不同处理单元的处理效率。

（3）河网水量模型

太湖流域河网水量模型是根据降雨径流模型提供的结果和污染负荷模型提供的点、面源废水排放量，以及流域引排水工程的作用，模拟流域平原区河网的水流运动，计算各断面的水位、流量等。

根据太湖流域平原河网的特点，将流域内影响水流运动的因素分别概化为零维模型、一维模型、太湖二维（准三维）模型和联系要素 4 类。

1）零维模型

对于湖、荡、圩这一类区域，水流行为的影响主要表现在水量的交换，动量交换可以忽略。反映水流行为的指标是水位，水位的变化规律必须遵循水量平衡原理，即流入区域的净水量等于区域内的蓄量增量：

$$\sum Q = A(z)\frac{\partial Z}{\partial t}, \tag{4.20}$$

对该方程可直接进行差分离散。

2）一维模型

描述河道水流运动的圣维南方程组为：

$$\begin{cases} B\dfrac{\partial Z}{\partial t} + \dfrac{\partial Q}{\partial_x} = q \\ \dfrac{\partial Q}{\partial t} + \dfrac{\partial}{\partial t}\left(\dfrac{\alpha Q^2}{A}\right) + gA\dfrac{\partial Z}{\partial_x} + gA\dfrac{|Q|Q}{K^2} = qV_x \end{cases} \tag{4.21}$$

其中，$q$ 为旁侧入流；$Q$、$A$、$B$、$Z$ 分别为河道断面流量、过水面积、河宽和水位；$V_x$ 为旁侧入流流速在水流方向上的分量，一般可以近似为 0；$K$ 为流量模数，反映河道的实际过水能力；$\alpha$ 为动量校正系数，反映河道断面流速分布的均匀性。对上述方程组采用四点线性隐式格式进行离散。

3）太湖湖区准三维水流模型

由于太湖湖区的水流运动主要是风作用于湖面的切应力而引起的，即所谓的风生流，其流速垂线分布呈抛物线影响，垂向环流明显，因此，用一般垂线平均二维流场计算模型模拟的流场与实际情况差别较大。如果用三维流场模型可能使计算工作量剧增，为此采用准三维方法进行求解，因为准三维的计算工作量比二维增加不多，但考虑了风生流的特点——垂向环流，且物质输运的机制与实际情况较为吻合。

湖区水流采用二维浅水波方程来描述：

$$\begin{cases} \dfrac{\partial Z}{\partial t} + \dfrac{\partial U}{\partial_x} + \dfrac{\partial V}{\partial y} = q \\[3mm] \dfrac{\partial U}{\partial t} + \dfrac{\partial uU}{\partial_x} + \dfrac{\partial vV}{\partial y} + gh\dfrac{\partial Z}{\partial_x} = -g\dfrac{|\vec{V}|}{c^2 h^2}U + fV + \dfrac{1}{\rho}\tau_{wx} \\[3mm] \dfrac{\partial V}{\partial t} + \dfrac{\partial uV}{\partial_x} + \dfrac{\partial vV}{\partial y} + gh\dfrac{\partial Z}{\partial_y} = -g\dfrac{|\vec{V}|}{c^2 h^2}V - fU + \dfrac{1}{\rho}\tau_{wy} \end{cases} \qquad (4.22)$$

其中，$Z$为水位；$u$、$v$分别为$x$与$y$方向上的流速；$U$、$V$分别为$x$与$y$方向上的单宽流量；$\vec{V}$为单宽流量的矢量，$|\vec{V}|$为$\vec{V}$的模，$|\vec{V}| = \sqrt{U^2 + V^2}$；$q$为考虑降雨等因素的源项；$g$为重力加速度；$c$为谢才系数；$f$为柯氏力系数；$\tau_{wx}$、$\tau_{wy}$分别为风应力沿$x$和$y$方向的分量，可采用以下公式计算：

$$\begin{cases} \tau_{wx} = \rho_a c_D |\vec{W}|W_x \\ \tau_{wy} = \rho_a c_D |\vec{W}|W_y \end{cases} \qquad (4.23)$$

其中，$\rho_a$为空气密度；$c_D$为阻力系数；$\vec{W}$为离水面10 m高处的风速矢量。

上述方程采用破开算子加有限控制体积法进行数值离散，可以获得垂线平均流速$u$、$v$。

4）联系要素

流域水流运动模拟由零维、一维、二维模拟所组成，各部分模拟必须耦合联立才能求解。各部分模拟的耦合是通过"联系"来实现的。"联系"就是各种模拟区域的连接关系，主要是指流域中控制水流运动的堰、闸、泵等，"联系"的过流流量可以用水力学的方法来模拟，以下以宽顶堰为例进行说明。

宽顶堰上的水流可分为自由出流、淹没出流两种流态，不同流态采用不同的计算公式。当出流为自由出流时：

$$Q = mB\sqrt{2g}H_0^{1.5};\qquad(4.24)$$

当出流为淹没出流时：

$$Q = \varphi_m Bh_s\sqrt{2g(Z_1 - Z_2)}。\qquad(4.25)$$

其中，$B$ 为堰宽；$Z_1$ 为堰上水位；$Z_2$ 为堰下水位；$H_0 = Z_1 - Z_2$；$h_s = Z_2 - Z_d$，$Z_d$ 为堰顶高程；$m$ 为自由出流系数，一般取 0.325 ~ 0.385；$\varphi_m$ 为淹没出流系数，一般取 1.0 ~ 1.18。对于不同的联系要素采用相应的水力学公式，采用局部线性化离散出流量与上下游水位的线性关系或采用非线性方程方法解决。

上述所有的方程组离散后，经过处理形成全流域统一的节点水位线性方程组，采用矩阵标识法进行求解，实现整个流域内的水流演进过程模拟。

河网水量模型还实现了对流域供排水的模拟，对各类供水、用水、耗水、排水进行概化模拟，与河网水量模型直接相关的是供水和排水，而用水和耗水隐含其中，无须进行专门的概化处理。

（4）河网水质模型

太湖流域水资源综合规划模型系统中的水质模型由 3 部分组成，分别是调蓄节点水质模型、河网水质模型和太湖二维水质模型。调蓄节点水质模型主要模拟流域内除太湖以外的湖泊水质变化规律；河网水质模型用于研究太湖平原河网污染物的运移转化规律；太湖二维水质模型则是专门为太湖建立的平面二维模型，用以模拟太湖水质的时空分布情况。水质模型与水量模型耦合联算，采用控制体积法进行数值离散。

模型系统中将除太湖以外的湖泊概化为调蓄节点，所采用的水质模型通用方程如下：

$$\frac{d(VC)}{dt} = \frac{VS}{86\,400} + S_w。\qquad(4.26)$$

其中，$C$ 为某种水质指标的浓度，mg/L；$V$ 为调蓄节点水体体积，m³；$S$ 为某种水质指标的生化反应项，g/（m³·d）；$S_w$ 为某种水质指标的外部源汇项，g/s。

将太湖流域平原河网概化为一维模型要素，其水质模型的通用方程如下：

$$\frac{\partial \ (AC)}{\partial t} + \frac{\partial \ (UAC)}{\partial x} = \frac{\partial}{\partial x} \left( AE_x \frac{\partial C}{\partial x} \right) + \frac{AS}{86\,400} + S_w。 \qquad (4.27)$$

其中，$A$ 为断面面积，$\mathrm{m}^2$；$C$ 为某种水质指标的浓度，$\mathrm{mg/L}$；$t$ 为时间，$\mathrm{s}$；$E_x$ 为纵向分散系数，$\mathrm{m}^2/\mathrm{s}$；$U$ 为断面平均流速，$\mathrm{m/s}$；$S$ 为某种水质指标的生化反应项，$\mathrm{g/}\ (\mathrm{m}^3 \cdot \mathrm{d})$；$S_w$ 为某种水质指标的外部源汇项，$\mathrm{g/s}$。

太湖二维水质模型通用方程如下：

$$\frac{\partial \ (hC)}{\partial t} + \frac{\partial \ (hUC)}{\partial x} + \frac{\partial \ (hVC)}{\partial y} = \frac{\partial}{\partial x} \left( hE_x \frac{\partial C}{\partial x} \right) + \frac{\partial}{\partial y} \left( hE_y \frac{\partial C}{\partial y} \right) + \frac{hS}{86\,400} + S_w。 (4.28)$$

其中，$h$ 为水深，$\mathrm{m}$；$C$ 为某种水质指标的浓度，$\mathrm{mg/L}$；$U$ 为 $x$ 方向沿垂向的平均流速，$\mathrm{m/s}$；$V$ 为 $y$ 方向沿垂向的平均流速，$\mathrm{m/s}$；$t$ 为时间，$\mathrm{s}$；$E_x$ 为 $x$ 方向扩散系数，$\mathrm{m}^2/\mathrm{s}$；$E_y$ 为 $y$ 方向扩散系数，$\mathrm{m}^2/\mathrm{s}$；$S$ 为某种水质指标的生化反应项，$\mathrm{g/}\ (\mathrm{m}^3 \cdot \mathrm{d})$；$S_w$ 为某种水质指标的外部源汇项，$\mathrm{g/s}$。

太湖流域水量水质数学模型曾以 2000 年为基准年，以流域的引排水资料和社会经济资料为基础，选取了 1998 年、1999 年、2000 年、2002 年和 2005 年，对流域平原河网水量水质进行了模型率定和验证。后续在相关技术工作中不断完善。针对本次的研究范围，在太湖流域水量水质模型的基础上，对太浦河周边区域河网、工程进行了细化（主要是吴江地区），并耦合至流域数学模型中，同步更新了点、面源等污染源数据。

## 4.1.2 太浦河周边区域模型细化

### 4.1.2.1 水系

太湖流域平原河网水量水质模型开发主要服务于流域层面的规划格局安排和骨干工程的比选，河网概化相对较粗，本次研究针对太浦河周边区域进行了河网细化，通过水利普查工况资料、吴江市各镇区水系规划、GIS 地图等收集了江苏吴江地区的水系及水利工程等相关资料，在太湖流域平原河网水量水质模型平台上，对模型进行了概化更新，如图 4.4 所示。

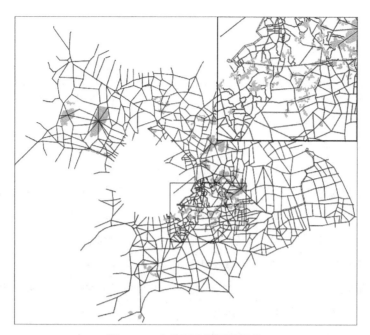

**图 4.4 太湖流域河网细化**

本次模型共细化了吴江地区 251 条河道（仅圩外水系），其中太浦河两岸支流从水资源综合规划的 18 条（北岸 6 条、南岸 12 条）细化至 36 条（北岸 18 条、南岸 18 条），细化后流域河网河长增加 271 km、水面率增加 24 km²、调蓄量增加 0.12 亿 m³。

### 4.1.2.2 水利工程

根据《太浦河沿线控制工程图册》对太浦河两岸堰闸进行了细化，将模型中原有的 14 个堰闸（北岸 5 个、南岸 9 个）细化至 35 个（北岸 19 个、南岸 16 个），其中部分堰闸为多个堰闸合并概化而成，实际规模包含 101 个，如表 4.1 所示。

**表 4.1 太浦河两岸地区水利工程**

| 北岸 | | | | 南岸 | | | |
|---|---|---|---|---|---|---|---|
| 序号 | 名称 | 序号 | 名称 | 序号 | 名称 | 序号 | 名称 |
| 1 | 罗家港闸 | 27 | 张家港闸站 | 1 | 时家港闸 | 27 | 三家村泵站 |
| 2 | 白甫港闸 | 28 | 西汾湖闸 | 2 | 汤家浜闸 | 28 | 南杨秀水闸 |
| 3 | 太浦闸 | 29 | 东西港闸 | 3 | 太浦河泵站 | 29 | 华字港闸 |
| 4 | 亭子港闸 | 30 | 东琢港闸 | 4 | 南亭子港闸 | 30 | 南星河闸 |
| 5 | 叶家港闸 | 31 | 西大港闸 | 5 | 小红头闸 | 31 | 西港闸 |

| 北岸 | | | | 南岸 | | | |
|---|---|---|---|---|---|---|---|
| 序号 | 名称 | 序号 | 名称 | 序号 | 名称 | 序号 | 名称 |
| 6 | 横扇港闸 | 32 | 钱长浜西闸 | 6 | 南湾港闸 | 32 | 将军桥闸 |
| 7 | 沧浦港闸 | 33 | 钱长浜东闸 | 7 | 蚂蚁漾泵站 | 33 | 湖滨闸 |
| 8 | 冬瓜荡闸 | 34 | 北字圩闸 | 8 | 高桥闸 | 34 | 西栅港闸 |
| 9 | 古池泵站 | 35 | 南厅港闸 | 9 | 大日港闸 | 35 | 南窑港船闸 |
| 10 | 陆家荡闸 | 36 | 北窑港枢纽 | 10 | 周家头涵洞 | 36 | 南栅港闸 |
| 11 | 向阳闸 | 37 | 北东菇荡闸 | 11 | 桃花漾泵站 | 37 | 东栅港闸 |
| 12 | 共进河闸 | 38 | 元荡节制闸 | 12 | 西城港闸 | 38 | 蒲字塘闸站 |
| 13 | 塘前港套闸 | 39 | 新旺闸 | 13 | 东城港闸 | 39 | 陶庄枢纽 |
| 14 | 南汇港闸（西） | 40 | 李家圩水闸 | 14 | 袁家埭闸 | 40 | 华中港套闸 |
| 15 | 北琵荡泵站（西） | 41 | 李红套闸 | 15 | 柳湾港闸 | 41 | 钱家甸闸 |
| 16 | 大河港闸 | 42 | 徐家湾水闸 | 16 | 忠家港闸 | 42 | 大舜枢纽 |
| 17 | 直大港闸 | 43 | 蔡田套闸 | 17 | 平望大桥东泵站 | 43 | 丁栅枢纽 |
| 18 | 东漕港闸 | 44 | 龚家庄 | 18 | 东溪河套闸 | 44 | 白鱼荡水闸 |
| 19 | 张贵村闸 | 45 | 钱盛庄水闸 | 19 | 马家圩闸 | 45 | 高家港水闸 |
| 20 | 乌桥港闸 | 46 | 钱盛节制闸 | 20 | 杨家港闸 | 46 | 叶库水闸 |
| 21 | 西凌塘套闸 | 47 | 顾港水闸 | 21 | 金家港闸 | 47 | 练塘南闸 |
| 22 | 蜘蛛港闸 | 48 | 北王浜水闸 | 22 | 下丝圩闸 | 48 | 金田南闸 |
| 23 | 茶壶港闸 | 49 | 练塘北闸 | 23 | 寺后荡闸 | 49 | 泖口水闸 |
| 24 | 平桥港闸 | 50 | 金田北闸 | 24 | 黎里公园泵站 | | |
| 25 | 杨秀港闸 | 51 | 前进水闸 | 25 | 镇东闸 | | |
| 26 | 木瓜荡闸 | 52 | 八百亩水闸 | 26 | 大小坪闸 | | |

### 4.1.2.3 污染源

污染源分点源和面源，点源根据本次调查的工业企业和污水处理厂排污量等资料，整理了各污染物入河量的数据结果；面源资料根据区域内社会经济数据进行测算，并在模型中对点源和面源位置和入河量进行了概化，更新了现状太浦河及沿线地区的水质模型数据库。

（1）点源

调查范围内共收集到 400 余家工业企业，41 家污水处理厂，多数工业企业的工业废水通过污水处理厂处理，因此，工业企业污染物的实际排放量为污水处理厂的出水污染物排放量。

（2）农业面源

收集太浦河沿线各乡镇内猪、牛、羊、家禽等畜禽养殖数量，以及耕地面积、水产养殖规模等农业经济基础数据，对农田径流、畜禽养殖及水产养殖面源污染物入河量进行估算。农业面源产生的 COD、$NH_3$-N、TP、TN 入河量分别为 19 662 t/a、1715 t/a、1325 t/a、4851 t/a；畜禽养殖对面源污染的贡献率最大，其产生的 COD、$NH_3$-N、TP、TN 入河量分别占各面源污染物入河总量的 93.0%、86.1%、87.1%、64.0%；水产养殖占比最小，COD、$NH_3$-N、TP、TN 各项污染物比例均在 5% 以下。

不同类型面源污染物入河量如表 4.2 所示。

表 4.2　不同类型面源污染物入河量

| 污染源类型 | 污染物入河量 / ( t/a ) | | | |
|---|---|---|---|---|
| | COD | $NH_3$-N | TP | TN |
| 农田径流 | 817 | 163 | 163 | 1634 |
| 畜禽养殖 | 18 276 | 1476 | 1154 | 3103 |
| 水产养殖 | 569 | 76 | 8 | 114 |
| 合计 | 19 662 | 1715 | 1325 | 4851 |

## 4.1.3　模型验证

针对本次模型的概化更新，选用降雨频率 66%、接近中等干旱年的 2013 年作为模型验证。将 2013 年实况降雨、蒸发、潮位等资料输入模型，沿江、杭州湾及望亭立交、太浦闸等有实测流量资料的口门采用实测流量条件输入计算；没有实测资料的口门则最大限度地模拟 2013 年的实况调度，对更新完善后的流域模型进行验证，作为调度方案研究的技术工具。

（1）太湖及地区代表站水位

2013 年太湖及各分区主要代表站最低旬平均水位、最高及最低水位如表 4.3 所示，太湖水位过程线如图 4.5 所示。

**表 4.3　太湖及太浦河两岸主要代表站特征水位**　　　单位：m

| 分区代表站 | | 实测 | | | 计算 | | |
|---|---|---|---|---|---|---|---|
| | | 最低旬均 | 最大值 | 最小值 | 最低旬均 | 最大值 | 最小值 |
| 湖区 | 太湖 | 3.09 | 3.82 | 3.07 | 3.05 | 3.89 | 3.04 |
| 湖西区 | 坊前 | 3.23 | 3.92 | 3.20 | 3.27 | 4.06 | 3.23 |
| 浙西区 | 杭长桥 | 3.03 | 4.90 | 2.99 | 3.03 | 5.47 | 2.99 |
| 武澄锡虞区 | 无锡 | 3.26 | 4.18 | 3.20 | 3.40 | 4.49 | 3.33 |
| 阳澄淀泖区 | 枫桥 | 3.11 | 4.09 | 3.07 | 3.06 | 4.51 | 2.98 |
| | 湘城 | 3.15 | 3.88 | 3.13 | 2.96 | 4.41 | 2.94 |
| | 平望 | 2.81 | 4.22 | 2.74 | 2.72 | 4.87 | 2.60 |
| | 陈墓 | 2.81 | 3.81 | 2.74 | 2.72 | 4.45 | 2.61 |
| 杭嘉湖区 | 嘉兴 | 2.74 | 4.40 | 2.64 | 2.69 | 5.69 | 2.58 |
| | 南浔 | 2.91 | 4.44 | 2.86 | 2.79 | 5.44 | 2.74 |
| | 新市 | 2.94 | 4.89 | 2.89 | 2.81 | 6.12 | 2.70 |

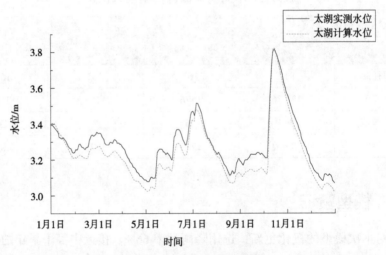

**图 4.5　太湖水位过程线**

从太湖最低旬均水位来看，计算值较实测值低 4 cm，出现在 5 月上旬；从最高、最低水位来看，太湖最高计算日均水位 3.89 m，较实测值水位偏高约 7 cm；太湖最低计算日均水位 3.04 m，较实测值偏低 3 cm。从水位过程来看，2013 年太湖全年期计算水位与实测水位过程线趋势基本一致，平均误差约 3.6 cm。

从 2013 年各分区及太浦河两岸代表站水位计算结果来看，特征水位及全年期水位过程线趋势与实测资料相比，拟合情况较好，如表 4.3 和图 4.6 所示。

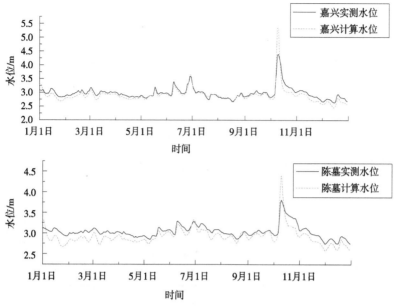

**图 4.6　地区代表站水位过程线**

从太浦河两岸地区陈墓、嘉兴和平望站水位过程来看，水位过程拟合较好，部分时间段计算水位较实测水位略低。其中，北岸陈墓站全年平均误差为 10 cm；南岸嘉兴站全年平均误差为 4 cm；平望站平均误差在 10 cm 左右。

（2）环湖出入湖水量

环湖口门出入湖水量如表 4.4 所示。

从环湖口门出入湖水量来看，模型计算值和实测值差距较小。模型计算环湖口门全年入湖 90.82 亿 m³，较实测值偏多 1.8 亿 m³，出湖水量为 92.85 亿 m³，较实测值多 2.76 亿 m³。其中，湖西区入湖水量计算值较实测值多 4.55 亿 m³；浙西区的入湖水量计算值较实测值少 3.92 亿 m³；下游阳澄淀泖区的计算出湖水量较实测值多 5.84 亿 m³，主要原因可能集中在巡测断面与统计断面存在一定的差距等方面。

**表 4.4　环湖口门出入湖水量统计**　　　　单位：亿 m³

| 分区 | | 实测 | 计算 | 计算－实测 |
|---|---|---|---|---|
| 湖西区 | 入湖 | 52.98 | 57.53 | 4.55 |
| | 出湖 | 0.96 | 0.07 | −0.89 |
| 浙西区 | 入湖 | 17.38 | 13.46 | −3.92 |
| | 出湖 | 15.45 | 15.96 | 0.51 |

| 分区 | | 实测 | 计算 | 计算—实测 |
|---|---|---|---|---|
| 武澄锡虞区 | 入湖 | 0.00 | 0.14 | 0.14 |
| | 出湖 | 8.59 | 6.08 | −2.51 |
| 阳澄淀泖区 | 入湖 | 3.77 | 3.57 | −0.21 |
| | 出湖 | 26.40 | 32.24 | 5.84 |
| 杭嘉湖区 | 入湖 | 3.47 | 4.87 | 1.40 |
| | 出湖 | 24.09 | 24.01 | −0.08 |
| 望虞河 | 入湖 | 11.43 | 11.26 | −0.17 |
| | 出湖 | 3.71 | 3.66 | −0.05 |
| 太浦河 | 出湖 | 10.90 | 10.84 | −0.06 |
| 环湖口门合计 | 入湖 | 89.02 | 90.82 | 1.80 |
| | 出湖 | 90.09 | 92.85 | 2.76 |

（3）黄浦江松浦大桥水量

黄浦江松浦大桥的计算与实测水量对比如表4.5所示。根据模拟结果，2013年黄浦江松浦大桥水量计算值与实测值误差较小。

表 4.5　黄浦江松浦大桥月均流量对比　　　　　　　　　　单位：亿 m³

| 月份 | 计算值 | 实测值 |
|---|---|---|
| 1 月 | 16.79 | 21.10 |
| 2 月 | 14.66 | 16.80 |
| 3 月 | 16.11 | 19.00 |
| 4 月 | 12.29 | 12.80 |
| 5 月 | 11.68 | 10.90 |
| 6 月 | 16.12 | 13.80 |
| 7 月 | 14.61 | 12.00 |
| 8 月 | 6.70 | 6.50 |
| 9 月 | 11.07 | 9.70 |
| 10 月 | 24.50 | 20.70 |
| 11 月 | 16.20 | 18.60 |
| 12 月 | 14.23 | 17.50 |

（4）水质

太浦河干流太浦闸下、平望大桥、金泽、东蔡大桥、练塘大桥水质实测值与计算值如表 4.6 所示。COD 浓度实测值与计算值的误差在 8% ~ 24%，NH₃-N 浓度实测值与计算值的误差在 3% ~ 39%，其中平望大桥的 NH₃-N 浓度误差较大，其余代表站的误差均在 10% 以内。

表 4.6　太浦河沿线主要断面水质对比　　　　　　　单位: 亿 m³

| 站点名 | COD | | NH₃-N | | 相对误差 | |
|---|---|---|---|---|---|---|
| | 实测值 | 计算值 | 实测值 | 计算值 | COD 误差 | NH₃-N 误差 |
| 太浦闸下 | 14.00 | 11.19 | 0.14 | 0.15 | 20.10% | 9.91% |
| 平望大桥 | 20.11 | 15.33 | 0.62 | 0.38 | 23.74% | 38.23% |
| 金泽 | 19.00 | 16.56 | 0.69 | 0.63 | 12.84% | 9.36% |
| 东蔡大桥 | 19.67 | 16.59 | 0.66 | 0.64 | 15.63% | 3.33% |
| 练塘大桥 | 18.08 | 16.59 | 0.59 | 0.65 | 8.21% | 9.46% |

通过 2013 年太湖及地区代表站水位、环湖出入湖水量、松浦大桥水量、太浦河干流代表站水质的验证计算分析，结果表明：太湖计算特征水位及全年水位过程线与实际情况相差较小，太浦河两岸地区代表站的水位，除个别时段外，大部分时段的计算特征水位、全年水位过程线趋势与实际情况均拟合得较好；环湖出入湖水量的差别较小；松浦大桥计算水量与实测水量趋势一致；水质部分考虑到实测基本为一月一次，只比对了平均浓度的误差，总体可接受。模型细化后基本能够反映太浦河水流和水质特征，可以作为下一步计算分析的基础。

# 4.2　突发水污染事件筛选及典型年选取

## 4.2.1　突发水污染事件筛选

太浦河作为开敞式河道，突发水污染事件主要来源于河道周边区域工业企业及河道两岸各类码头、运输船舶等。本研究主要考虑突发水污染事件对太浦河沿程水质产生的风险，尤其是对太浦河金泽水源地和嘉善、平湖水源地取水口水质的影响，主要包括两个方面：一是污染源超标排放、太浦河沿线及支流周边工业企业污水处理设施破坏或超标排放等，污染物排放种类较为复杂，多为常规污染物、有毒有机污染物及重金属等；二是运输船舶危险化学品泄漏污染、跨河建筑物运输车辆危险化学品泄漏污染、人为投毒等，此类多为有毒有害物质。

常规水质污染物方面，历史资料和同步水量水质试验观测资料均表明，太浦河金泽水源地取水口各项常规水质指标中 $NH_3$-N 指标达标率最低，成为金泽取水口水质达标的关键影响因子。重金属及有毒有害物质方面，从近年太浦河及黄浦江上游周边地区突发水污染事件来看，出现过多次锑浓度超标事件，太浦河沿线地方水利部门也把锑作为太浦河突发水污染的重点关注对象，此外，太浦河沿线吴江地区有色金属冶炼及压延加工业排放废水中含重金属铬。

综上，本研究选取常规污染物 $NH_3$-N、重金属铬、有毒有害物质锑共 3 种污染物进行突发污染事件模拟，并分析突发污染事件发生后太浦河闸泵工程采取应急调度措施后的沿程水质变化情况及对太浦河水源地的影响。

## 4.2.2  典型年选取

太浦河两岸地区涉及的主要水利分区为杭嘉湖区和阳澄淀泖区，太浦河是这两个水利分区的分界河道，这两个分区降水丰枯直接影响太浦河沿程水量的进出；太浦河属感潮型河道，其下游浦东浦西区的降水丰枯对太浦河的净泄水量也有较大影响。因此，在典型年的选取过程中，以全流域、阳澄淀泖区、杭嘉湖区和浦东浦西区的降水频率作为主要依据，并考虑不同时段的降水频率，以及与流域相关规划、水量分配方案的衔接等多种因素。本研究选择偏不利情况 90% 频率典型年来考察太浦河突发水污染事件的影响。

本研究考虑到与流域相关规划和水量分配方案结果的衔接，同时补充分析全流域、阳澄淀泖区、杭嘉湖区、浦东浦西区的降雨频率的协调性。从 90% 频率典型年 1971 年不同时段的降雨频率协调性来看，全年期、高温干旱期（7—8月）的降雨频率协调性较好，基本上呈现一致性较高的丰枯特性。因此，本次仍选取流域水资源综合规划确定的典型年进行计算分析，90% 频率典型年 1971 年全流域、阳澄淀泖区、杭嘉湖区、黄浦江区不同时段的降雨频率如表 4.7 所示。

表 4.7　各频率典型年降水时空分布情况

| 年型 | 统计时段 | 阳澄淀泖区 | 杭嘉湖区 | 黄浦江区 | 太湖流域 |
|---|---|---|---|---|---|
| 1971 年 | 全年 | 93% | 84% | 73% | 85% |
| | 5—9 月 | 80% | 21% | 31% | 61% |
| | 7—8 月 | 96% | 97% | 90% | 94% |

模型从 1971 年 1 月 1 日始算，初始水位为 2.9 m，流域河网水质初始条件均给定为 III 类。该年型 7 月太浦闸下泄量较小，且该时段处于汛期，根据历史资料及地方经验，该时段较易发生氨氮、锑等超标事件，因此，确定突发污染事件发生时间为 7 月 10 日 8:00，统计时段为 7 月 8 日 8:00—10 月 1 日 8:00。

# 4.3　突发水污染事件方案设计

## 4.3.1　突发水污染发生地点

太浦河突发污染事件发生地点为太浦河干河及主要支河，如江南运河、頔塘、老运河等。考虑到太浦河沿线区域涉氨氮、锑、铬企业的分布，太浦河沿线相关断面船舶通行量及运输货物种类，太浦河干支流沿线码头存储货物种类，太浦河沿线历史突发污染事件发生位置等多种因素，选择氨氮突发事件排放点为太浦河干流平望、芦墟断面，南岸頔塘梅堰断面，北岸江南运河八圻断面，锑突发事件排放点为太浦河干流平望断面、南岸江南运河麻溪北断面、南岸老运河王江泾断面，突发铬排放点为太浦河干流黎里、南岸西塘断面，如表 4.8 和图 4.7 所示。

表 4.8　太浦河突发污染事件发生位置

| 序号 | 位置 | 河道 | 名称 | 氨氮 | 锑 | 铬 |
|---|---|---|---|---|---|---|
| 1 | 干流 | 太浦河 | 平望 | √ | √ | |
| 2 | | | 黎里 | | | √ |
| 3 | | | 芦墟 | √ | | |

| 序号 | 位置 | 河道 | 名称 | 氨氮 | 锑 | 铬 |
|------|------|------|------|------|------|------|
| 4 | 南岸 | 頔塘 | 梅堰 | √ | | |
| 5 | | 江南运河 | 麻溪北 | | √ | |
| 6 | | 老运河 | 王江泾 | | √ | |
| 7 | | 三里塘 | 西塘 | | | √ |
| 8 | 北岸 | 江南运河 | 八坼 | √ | | |

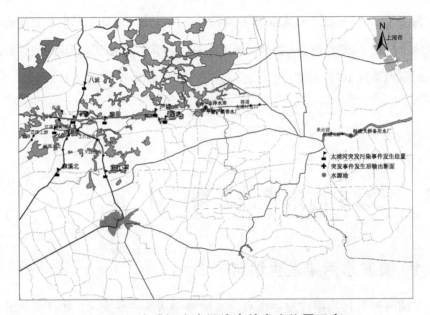

图 4.7　太浦河突发污染事件发生位置示意

## 4.3.2　污染物排放量

突发污染排放量的确定应考虑工业企业或污水处理厂污染物排放量、船舶等交通工具货运量、历史突发污染事件污染物入河量等，结合污染物环境风险临界值，本研究设计氨氮排放量为 200 t、3 小时之内排入河道，锑排放量为 2 t、8 小时之内排入河道，铬排放量为 0.2 t、1 小时之内排入河道。

查阅相关资料，模型计算中设置锑、铬降解系数为 0。

## 4.3.3　分析范围

太浦河突发污染事件模拟分析范围为太浦河太浦闸—黄浦江松浦大桥一线，

并考虑两岸重要支流頔塘、江南运河、老运河等，兼顾突发污染排放点上下游。模拟分析过程中，输出分析范围内若干断面（表4.9）水质信息，并针对不同突发污染事件选取受影响较大的断面进行详细分析。

表 4.9　突发污染事件发生后输出断面位置

| 序号 | 位置 | 河道 | 断面 |
|---|---|---|---|
| 1 | 太浦河干河 | 太浦河 | 雪落漾 |
| 2 | | | 长荡 |
| 3 | | | 江南运河南入口 |
| 4 | | | 平望 |
| 5 | | | 黎里 |
| 6 | | | 芦墟 |
| 7 | | | 金泽 |
| 8 | | | 练塘 |
| 9 | | | 太浦河出口 |
| 10 | 太浦河南岸 | 頔塘 | 震泽上游 |
| 11 | | | 震泽 |
| 12 | | | 梅堰 |
| 13 | | 江南运河 | 麻溪北上 |
| 14 | | | 麻溪北 |
| 15 | | 澜溪塘 | 平望南 |
| 16 | | 老运河 | 王江泾南 |
| 17 | | | 王江泾 |
| 18 | | | 王江泾北 |
| 19 | | 芦墟塘 | 陶庄南 |
| 20 | 太浦河北岸 | 江南运河 | 吴江 |
| 21 | | | 八坼 |
| 22 | 太浦河下游 | 黄浦江 | 米市渡 |
| 23 | | | 松浦大桥 |

## 4.3.4 计算方案

太浦河闸泵正常调度时，太浦河泵站不开启，太浦闸常开，按供水方案调度。发生水污染事件后，水利部门往往会增加河流下泄量以增加水体的稀释自净能力，减轻污染。应急调度方案考虑发生水污染事件后，采取太浦河闸泵联合调度，保证太浦河下泄流量 300 m³/s，并持续 10 天。太浦河突发水污染事件模拟方案如表 4.10 所示。

**表 4.10 太浦河突发水污染事件模拟方案**

| 序号 | 突发污染物 | 方案简称 | 计算年型 | 计算工况 | 污染事件模拟 | 太浦闸流量 |
|---|---|---|---|---|---|---|
| 0 | 无 | 基础方案 | | | 无 | 正常调度 |
| 1 | 氨氮 | 平望突发氨氮 | | | 200 t 氨氮在 3 h 内排入河道 | 正常调度 |
| 2 | | 平望突发氨氮—增加措施 | | | | 300 m³/s 持续 10 天 |
| 3 | | 芦墟突发氨氮 | | | | 正常调度 |
| 4 | | 芦墟突发氨氮—增加措施 | | | | 300 m³/s 持续 10 天 |
| 5 | | 梅堰突发氨氮 | | | | 正常调度 |
| 6 | | 梅堰突发氨氮—增加措施 | 90% 频率 1971 年 | 现状工况 | | 300 m³/s 持续 10 天 |
| 7 | | 八坼突发氨氮 | | | | 正常调度 |
| 8 | | 八坼突发氨氮—增加措施 | | | | 300 m³/s 持续 10 天 |
| 9 | 锑 | 平望突发锑 | | | 2 t 锑在 8 h 内排入河道 | 正常调度 |
| 10 | | 平望突发锑—增加措施 | | | | 300 m³/s 持续 10 天 |
| 11 | | 麻溪北突发锑 | | | | 正常调度 |
| 12 | | 王江泾突发锑 | | | | 正常调度 |
| 13 | 铬 | 黎里突发铬 | | | 0.2 t 铬在 1 h 内排入河道 | 正常调度 |
| 14 | | 西塘突发铬 | | | | 正常调度 |

# 4.4 突发水污染事件影响分析

## 4.4.1 常规污染物氨氮模拟

氨氮是水源地水质主要控制指标，冬春季节太浦河沿线水源地极易发生氨氮超标，而氨氮污染物来源较为广泛，既有工业企业、污水处理厂污水排放，也是区域范围内面源污染排放的主要污染物。为此，对调查范围内氨氮突发水污染事件进行了全面模拟分析。

（1）平望突发氨氮

平望突发氨氮污染后水质分析断面选取太浦河干流平望—上游江南运河南入口、平望、黎里、芦墟、金泽共5个断面，如图4.7所示，各断面 $NH_3-N$ 特征值如表4.11所示，过程线如图4.8所示。

平望突发氨氮污染后，对太浦河干流江南运河南入口—金泽段产生影响，沿程各断面 $NH_3-N$ 浓度较基础方案升高，超Ⅲ类天数增加，其中平望—上游江南运河南入口、平望、黎里、芦墟断面 $NH_3-N$ 超Ⅲ类天数分别增加1天、2天、4天、4天，金泽断面 $NH_3-N$ 未超标。

突发氨氮污染后，平望断面氨氮浓度迅速升高，最大浓度达75.34 mg/L，较基础方案增加72.99 mg/L，出现在突发污染发生后4 h，此后浓度降低；突发污染方案氨氮超Ⅲ类天数为53天，较基础方案增加1天。突发污染方案 $NH_3-N$ 浓度经过1.3天（31 h）恢复正常（较基础方案浓度差0.1 mg/L以内）。

平望突发氨氮污染后，太浦河金泽水质受到影响，影响较小。$NH_3-N$ 最高浓度为0.96 mg/L，较基础方案增加0.02 mg/L，满足地表水Ⅲ类水质标准。

表4.11　平望突发氨氮污染后各断面氨氮特征值　　单位：mg/L

| 断面 | 特征值 | 基础方案 | 平望突发氨氮 | |
|---|---|---|---|---|
| | | | 浓度 | 较基础方案增加值 |
| 平望上游—江南运河南入口 | 平均值 | 1.30 | 1.32 | 0.02 |
| | 最大值 | 2.61 | 7.10 | 4.49 |
| | 最小值 | 0.52 | 0.52 | 0 |

| 断面 | 特征值 | 基础方案 | 平望突发氨氮 | |
| --- | --- | --- | --- | --- |
| | | | 浓度 | 较基础方案增加值 |
| 平望上游—江南运河南入口 | 超 III 类天数 / 天 | 52 | 53 | 1 |
| 平望 | 平均值 | 1.49 | 1.65 | 0.16 |
| | 最大值 | 2.35 | 75.34 | 72.99 |
| | 最小值 | 0.67 | 0.78 | 0.11 |
| | 超 III 类天数 / 天 | 70 | 72 | 2 |
| 黎里 | 平均值 | 1.27 | 1.43 | 0.16 |
| | 最大值 | 2.03 | 24.79 | 22.76 |
| | 最小值 | 0.53 | 0.65 | 0.12 |
| | 超 III 类天数 / 天 | 60 | 64 | 4 |
| 芦墟 | 平均值 | 0.51 | 0.60 | 0.09 |
| | 最大值 | 1.11 | 2.89 | 1.78 |
| | 最小值 | 0.24 | 0.25 | 0.01 |
| | 超 III 类天数 / 天 | 2 | 6 | 4 |
| 金泽 | 平均值 | 0.37 | 0.41 | 0.04 |
| | 最大值 | 0.94 | 0.96 | 0.02 |
| | 最小值 | 0.22 | 0.22 | 0 |
| | 超 III 类天数 / 天 | 0 | 0 | 0 |

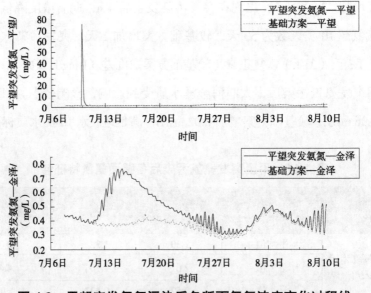

图 4.8　平望突发氨氮污染后各断面氨氮浓度变化过程线

（2）黎里突发氨氮

黎里突发氨氮污染后水质分析断面选取太浦河干流平望、黎里、芦墟、金泽共4个断面，如图 4.7 所示，各断面 $NH_3$-N 特征值如表 4.12 所示，过程线如图 4.9 所示。

表 4.12　黎里突发氨氮污染后各断面氨氮特征值　　　　　　　　　单位：mg/L

| 断面 | 特征值 | 基础方案 | 黎里突发氨氮 | |
| --- | --- | --- | --- | --- |
| | | | 浓度 | 较基础方案增加值 |
| 平望 | 平均值 | 1.49 | 1.50 | 0.02 |
| | 最大值 | 2.35 | 3.98 | 1.63 |
| | 最小值 | 0.67 | 0.77 | 0.11 |
| | 超 III 类天数 / 天 | 70 | 72 | 2 |
| 黎里 | 平均值 | 1.27 | 1.42 | 0.15 |
| | 最大值 | 2.03 | 37.08 | 35.05 |
| | 最小值 | 0.53 | 0.65 | 0.12 |
| | 超 III 类天数 / 天 | 60 | 64 | 4 |
| 芦墟 | 平均值 | 0.51 | 0.60 | 0.09 |
| | 最大值 | 1.11 | 3.03 | 1.92 |
| 芦墟 | 最小值 | 0.24 | 0.25 | 0.01 |
| | 超 III 类天数 / 天 | 2 | 7 | 5 |
| 金泽 | 平均值 | 0.37 | 0.42 | 0.04 |
| | 最大值 | 0.94 | 0.96 | 0.02 |
| | 最小值 | 0.22 | 0.22 | 0 |
| | 超 III 类天数 / 天 | 0 | 0 | 0 |

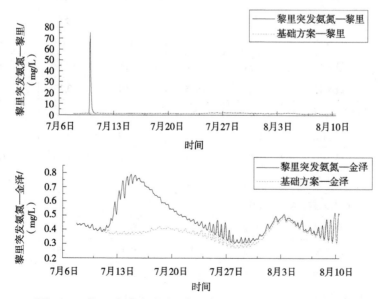

图 4.9　黎里突发氨氮污染后各断面氨氮浓度变化过程线

　　黎里突发氨氮污染后，对太浦河干流平望—金泽段产生影响，沿程各断面 $NH_3$-N 浓度较基础方案升高，超 III 类天数增加，其中平望、黎里、芦墟断面 $NH_3$-N 超 III 类天数分别增加 2 天、4 天、5 天，金泽断面 $NH_3$-N 未超标。

　　突发氨氮污染后，黎里断面氨氮浓度迅速升高，最大浓度达 37.08 mg/L，较基础方案增加 35.05 mg/L，出现在突发污染发生后 5 h，此后浓度降低；突发污染方案氨氮超 III 类天数为 72 天，较基础方案增加 2 天。突发污染方案 $NH_3$-N 浓度经过 2.3 天（55 h）恢复正常（较基础方案浓度差 0.1 mg/L 以内）。

（3）芦墟突发氨氮

　　水质分析断面选取太浦河干流黎里、芦墟、金泽、太浦河出口及黄浦江上游松浦大桥 5 个断面，如图 4.7 所示，各断面 $NH_3$-N 特征值如表 4.13 所示，过程线如图 4.10 所示。

表 4.13　芦墟突发氨氮污染后各断面氨氮特征值　　　　单位：mg/L

| 断面 | 特征值 | 基础方案 | 芦墟突发氨氮 | | 突发氨氮后应急调度 | |
|---|---|---|---|---|---|---|
| | | | 浓度值 | 较基础方案增加值 | 浓度值 | 较突发污染方案增加值 |
| 黎里 | 平均值 | 1.27 | 1.28 | 0.01 | 1.23 | −0.05 |
| | 最大值 | 2.03 | 2.03 | 0 | 2.11 | 0.08 |
| | 最小值 | 0.53 | 0.64 | 0.11 | 0.61 | −0.03 |
| | 超 III 类天数 / 天 | 60 | 61 | 1 | 58 | −3 |
| 芦墟 | 平均值 | 0.51 | 0.69 | 0.18 | 0.63 | −0.06 |
| | 最大值 | 1.11 | 41.60 | 40.49 | 40.69 | −0.91 |
| | 最小值 | 0.24 | 0.25 | 0.01 | 0.25 | 0 |
| | 超 III 类天数 / 天 | 2 | 5 | 3 | 4 | −1 |
| 金泽 | 平均值 | 0.37 | 0.49 | 0.12 | 0.47 | −0.02 |
| | 最大值 | 0.94 | 2.34 | 1.40 | 2.39 | 0.05 |
| | 最小值 | 0.22 | 0.22 | 0 | 0.22 | 0 |
| | 超 III 类天数 / 天 | 0 | 6 | 6 | 5 | −1 |
| 太浦河出口 | 平均值 | 0.52 | 0.57 | 0.05 | 0.59 | 0.02 |
| | 最大值 | 1.36 | 1.37 | 0.01 | 1.50 | 0.13 |
| | 最小值 | 0.30 | 0.31 | 0.01 | 0.32 | 0.01 |
| | 超 III 类天数 / 天 | 2 | 3 | 1 | 4 | 1 |

| 断面 | 特征值 | 基础方案 | 芦墟突发氨氮 | | 突发氨氮后应急调度 | |
|---|---|---|---|---|---|---|
| | | | 浓度值 | 较基础方案增加值 | 浓度值 | 较突发污染方案增加值 |
| 松浦大桥 | 平均值 | 0.91 | 0.92 | 0.01 | 0.93 | 0.01 |
| | 最大值 | 1.48 | 1.48 | 0 | 1.48 | 0 |
| | 最小值 | 0.63 | 0.64 | 0.01 | 0.64 | 0 |
| | 超 III 类天数 / 天 | 26 | 26 | 0 | 28 | 2 |

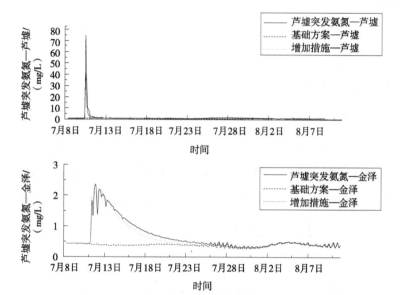

**图 4.10　芦墟突发氨氮污染后各断面氨氮浓度变化过程线**

芦墟突发氨氮污染后，对太浦河干流黎里—太浦河出口段、黄浦江上游松浦大桥产生影响，沿程各断面 NH₃-N 浓度较基础方案升高，超 III 类天数增加，其中黎里、芦墟、金泽、太浦河出口断面 NH₃-N 超 III 类天数分别增加 1 天、3 天、6 天、1 天，松浦大桥断面 NH₃-N 超标天数未增加。突发污染发生后采取应急调度方案（增大太浦闸下泄量至 300 m³/s，并持续 10 天），各断面（太浦河出口、松浦大桥除外）NH₃-N 浓度平均值较未采取应急调度方案均有所下降；黎里、芦墟、金泽 NH₃-N 超 III 类天数分别减少 3 天、1 天、1 天。

突发氨氮污染后，芦墟断面氨氮浓度迅速升高，最大浓度达 41.60 mg/L，较基础方案增加 40.49 mg/L，出现在突发污染发生后 4 h，此后浓度降低；突发污染发生后采取应急调度方案，芦墟最大浓度为 40.69 mg/L，较未采取应急调度方案降低 0.91 mg/L，出现在突发污染发生后 4 h；突发污染方案、突发污染后应急调度方案氨氮超 III 类天数分别为 5 天、4 天，较基础方案分别增加 3 天、2 天。突发污染方案 $NH_3$–N 浓度经过 5.8 天恢复正常（较基础方案浓度差 0.1 mg/L 以内），采取应急调度方案后经过 3.3 天恢复正常。

芦墟突发氨氮污染后，太浦河金泽水质受到较大影响。$NH_3$–N 最高浓度为 2.34 mg/L，较基础方案增加 1.40 mg/L，氨氮超标天数增加 6 天，采取应急调度方案后，金泽 $NH_3$–N 浓度略有降低，超标天数降低为 5 天。突发污染发生后约 12.5 天，金泽断面 $NH_3$–N 浓度基本恢复到未发生污染事件之前（较基础方案浓度差 0.1 mg/L 以内）。

（4）梅堰突发氨氮

水质分析断面选取太浦河干流平望、黎里、芦墟、金泽及太浦河南岸梅堰共 5 个断面，如图 4.7 所示，各断面 $NH_3$–N 特征值如表 4.14 所示，过程线如图 4.11 所示。

太浦河南岸梅堰断面突发氨氮污染后，对太浦河干流平望—金泽段产生影响，沿程各断面 $NH_3$–N 浓度较基础方案升高，超 III 类天数增加，其中平望、黎里、芦墟断面 $NH_3$–N 超 III 类天数分别增加 5 天、11 天、2 天，金泽断面 $NH_3$–N 未超标。

突发氨氮污染后，梅堰断面氨氮浓度迅速升高，最大浓度达 329.46 mg/L，较基础方案增加 327.87 mg/L，出现在突发污染发生后 4 h，此后浓度降低；突发污染方案氨氮超 III 类天数为 73 天，较基础方案增加 6 天。突发污染方案 $NH_3$–N 浓度经过 2.9 天恢复正常（较基础方案浓度差 0.1 mg/L 以内）。

梅堰突发氨氮污染后，太浦河金泽水质受到影响，但影响较小。$NH_3$–N 最高浓度为 0.96 mg/L，较基础方案增加 0.02 mg/L，满足地表水 III 类水质标准。

表 4.14　梅堰突发氨氮污染后各断面氨氮特征值　　单位：mg/L

| 断面 | 特征值 | 基础方案 | 梅堰突发氨氮 | |
| --- | --- | --- | --- | --- |
| | | | 浓度值 | 较基础方案增加值 |
| 梅堰 | 平均值 | 1.09 | 2.67 | 1.58 |
| | 最大值 | 1.59 | 329.46 | 327.87 |

| 断面 | 特征值 | 基础方案 | 梅堰突发氨氮 | |
|---|---|---|---|---|
| | | | 浓度值 | 较基础方案增加值 |
| 梅堰 | 最小值 | 0.52 | 0.70 | 0.18 |
| | 超 III 类天数 / 天 | 67 | 73 | 6 |
| 平望 | 平均值 | 1.49 | 1.51 | 0.02 |
| | 最大值 | 2.35 | 2.36 | 0.01 |
| | 最小值 | 0.67 | 0.77 | 0.10 |
| | 超 III 类天数 / 天 | 70 | 75 | 5 |
| 黎里 | 平均值 | 1.27 | 1.34 | 0.07 |
| | 最大值 | 2.03 | 2.03 | 0 |
| | 最小值 | 0.53 | 0.64 | 0.11 |
| | 超 III 类天数 / 天 | 60 | 71 | 11 |
| 芦墟 | 平均值 | 0.51 | 0.55 | 0.04 |
| | 最大值 | 1.11 | 1.12 | 0.01 |
| | 最小值 | 0.24 | 0.24 | 0 |
| | 超 III 类天数 / 天 | 2 | 4 | 2 |
| 金泽 | 平均值 | 0.37 | 0.39 | 0.02 |
| | 最大值 | 0.94 | 0.96 | 0.02 |
| | 最小值 | 0.22 | 0.22 | 0 |
| | 超 III 类天数 / 天 | 0 | 0 | 0 |

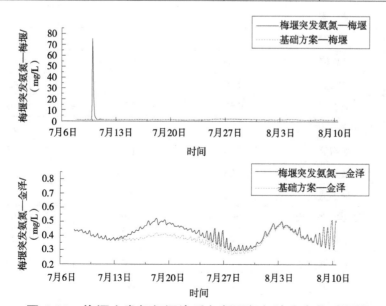

**图 4.11　梅堰突发氨氮污染后各断面氨氮浓度变化过程线**

（5）八坼突发氨氮

水质分析断面选取太浦河干流平望、黎里、芦墟、金泽及太浦河北岸八坼共 5 个断面，如图 4.7 所示，各断面 NH<sub>3</sub>-N 特征值如表 4.15 所示，过程线如图 4.12 所示。

太浦河北岸断面八坼突发氨氮污染后，对太浦河干流平望—金泽段产生影响，沿程各断面 NH<sub>3</sub>-N 浓度较基础方案升高，超 III 类天数增加，其中平望、黎里、芦墟断面 NH<sub>3</sub>-N 超 III 类天数分别增加 6 天、10 天、4 天，金泽断面 NH<sub>3</sub>-N 未超标。

突发氨氮污染后，八坼断面氨氮浓度迅速升高，最大浓度达 20.64 mg/L，较基础方案增加 17.44 mg/L，出现在突发污染发生后 10 h，此后浓度降低；突发污染方案氨氮超 III 类天数均为 85 天，较基础方案无增加，突发污染方案 NH<sub>3</sub>-N 浓度经过 6.6 天恢复正常。

八坼突发氨氮污染后，太浦河金泽水质受到影响，影响较小。NH<sub>3</sub>-N 最高浓度为 0.96 mg/L，较基础方案增加 0.02 mg/L，满足地表水 III 类水质标准。

表 4.15　八坼突发氨氮污染后各断面氨氮特征值　　　　单位：mg/L

| 断面 | 特征值 | 基础方案 | 八坼突发氨氮 | |
|---|---|---|---|---|
| | | | 浓度值 | 较基础方案增加值 |
| 八坼 | 平均值 | 2.37 | 2.71 | 0.34 |
| | 最大值 | 3.20 | 20.64 | 17.44 |
| | 最小值 | 1.51 | 1.51 | 0 |
| | 超 III 类天数 / 天 | 85 | 85 | 0 |
| 平望 | 平均值 | 1.49 | 1.64 | 0.15 |
| | 最大值 | 2.35 | 7.80 | 5.45 |
| | 最小值 | 0.67 | 0.77 | 0.10 |
| | 超 III 类天数 / 天 | 70 | 76 | 6 |
| 黎里 | 平均值 | 1.27 | 1.42 | 0.15 |
| | 最大值 | 2.03 | 5.88 | 3.85 |
| | 最小值 | 0.53 | 0.65 | 0.12 |
| | 超 III 类天数 / 天 | 60 | 70 | 10 |
| 芦墟 | 平均值 | 0.51 | 0.59 | 0.08 |
| | 最大值 | 1.11 | 2.07 | 0.96 |
| | 最小值 | 0.24 | 0.24 | 0 |
| | 超 III 类天数 / 天 | 2 | 6 | 4 |

| 断面 | 特征值 | 基础方案 | 八坼突发氨氮 | |
|---|---|---|---|---|
| | | | 浓度值 | 较基础方案增加值 |
| 金泽 | 平均值 | 0.37 | 0.41 | 0.04 |
| | 最大值 | 0.94 | 0.96 | 0.02 |
| | 最小值 | 0.22 | 0.22 | 0 |
| | 超 III 类天数／天 | 0 | 0 | 0 |

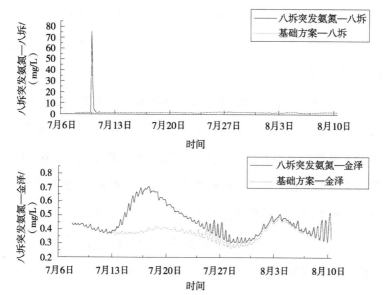

**图 4.12　八坼突发氨氮污染后各断面氨氮浓度变化过程线**

## 4.4.2　重金属锑污染模拟

调查范围内的涉锑企业共 79 家，主要分布在盛泽镇、桃源镇与天凝镇，其中盛泽镇的涉锑企业最多，共 29 家，主要是纺织企业。目前涉锑企业污水处理站或者集中式污水处理厂采用生物法和硫酸亚铁／聚铝絮凝联合的方法能有效地降低废水中高浓度的锑，处理设施出水中锑浓度基本能达到 < 50 μg/L。根据《地表水环境质量标准 GB 3838—2002》，锑为集中式生活饮用水地表水源地特定项目，标准限值为 0.005 mg/L，《纺织染整工业水污染物排放标准 GB4287—2012》中锑排放标准为 0.1 mg/L。

（1）平望突发锑污染

水质分析断面选取太浦河干流平望、黎里、芦墟、金泽、太浦河出口共 5 个断面，如图 4.7 所示，各断面锑特征值如表 4.16 所示，过程线如图 4.13 所示。

平望突发锑污染后，对太浦河干流江南运河—金泽段产生影响较大，太浦河出口断面影响较小。江南运河—金泽段沿程各断面锑浓度逐渐降低，超标准限值的天数逐渐增加，其中平望、黎里、芦墟、金泽断面超限值天数分别为 0.8 天、1.6 天、4.7 天、5.1 天。突发污染发生后采取应急调度方案（增大太浦闸下泄量至 300 $m^3/s$，并持续 10 天），各断面（芦墟、金泽除外）锑浓度最大值较未采取应急调度方案均有所下降；平望、黎里、芦墟锑浓度超标准限值天数分别减少 0.3 天、0.6 天、1.3 天；由于太浦闸大流量下泄，采取应急调度方案后各断面锑浓度峰值出现时间提前。

平望突发锑污染后，平望断面锑浓度迅速升高，最大浓度达 0.422 mg/L，出现在突发污染发生后 5 h，此后浓度降低；突发污染发生后采取应急调度方案，平望断面锑最大浓度为 0.334 mg/L，较未采取应急调度方案降低 0.088 mg/L，出现在突发污染发生后 4 h；突发污染方案锑浓度超标准限值 0.8 天（20 h），经过 33 h 恢复正常，采取措施后超标准限值 0.5 天（13 h），经过 16 h 恢复正常。

平望突发锑污染后，太浦河金泽水质受到一定影响。锑最高浓度为 0.008 mg/L，超标准限值持续的时间为 5.1 天（183 h），采取应急措施后，锑最高浓度略有升高，为 0.009 mg/L，超标准限值持续的时间缩短为 4.3 天（130 h）。

**表 4.16 平望突发锑污染后各断面锑浓度特征值** 单位: mg/L

| 断面 | 特征值 | 平望突发锑 | 平望突发锑后应急调度 | 浓度增加值 |
|---|---|---|---|---|
| 平望 | 平均值 | 0.001 | 0.001 | 0 |
| | 最大值 | 0.422 | 0.334 | −0.088 |
| | 超标准限值天数/天 | 0.8 | 0.5 | −0.3 |
| 黎里 | 平均值 | 0.002 | 0.001 | −0.001 |
| | 最大值 | 0.233 | 0.211 | −0.022 |
| | 超标准限值天数/天 | 1.6 | 1.0 | −0.6 |
| 芦墟 | 平均值 | 0.002 | 0.002 | 0 |
| | 最大值 | 0.029 | 0.033 | 0.004 |
| | 超标准限值天数/天 | 4.7 | 3.4 | −1.3 |

| 断面 | 特征值 | 平望突发锑 | 平望突发锑后应急调度 | 浓度增加值 |
|---|---|---|---|---|
| 金泽 | 平均值 | 0.002 | 0.001 | −0.001 |
| | 最大值 | 0.008 | 0.009 | 0.001 |
| | 超标准限值天数／天 | 5.1 | 4.3 | −0.8 |
| 太浦河出口 | 平均值 | 0.001 | 0 | −0.001 |
| | 最大值 | 0.006 | 0 | −0.006 |
| | 超标准限值天数／天 | 0.2 | 0 | −0.2 |

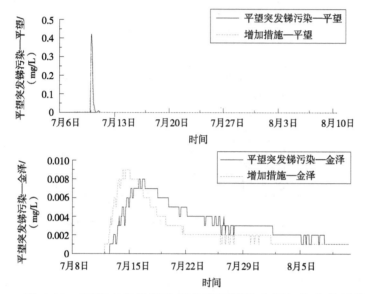

**图 4.13 平望突发锑污染后各断面锑浓度增加值变化过程线**

（2）麻溪北突发锑污染

水质分析断面选取太浦河干流平望、芦墟及太浦河南岸支流麻溪北、王江泾共 4 个断面，如图 4.7 所示，各断面锑特征值如表 4.17 所示，过程线如图 4.14 所示。

太浦河南岸江南新运河麻溪北突发锑污染后，对南岸老运河王江泾断面影响较大，太浦河干流平望、芦墟断面影响较小。麻溪北突发锑污染后，断面锑浓度迅速升高，最大浓度达 1.908 mg/L，出现在突发污染发生后 7 h，此后浓度降低，经过 130 h 恢复正常，超标准限值 3.5 天。受影响较大的王江泾断面最大浓度达 0.136 mg/L，出现在突发污染发生后 60 h，超标准限值 9.9 天。干流平望和芦墟断面锑最高浓度为 0.001 mg/L，均未超标准。

表 4.17    麻溪北突发锑污染后各断面锑浓度特征值    单位: mg/L

| 断面 | 特征值 | 麻溪北突发锑 |
|---|---|---|
| 麻溪北 | 平均值 | 0.012 |
| | 最大值 | 1.908 |
| | 最小值 | 0.000 |
| | 超标准限值天数 / 天 | 3.5 |
| 王江泾 | 平均值 | 0.007 |
| | 最大值 | 0.136 |
| | 最小值 | 0.000 |
| | 超标准限值天数 / 天 | 9.9 |
| 平望 | 平均值 | 0.000 |
| | 最大值 | 0.001 |
| | 最小值 | 0.000 |
| | 超标准限值天数 / 天 | 0 |
| 芦墟 | 平均值 | 0.000 |
| | 最大值 | 0.001 |
| | 最小值 | 0.000 |
| | 超标准限值天数 / 天 | 0 |

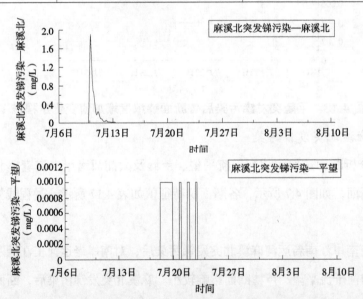

图 4.14    麻溪北突发锑污染后各断面锑浓度增加值变化过程线

（3）王江泾突发锑污染

水质分析断面选取太浦河南岸支流王江泾、王江泾南、王江泾北共 3 个断面，如图 4.7 所示，各断面锑特征值如表 4.18 所示，过程线如图 4.15 所示。

太浦河南岸江南老运河王江泾突发锑污染后，对王江泾南断面影响较大，对王江泾北断面影响较小。王江泾突发锑污染后，断面锑浓度迅速升高，最大浓度达 2.004 mg/L，出现在突发污染发生后 8 h，此后浓度降低，超标准限值 1.3 天。受影响较大的王江泾南断面最大浓度达 2.004 mg/L，出现在突发污染发生后 8 h，超标准限值 1.3 天，和王江泾断面情况基本一致。

表 4.18　王江泾突发锑污染后各断面锑浓度特征值　单位：mg/L

| 断面 | 特征值 | 王江泾突发锑 |
|---|---|---|
| 王江泾 | 平均值 | 0.010 |
| | 最大值 | 2.004 |
| | 最小值 | 0.000 |
| | 超标准限值天数 / 天 | 1.3 |
| 王江泾南 | 平均值 | 0.010 |
| | 最大值 | 2.004 |
| | 最小值 | 0.000 |
| | 超标准限值天数 / 天 | 1.3 |
| 王江泾北 | 平均值 | 0.000 |
| | 最大值 | 0.001 |
| | 最小值 | 0.000 |
| | 超标准限值天数 / 天 | 0 |

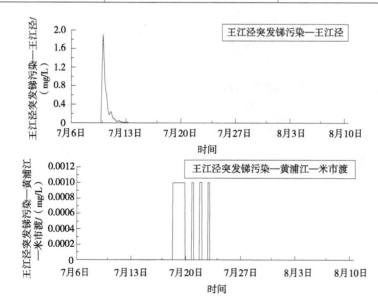

图 4.15　王江泾突发锑污染后各断面锑浓度增加值变化过程线

### 4.4.3　重金属铬污染模拟

电镀厂是铬污染物的主要来源，调查范围内的主要涉铬企业广泛分布在同里镇，该镇工业企业的重金属铬年排放量占调查范围内工业企业重金属铬年排放总量的 86.5%，黎里镇也有少量电镀厂分布。由于铬排放量较大的同里地区离太浦河较远，本次选择太浦河干流黎里断面，以及太浦河南岸距金泽较近的西塘断面进行突发铬污染模拟，根据《地表水环境质量标准 GB 3838—2002》，铬为集中式生活饮用水地表水源地基本项目，标准限值为 0.05 mg/L。

（1）黎里突发铬污染

黎里突发铬污染后水质分析断面选取太浦河干流平望、黎里、金泽共 3 个断面，如图 4.7 所示，各断面铬特征值如表 4.19 所示，过程线如图 4.16 所示。黎里突发铬污染后，对太浦河干流影响较小。黎里上游平望断面铬浓度增量最大值为 0.008 mg/L，黎里断面铬浓度增量最大值为 0.03 mg/L，金泽断面铬浓度增量最大值为 0.001 mg/L，各断面铬浓度均未超过集中式生活饮用水地表水源地标准限值 0.05 mg/L。

表 4.19　黎里突发铬污染后各断面铬浓度特征值　　　单位：mg/L

| 断面 | 特征值 | 黎里突发铬 |
|---|---|---|
| 平望 | 最大值 | 0.008 |
| | 超标准限值天数 / 天 | 0 |
| 黎里 | 最大值 | 0.03 |
| | 超标准限值天数 / 天 | 0 |
| 金泽 | 最大值 | 0.001 |
| | 超标准限值天数 / 天 | 0 |

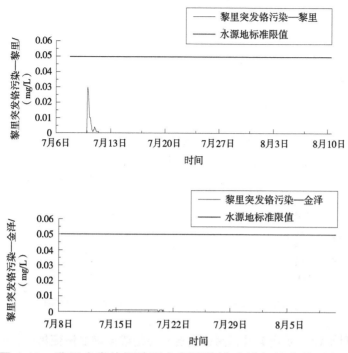

**图 4.16 黎里突发铬污染后各断面铬浓度增加值变化过程线**

（2）西塘突发铬污染

太浦河南岸西塘突发铬污染后水质分析断面选取太浦河干流芦墟、金泽，南岸陶庄南共 3 个断面，如图 4.17 所示，各断面铬特征值如表 4.20 所示，过程线如图 4.17 所示。西塘断面突发铬污染后，对太浦河干流影响较小。与西塘较近的太浦河干流芦墟断面铬浓度增量最大值为 0.003 mg/L，太浦河南岸陶庄南断面铬浓度增量最大值为 0.003 mg/L，金泽断面铬浓度增量最大值为 0.001 mg/L，各断面铬浓度均未超过集中式生活饮用水地表水源地标准限值 0.05 mg/L。

**表 4.20 西塘突发铬污染后各断面铬浓度特征值**   单位：mg/L

| 断面 | 特征值 | 西塘突发铬 |
|------|--------|------------|
| 芦墟 | 最大值 | 0.003 |
|      | 超标准限值天数 / 天 | 0 |
| 金泽 | 最大值 | 0.001 |
|      | 超标准限值天数 / 天 | 0 |
| 陶庄南 | 最大值 | 0.003 |
|        | 超标准限值天数 / 天 | 0 |

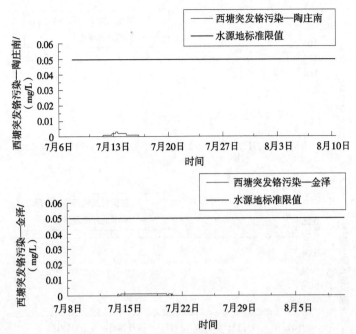

**图 4.17　西塘突发铬污染后各断面铬浓度增加值变化过程线**

# 4.5　本章小结

①根据本次研究需要，对太湖流域水量水质耦合模型中太浦河周边区域水系、水利工程和污染源进行概化更新，经选用 2013 年典型年对太湖及地区代表站水位、环湖出入湖水量、松浦大桥水量、太浦河干流代表站水质的验证计算分析，结果表明：太湖计算特征水位及全年水位过程线与实际情况相差较小，太浦河两岸地区代表站的水位，除个别时段外，大部分时段的计算特征水位、全年水位过程线趋势与实况均拟合得较好；环湖出入湖水量的差别较小；松浦大桥计算水量与实测水量趋势一致；水质部分考虑到实测基本为一月一次，只比对了平均浓度的误差，总体可接受。模型细化后基本能够反映太浦河水流和水质特征，可以作为计算分析的基础。

②太浦河干流黎里以上断面突发氨氮、太浦河南北岸支流突发氨氮污染对金

泽断面影响较小，太浦河干流芦墟以下断面突发氨氮污染对金泽断面影响较大。太浦河干流平望断面、太浦河南岸梅堰断面、太浦河北岸八圻断面突发 $NH_3$-N 污染对金泽断面水质影响较小，$NH_3$-N 最高浓度未超过 1 mg/L，满足地表水 III 类水质标准。太浦河干流芦墟断面突发 $NH_3$-N 污染对金泽断面水质影响较大，$NH_3$-N 最高浓度为 2.34 mg/L，超标天数较基础方案增加 6 天，采取应急调度方案后金泽 $NH_3$-N 浓度略有降低，超标天数降低为 5 天；突发污染发生后约 12.5 天，金泽断面 $NH_3$-N 浓度基本恢复到未发生污染事件之前。突发污染发生后采取应急调度方案（太浦闸下泄量增大至 300 m³/s，并持续 10 天）能够降低各断面 $NH_3$-N 浓度。由于应急调度方案太浦闸保持大流量下泄，各断面 $NH_3$-N 浓度峰值出现时间较未采取应急调度方案略有提前；金泽断面 $NH_3$-N 最高浓度较未采取应急调度方案略有升高，$NH_3$-N 超标天数有所减少。

③太浦河干流平望断面突发锑污染对金泽断面水质产生较大影响，金泽断面锑最高浓度为 0.008 mg/L，超标准限值持续时间 5.1 天（183 h），采取应急调度方案后，锑最高浓度上升为 0.009 mg/L，超标准限值持续时间降低为 4.3 天（130 h）。由于应急调度方案太浦闸保持大流量下泄，各断面锑浓度峰值出现时间较未采取应急调度方案略有提前；金泽断面锑最高浓度较未采取应急调度方案略有升高。太浦河南岸老运河王江泾断面、江南运河麻溪北断面突发锑污染对太浦河干流水质影响较小，锑浓度均未超标。

④太浦河干流黎里断面、南岸西塘断面突发铬污染对太浦河干流及沿线水质产生影响较小，金泽断面铬最高浓度为 0.001mg/L，各断面铬浓度均未超标。

⑤本章对太浦河及其两岸支流突发常规污染氨氮、重金属铬、有毒有害物质锑进行了模拟，突发污染事件发生后，采用了加大太浦闸下泄量的应急调度方案，结果表明，增大太浦闸下泄量能够在一定程度上降低太浦河沿线污染物浓度，缩短金泽断面污染物超标时间。然而，太浦闸的调度需考虑太湖水位等多重因素，不能通过无限制加大太浦闸下泄流量来改善下游水质，仅通过加大太浦闸下泄量的应急处理措施应对突发污染事件具有局限性。太浦河突发污染发生后，还需采取投放相应污染降解物、增加应急监测、适当控制太浦河两岸口门启闭等多种现场应急处置措施，降低污染物量，提高太浦河水源地供水保障能力。

# 参考文献

［1］ 程文辉，王船海，朱琰.太湖流域模型［M］.南京：河海大学出版社，2006.

［2］ 徐爱兰，姚琪，王鹏，等.太湖流域水资源综合规划数模研究：水质模型的建立与率定［J］.四川环境，2006（3）：67-72.

［3］ 殷洪，钱新，姚红，等.基于水质模型的河流水环境调控方案效果评估：以太浦河为例［J］.环境保护科学，2015（2）：48-52.

［4］ 田爱军，颜润润，俞启升.江苏省太浦河流域污染特征及污染控制对策［J］.环境保护科学，2017（3）：120-124.

［5］ 孙晓宇，杨雾晨，唐晓迪，等.太浦河流域锑污染环境风险评估［J］.环境与发展，2018（5）：1-3.

［6］ 马农乐，李敏，王元元.太浦河突发锑污染应对措施［J］.水利科技与经济，2018（7）：19-22.

［7］ 翟全德，张瑞雪，吴攀，等.基于CiteSpace可视化的锑污染研究进展［J］.江苏农业科学，2020（4）：23-32.

［8］ 颜湘华，王兴润，李丽，等.铬污染场地调查数据评估与暴露浓度估计［J］.环境科学研究，2013（1）：103-108.

［9］ 李爱琴，唐宏建，王阳峰.环境中铬污染的生态效应及其防治［J］.中国环境管理干部学院学报，2006（1）：74-77.

# 第 5 章
# 太浦河取水安全联合调度
# 策略集研究

太湖流域工程调度是随着流域治理中工程建成而产生的，并在流域管理工作深化的同时不断得到完善，实现以单项工程调度为基础，逐渐与其他工程进行联合调度，走向精细化、全面化、常态化。太浦河工程调度也从以防洪排涝、水资源供给调度为主，逐步向防洪排涝、水资源供给及水源地水质保障等综合效益转变。

本章梳理太浦河工程调度情况，分析上游来水与太浦河水源地水量水质的响应关系，研究提出通过工程调度保障太浦河取水安全的水利联合调度策略集；在不同典型年水雨情条件下，将联合调度策略集输入太湖流域平原河网水量水质模型进行数值模拟；定性分析不同类别联合调度策略对流域区域及太浦河取水安全的影响，分析不同典型年调度策略敏感性，模拟结果作为多目标联合调度决策数学模型输入条件，为第 6 章太浦河取水安全多目标方案优化研究提供基础。

# 5.1 太浦河工程调度分析

## 5.1.1 太湖调度控制水位

太湖是流域水资源调配中心，通过环湖水利工程调度控制水量进出，并以太湖水位高低作为流域骨干工程引排的控制指标，《太湖流域洪水与水量调度方案》（国汛〔2011〕17号）将太湖调度控制水位分为防洪控制水位、引水控制水位，《太湖流域水量分配方案》在此基础上又提出了低水位控制水位。

太湖调度控制水位包含防洪控制水位、引水控制水位、低水位控制水位3条线（表5.1、图5.1）：当太湖水位位于防洪控制水位以上时，流域骨干工程（望虞河、太浦河等）以泄洪为主；当太湖水位位于防洪控制水位—引水控制水位时，流域骨干工程可结合区域水资源及水环境改善需求，适时开展引排调控；当太湖水位低于引水控制线时，望虞河工程开启常熟枢纽引水入湖、太浦河工程以不低于 50 $m^3$/s 的流量向下游供水；当太湖水位低于低水位控制线时，望虞河工程开启常熟枢纽泵站增加引水入湖量。

表 5.1　太湖调度控制水位　　　　　　　　　　单位：m

| 时段 | 防洪控制线 | 引水控制线 | 低水位控制线 |
|---|---|---|---|
| 1月1日—3月15日 | 3.5 | 3.3 | 2.9 |
| 3月16—31日 | 3.5 ~ 3.1 | 3.3 ~ 3.0 | 2.9 |
| 4月1日—6月15日 | 3.1 | 3.0 | 2.8 |
| 6月16日—7月20日 | 3.1 ~ 3.5 | 3.0 ~ 3.3 | 2.8 ~ 3.1 |
| 7月21日—10月31日 | 3.5 | 3.3 | 3.1 |
| 11月1日—12月31日 | 3.5 | 3.3 | 2.9 |

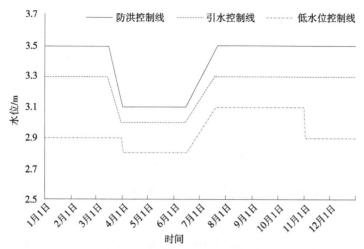

**图 5.1　太湖调度控制水位**

## 5.1.2　太浦河闸（泵）调度

太浦河工程是治太十一项骨干工程之一。太浦河为水利分区界河，北岸为阳澄淀泖区，南岸为杭嘉湖区。太浦河进口处建有太浦闸和太浦河泵站，太浦闸于 2015 年 6 月完成除险加固；太浦河泵站于 2000 年建设，抽水能力 300 m³/s，共安装 6 台水泵，每台 50 m³/s，其作用为向下游地区和黄浦江供水。

（1）现行调度方案及相关规划要求

太浦河闸泵调度对保障流域防洪安全、供水安全和改善水环境具有重要作用。《太湖流域洪水与水量调度方案》（国汛〔2011〕17 号）明确了太浦河闸泵的调度规则，《太湖流域水资源综合规划》《太湖流域水量分配方案》等提出了太浦河闸泵水资源调度的原则和调度意见。

太浦河闸泵现行调度依据《太湖流域洪水与水量调度方案》，结合流域水雨情及用水实际组织调度：原则上太浦闸下泄流量不低于 50 m³/s；当太湖下游地区发生饮用水水源地水质恶化或突发水污染事件时，可加大太浦闸供水流量，必要时启动太浦河泵站增加流量；当太湖下游地区遭遇台风暴潮或区域洪水时，可减小太浦闸供水流量，必要时关闭太浦闸。

《太湖流域水资源综合规划》中，太浦河闸泵的调度原则为：太浦闸根据下游需水要求和太湖水资源条件相机调度，结合太湖雨洪资源利用，向下游及两岸

太浦河水源地取水安全水利工程联合调控优化研究

地区供水，供水流量根据太湖水位进行分级控制；太浦河泵站抽引太湖水经太浦河入黄浦江，改善上海市黄浦江取水口附近水质。

《太湖流域水量分配方案》中，太浦闸水资源调度意见为：根据太湖水资源条件和下游（包括太浦河水源地）河道内外用水需求实施调度。太浦闸供水流量按太湖水位分级调度，当太湖水位低于引水控制线、高于2.80 m时，供水流量原则上不低于50 m³/s。为保障太浦河水源地供水安全，冬春季及其他时段，在统筹太湖供水安全和生态安全的基础上，经商两省一市，适当增大供水流量。流域规划骨干工程实施后，供水流量可适当增大。

《太湖抗旱水量应急调度预案》中，太浦闸调度意见为：当太湖水位≤2.65 m时，适当减小太浦闸供水流量，进一步降低杭嘉湖区、阳澄淀泖区环湖口门区域引水控制水位，控制太湖出湖水量；当太湖水位≤2.55 m时，进一步减小太浦闸供水流量，降低杭嘉湖区、阳澄淀泖区环湖口门区域引水控制水位，减小太湖出湖水量。

对比上述调度方案、规划对太浦河闸泵的调度原则/意见，太浦河闸泵的主要调度原则/意见如表5.2所示。

表 5.2  太浦河闸泵的主要调度原则/意见

| 调度方案/规划 | 原则 | 太浦闸流量 | 太浦河泵站启用条件 |
|---|---|---|---|
| 《太湖流域洪水与水量调度方案》 | 结合流域水雨情及用水实际组织调度 | ①原则上太浦闸下泄流量不低于50 m³/s ②适当条件可增大或减少供水流量 | 太湖下游地区发生饮用水水源地水质恶化或突发水污染事件时，必要时启动太浦河泵站增加流量 |
| 《太湖流域水资源综合规划》 | 根据下游需水要求和太湖水资源条件相机调度 | 供水流量根据太湖水位进行分级控制 | 太浦河泵站抽引太湖水经太浦河入黄浦江，改善上海市黄浦江取水口附近水质 |
| 《太湖流域水量分配方案》 | 根据太湖水资源条件和下游（包括太浦河水源地）河道内外用水需求实施调度 | 太浦闸供水流量按太湖水位分级调度：①2.8 m＜太湖水位＜引水控制线，太浦闸供水流量≥50 m³/s ②适当条件可增大供水流量 | 当太湖下游地区发生饮用水水源地水质恶化或突发水污染事件时，可加大太浦闸等环湖口门供水流量，必要时启动太浦河泵站 |

| 调度方案/规划 | 原则 | 太浦闸流量 | 太浦河泵站启用条件 |
|---|---|---|---|
| 《太湖抗旱水量应急调度预案》 | 根据太湖水位，适当减小太浦闸供水流量 | ①当太湖水位 ≤ 2.65 m 时，适当减小太浦闸供水流量<br>②当太湖水位 ≤ 2.55 m 时，进一步减小太浦闸供水流量 | — |

（2）实况调度分析

2002 年起流域开始实施引江济太，2002—2014 年扣除太浦闸除险加固期间后太浦闸日均流量与太湖日均水位的关系如表 5.3 所示。

表 5.3　2002—2014 年太浦闸日均流量与太湖日均水位的关系
（扣除太浦闸除险加固期间）

| 太湖水位 /m | | 太浦闸流量 / ( m³/s ) | 系列个数 |
|---|---|---|---|
| 范围 | 均值 | 均值 | |
| 2.65 ~ 2.8 | 2.77 | 17.88 | 37 |
| 2.8 ~ 3.0 | 2.93 | 32.34 | 499 |
| 3.0 ~ 3.1 | 3.05 | 57.81 | 686 |
| 3.1 ~ 3.3 | 3.19 | 70.31 | 1690 |
| 3.3 ~ 3.5 | 3.38 | 77.39 | 1027 |
| > 3.5 | 3.65 | 126.01 | 558 |

总体来讲，太浦闸下泄流量随着太湖水位的升高而增大，2002—2014 年（扣除太浦闸除险加固时期）太湖日均水位为 3.24 m，太浦闸日均下泄流量为 72 m³/s。太湖水位维持在 3.1 ~ 3.3 m 的时间较长，此时太浦闸下泄流量在 70 m³/s 左右；太湖日均水位在 2.65 ~ 2.8 m 时，太浦闸日均下泄流量为 18 m³/s 左右；太湖日均水位在 2.8 ~ 3.0 m 时，太浦闸日均下泄流量为 32 m³/s 左右；太湖日均水位在 3.0 ~ 3.1 m、3.1 ~ 3.3 m、3.3 ~ 3.5 m、> 3.5 m 时，太浦闸下泄流量分别在 57 m³/s、70 m³/s、77 m³/s、126 m³/s 左右。

2011 年执行国家防总批复的《太湖流域洪水与水量调度方案》之后至 2014 年，太浦闸日均流量与太湖日均水位的关系如表 5.4 所示。

表 5.4  2011—2014 年太浦闸日均流量与太湖日均水位的关系

| 太湖水位 /m | | 太浦闸流量 /(m³/s) | 系列个数 |
|---|---|---|---|
| 范围 | 均值 | 均值 | |
| 2.8 ~ 3.0 | 2.95 | 45.83 | 51 |
| 3.0 ~ 3.1 | 3.06 | 43.75 | 146 |
| 3.1 ~ 3.3 | 3.19 | 72.71 | 445 |
| 3.3 ~ 3.5 | 3.38 | 78.71 | 168 |
| > 3.5 | 3.65 | 98.83 | 178 |

注：表中统计值为 2011 年执行《太湖流域洪水与水量调度方案》之后，并且扣除太浦闸除险加固期间数据。

太湖日均水位 3.27 m，太浦闸日均下泄流量为 75 m³/s，较 2002—2014 年太湖日均水位、太浦闸日均下泄流量均略有上升。太湖水位维持在 3.1 ~ 3.3 m 的时间较长，此时太浦闸下泄流量在 73 m³/s 左右；太湖日均水位在 2.8 ~ 3.0 m 时，太浦闸日均下泄流量为 46 m³/s 左右；太湖日均水位在 3.0 ~ 3.1 m、3.1 ~ 3.3 m、3.3 ~ 3.5 m、> 3.5 m 时，太浦闸下泄流量分别在 44 m³/s、73 m³/s、79 m³/s、99 m³/s 左右。

### 5.1.3  两岸口门调度分析

（1）现行调度方案及相关规划要求

《太湖流域洪水与水量调度方案》中并未对太浦河两岸口门调度规则做出明确要求。《太湖流域水资源综合规划》中提出太浦河两岸口门的调度原则为：太浦河两岸口门在太浦河向下游供水期间，视两岸地区需水情况，实施相机调度，补充区域用水。

《太湖流域水量分配方案》中对太浦河两岸口门的调度意见为：当太浦闸向下游供水时，两岸口门可根据地区水资源需求引水；当太浦河泵站向下游供水时，为保障太浦河水源地供水安全，视地区需水情况控制两岸口门引水。

（2）实况调度调研分析

太浦河两岸口门建筑物有 88 座，其中北岸 44 座，南岸 46 座，分别分布在江苏、浙江和上海境内，江苏 64 座、浙江省 8 座、上海市 16 座。太浦河北岸口门除江南运河敞开外，已全部建闸控制。太浦河南岸口门芦墟以东支河口门已全线控制，芦墟以西尚有 7 个口门未实施控制，总过水面积 1080 m²（高程 3.0 m 以下），其中蚂蚁漾 50 m²，雪落漾 180 m²，新运河 270 m²，雪河 260 m²，牛头河 170 m²，南尤家港、梅坛港合计 150 m²。

根据现场调研，太浦河北岸支流对太浦河水质影响最大的是江南运河，其他口门包括元荡节制闸、北窑港枢纽的启闭对太浦河水质也有一定影响，太浦河工程北岸控制线分汛期和非汛期进行控制。汛期，当太浦河水位高于区域水位时，太浦河北岸沿线口门关闸；非汛期，太浦河北岸控制线根据区域缺水情况实时引排。

太浦河南岸芦墟以西未控制口门，以及南岸主要口门陶庄枢纽、大舜枢纽、丁栅枢纽对太浦河水质影响较大，太浦河南岸主要口门陶庄枢纽、大舜枢纽、丁栅枢纽的排涝调度原则如表 5.5 所示。

表 5.5　太浦河南岸工程排涝调度原则

| 工程名称 | 控制地点 | 工程运行原则 | | 规模 | |
|---|---|---|---|---|---|
| | | 开启水位 /m | 关闭水位 /m | 净宽 /m | 底高程 /m |
| 陶庄枢纽 | 闸前 | | | 24 | −0.3 |
| 大舜枢纽 | 闸前 | 内河高于太浦河 | 内河低于太浦河 | 12 | −0.3 |
| 丁栅枢纽 | 闸前 | | | 12 | −0.3 |

# 5.2　上游来水与金泽断面水量水质响应关系分析

## 5.2.1　2008—2014 年历史资料分析

根据已掌握的监测资料情况，本次分析范围确定为太浦河沿线太浦闸至金泽段，涉及监测站点包括干流太浦闸、平望、金泽，两岸支流平望运河桥、陶庄、北虹大桥，资料系列为 2008—2014 年，从水量、水质两个角度分析上游来水与金泽的响应关系。

（1）水量

太浦闸、平望、金泽旬均流量变化趋势总体一致。太浦闸与平望、平望与金泽旬均流量相关，相关系数分别为 0.73 和 0.62。10 月至次年 3 月上旬，金泽站近 7 年平均旬均流量是太浦闸站的 3～6 倍；3 月中旬至 9 月，金泽站近 7 年平均旬均流量是太浦闸站的 1～3 倍。

金泽断面来水中太湖清水所占比例随太浦闸下泄水量的增大而增加。当太浦闸下泄流量在 80～100 m³/s 时，金泽断面来水中太湖清水与两岸地区汇入的水量比例相当。当太浦闸下泄流量低于 35 m³/s、35～50 m³/s、50～80 m³/s、80～100 m³/s、> 100 m³/s、> 200 m³/s 时，金泽断面来水中太湖清水与两岸地区汇入的水量比例分别为 1：6.1、1：3.0、1：2.4、1：0.9、1：0.7 和 1：0.4（表 5.6）。随着太浦闸下泄流量加大，太浦闸至平望段汇入太浦河的水量逐渐减小；当下泄流量大于 100 m³/s 时，太浦闸至平望段两岸地区以出太浦河为主。

表 5.6 不同等级太浦闸流量情况下金泽断面来水比例　　　　单位：m³/s

| 太浦闸流量 | 金泽平均流量 | 太浦闸至平望段汇入流量 | 平望至金泽段汇入流量 | 金泽来水比例（太湖/两岸） |
|---|---|---|---|---|
| < 35 | 178.3 | 67.7 | 100.3 | 1：6.1 |
| 35～50 | 159.9 | 54.7 | 79.9 | 1：3.0 |
| 50～80 | 188.7 | 46.1 | 101.1 | 1：2.4 |
| 80～100 | 138.8 | 28.7 | 35.9 | 1：0.9 |
| > 100 | 255.1 | −10.2 | 104.9 | 1：0.7 |
| > 200 | 319.1 | −30.5 | 108.9 | 1：0.4 |

（2）水质

根据 2008—2014 年水质监测评价，除 2010 年上海市举办世博会和青草沙原水系统切换需要以外，太浦闸全年基本以较大流量向下游供水，使得太浦河沿线各断面水质总体较好，其余年份各断面水质年际间变化不大，除总氮外，太浦闸水质指标总体在 I 类至 III 类，金泽在 II 类至 III 类。

2008—2014 年，太浦闸水质基本稳定，除总氮指标外，参评的 22 项水质指

太浦河水源地取水安全水利工程联合调控优化研究

标总体在 I 类至 III 类。其中，溶解氧、高锰酸盐指数、化学需氧量、五日生化需氧量、总磷、铜、锌、氟化物、硒、砷、汞、镉、铬（六价）、铅、氰化物、挥发酚、石油类、阴离子表面活性剂和硫化物等 18 项指标均达到 III 类；pH、氨氮、大肠菌群 95% 的测次达到或优于 III 类，达到或优于 IV 类的测次比例接近 100%；总氮 36% 的测次达到或优于 III 类标准，65% 的测次达到或优于 IV 类，83% 的测次达到或优于 V 类，如表 5.7 所示。

表 5.7　太浦闸下站水质达标次数评价

| 项目 | 总监测次数／次 | 优于 III 类比例 | 优于 IV 类比例 | 优于 V 类比例 | 劣于 V 类比例 |
|---|---|---|---|---|---|
| pH | 271 | 99.6% | 99.6% | 99.6% | 0.4% |
| 溶解氧 | 280 | 100% | 100% | 100% | 0 |
| 高锰酸盐指数 | 276 | 100% | 100% | 100% | 0 |
| 化学需氧量 | 98 | 99.0% | 100% | 100% | 0 |
| 五日生化需氧量 | 281 | 99.6% | 100% | 100% | 0 |
| 氨氮 | 279 | 100% | 100% | 100% | 0 |
| 总磷 | 281 | 35.6% | 64.8% | 82.9% | 17.1% |
| 总氮 | 86 | 100% | 100% | 100% | 0 |
| 铜 | 86 | 100% | 100% | 100% | 0 |
| 锌 | 87 | 100% | 100% | 100% | 0 |
| 氟化物 | 86 | 100% | 100% | 100% | 0 |
| 硒 | 86 | 100% | 100% | 100% | 0 |
| 砷 | 86 | 100% | 100% | 100% | 0 |
| 汞 | 86 | 100% | 100% | 100% | 0 |
| 镉 | 86 | 100% | 100% | 100% | 0 |
| 铬（六价） | 86 | 100% | 100% | 100% | 0 |
| 铅 | 86 | 100% | 100% | 100% | 0 |
| 氰化物 | 86 | 100% | 100% | 100% | 0 |
| 挥发酚 | 86 | 100% | 100% | 100% | 0 |

| 项目 | 总监测次数/次 | 优于Ⅲ类比例 | 优于Ⅳ类比例 | 优于Ⅴ类比例 | 劣于Ⅴ类比例 |
|---|---|---|---|---|---|
| 石油类 | 86 | 100% | 100% | 100% | 0 |
| 阴离子表面活性剂 | 86 | 100% | 100% | 100% | 0 |
| 硫化物 | 86 | 95.3% | 100% | 100% | 0 |
| 粪大肠菌群 | 271 | 100% | 100% | 100% | 0 |

受太浦河两岸地区来水影响，太浦河干流沿线各评价站点水质浓度呈上升趋势，但总体在Ⅱ类至Ⅲ类。金泽大部分水质指标基本能满足Ⅲ类，但溶解氧、氨氮、总氮、粪大肠菌群在部分时段出现劣于Ⅲ类。从各指标达标情况来看，pH、铜、锌、氟化物、硒、砷、汞、镉、铬（六价）、铅、氰化物、挥发酚、石油类和硫化物等13项指标均能达到Ⅲ类；高锰酸盐指数、化学需氧量、五日生化需氧量、总磷、石油类和阴离子表面活性剂90%以上测次达到或优于Ⅲ类，接近100%的测次达到或优于Ⅳ类；溶解氧、氨氮超过70%的测次达到或优于Ⅲ类，接近100%的测次达到或优于Ⅳ类；粪大肠菌群57.1%的测次达到或优于Ⅲ类，80.0%的测次达到或优于Ⅳ类，90.0%的测次达到或优于Ⅴ类；总氮基本劣于Ⅲ类，仅6.0%的测次达到或优于Ⅳ类，21.4%的测次达到或优于Ⅴ类，如表5.8所示。

表5.8  2008—2014年金泽水质达标次数评价

| 指标 | 总监测次数/次 | 优于Ⅲ类比例 | 优于Ⅳ类比例 | 优于Ⅴ类比例 | 劣于Ⅴ类比例 |
|---|---|---|---|---|---|
| pH | 256 | 100% | 100% | 100% | 0 |
| 溶解氧 | 223 | 70.4% | 96.9% | 100% | 0 |
| 高锰酸盐指数 | 266 | 95.9% | 100% | 100% | 0 |
| 化学需氧量 | 211 | 91.5% | 99.5% | 100% | 0 |
| 五日生化需氧量 | 70 | 90% | 100% | 100% | 0 |
| 氨氮 | 266 | 86.8% | 99.6% | 100% | 0 |

| 指 标 | 总监测次数/次 | 优于Ⅲ类比例 | 优于Ⅳ类比例 | 优于Ⅴ类比例 | 劣于Ⅴ类比例 |
|---|---|---|---|---|---|
| 总磷 | 266 | 99.6% | 99.6% | 99.6% | 0.4% |
| 总氮 | 266 | 0.4% | 6.0% | 21.4% | 78.6% |
| 铜 | 70 | 100% | 100% | 100% | 0 |
| 锌 | 70 | 100% | 100% | 100% | 0 |
| 氟化物 | 70 | 100% | 100% | 100% | 0 |
| 硒 | 70 | 100% | 100% | 100% | 0 |
| 砷 | 70 | 100% | 100% | 100% | 0 |
| 汞 | 70 | 100% | 100% | 100% | 0 |
| 镉 | 70 | 100% | 100% | 100% | 0 |
| 铬（六价） | 70 | 100% | 100% | 100% | 0 |
| 铅 | 70 | 100% | 100% | 100% | 0 |
| 氰化物 | 84 | 100% | 100% | 100% | 0 |
| 挥发酚 | 84 | 100% | 100% | 100% | 0 |
| 石油类 | 70 | 97.1% | 97.1% | 100% | 0 |
| 阴离子表面活性剂 | 70 | 98.6% | 98.6% | 98.6% | 1.4% |
| 硫化物 | 69 | 100% | 100% | 100% | 0 |
| 粪大肠菌群 | 70 | 57.1% | 80% | 90% | 10% |

随着太浦闸下泄流量增大，金泽溶解氧、高锰酸盐指数、化学需氧量、氨氮、总磷等指标呈逐步改善的趋势，在 50 ~ 80 $m^3/s$、大于 100 $m^3/s$、超过 200 $m^3/s$ 下泄条件下相关水质指标相对稳定。太浦闸下泄流量大于 80 $m^3/s$ 时，高锰酸盐指数和氨氮单指标水质评价可达Ⅱ类。在 35 ~ 50 $m^3/s$ 的情况下，溶解氧最小值，氨氮、总磷最大值劣于Ⅲ类；在 50 ~ 80 $m^3/s$ 的情况下，氨氮、总磷最大值均接近Ⅲ类指标上限，应予以关注。

## 5.2.2 2014 年太浦河水量水质同步试验资料分析

针对黄浦江上游水源地建设的需要，上海市水务局在 2014 年 2 月 23 日至 3

月 28 日、4 月 14—27 日组织有关单位进行了太浦河水量水质同步监测调水试验，太浦闸下泄流量按常态 50 $m^3$/s、80 $m^3$/s、200 $m^3$/s 和 50 $m^3$/s 4 种调度方案 5 个实测阶段进行控制（表 5.9），并同步对太浦河、黄浦江及其相关支流进行了大规模的水位、流量测验和水质监测。

表 5.9　太浦河 2014 年调水试验各阶段工况

| 阶段 | 运行工况 | 时间 |
| --- | --- | --- |
| 第 1 阶段 | 太浦闸 50 $m^3$/s | 2 月 23 日至 3 月 3 日 |
| 第 2 阶段 | 太浦闸 80 $m^3$/s | 3 月 3—10 日 |
| 第 3 阶段 | 太浦闸 80 $m^3$/s，大舜、丁栅、元荡单向引水 | 3 月 11—18 日 |
| 第 4 阶段 | 太浦闸 200 $m^3$/s | 3 月 18—28 日 |
| 间歇期 | 太浦闸 50 $m^3$/s | 3 月 28 日至 4 月 16 日 |
| 第 5 阶段 | 太浦闸 50 $m^3$/s，大舜、丁栅、元荡单向引水 | 4 月 16—25 日 |

（1）水量

从水量角度看，太浦闸下泄流量在 50 $m^3$/s、80 $m^3$/s 时，平望西—黎里西有较大的汇入水量（110 ~ 130 $m^3$/s），远大于太浦闸下泄水量；当太浦闸下泄流量增加至 200 $m^3$/s 时，平望西—黎里西的区间来水量明显减少（约 50 $m^3$/s），此时太浦闸下泄水量在太浦河干流中占主要部分。

太浦河干流由太湖来水（太浦闸下泄）和两岸支流来水为主，其中两岸支流来水主要集中在太浦闸—黎里段；当太浦闸泄量小于 80 $m^3$/s 时，太湖来水在太浦河干流中的占比不到 1/3，2/3 以上的水均来自太浦河两岸支流；当太浦闸泄量达到 200 $m^3$/s 时，太湖来水在太浦河干流中的占比则接近 70%，太浦河两岸支流的汇入量明显减少。

（2）水质

从水质角度看，影响金泽取水口水质达标的关键指标为氨氮（达标率最低）。随着太浦闸下泄流量的增大，金泽取水口氨氮指标平均浓度逐渐降低，当太浦闸下泄流量达 200 $m^3$/s 时，氨氮均值为 0.63 mg/L，但氨氮指标达标率最高出现在第三阶段（太浦闸 80 $m^3$/s，大舜、丁栅、元荡单向引水），达标率为 100%。金泽取水口主要水质指标达标率情况如表 5.10 所示。

调水试验监测结果表明，太浦闸下泄流量与金泽取水口流量、水质有较好的响应关系，下泄量增大可增加金泽取水口太湖清水占比，减少两岸支流的汇入，金泽取水口关键水质指标氨氮浓度明显降低。这一响应关系与 2008—2014 年历史资料分析规律基本一致。

表 5.10    金泽取水口主要水质指标达标率及平均浓度统计　　　单位：mg/L

| 指标 | 溶解氧 | | 高锰酸盐指数 | | 五日生化需氧量 | |
|---|---|---|---|---|---|---|
| | 达标率 | 平均浓度 | 达标率 | 平均浓度 | 达标率 | 平均浓度 |
| 第 1 阶段 | 100.00% | 6.96 | 97.60% | 4.97 | 97.60% | 2.38 |
| 第 2 阶段 | 98.60% | 6.32 | 100.00% | 4.47 | 100.00% | 2.34 |
| 第 3 阶段 | 100.00% | 7.34 | 100.00% | 4.29 | 100.00% | 2.34 |
| 第 4 阶段 | 100.00% | 7.78 | 100.00% | 3.88 | 100.00% | 2.03 |
| 第 5 阶段 | 61.90% | 4.98 | 100.00% | 3.92 | 100.00% | 2.00 |

| 指标 | 氨氮 | | 总磷 | |
|---|---|---|---|---|
| | 达标率 | 平均浓度 | 达标率 | 平均浓度 |
| 第 1 阶段 | 34.50% | 1.04 | 97.60% | 0.12 |
| 第 2 阶段 | 36.10% | 1.08 | 100.00% | 0.11 |
| 第 3 阶段 | 100.00% | 0.74 | 100.00% | 0.09 |
| 第 4 阶段 | 85.70% | 0.63 | 100.00% | 0.07 |
| 第 5 阶段 | 66.70% | 0.91 | 100.00% | 0.08 |

# 5.3    联合调度策略集拟定

在太浦河闸泵、太浦河两岸支流口门现行调度规则和调度实践经验的基础上，进一步根据太湖、太浦河水源地、太浦河两岸地区的调度需求结果，分析水利工程调度方式调整的可行途径，以实现太浦河水源地水质稳定达标为目标，研究现状工况不同水情条件下不同调度方案对太浦河水源地水量水质变化的影响，拟定满足流域、区域多目标的调度策略集。

## 5.3.1　典型年

本次计算采用第 4 章中使用的太湖流域水量水质数学模型，区域水利工程及污染源已进行更新概化，并进行了模型验证。工程优化调度计算分析需选择合适的典型年。

太浦河位于太湖流域下游，是流域主要的供排水通道。在太湖流域水利分区中，太浦河两岸地区涉及的主要水利分区是杭嘉湖区和阳澄淀泖区，太浦河是这两个分区的主要分界河道，这两个分区的降水丰枯直接影响太浦河沿程水量的进出。太浦河属感潮型河道，其下游浦东浦西区的降水丰枯对太浦河的净泄水量也有较大影响。因此，在典型年的选取过程中，以全流域、阳澄淀泖区、杭嘉湖区和黄浦江区的降水频率作为主要依据，并考虑不同时段的降水频率，以及与流域相关规划、水量分配方案的衔接等多种因素。本次研究针对太浦河上游金泽水库建成后遇丰水、平水、中等干旱、枯水年份太浦河水量水质的变化情况开展计算分析，需选取 20%、50%、75%、90% 不同频率典型年。

《太湖流域水资源综合规划》确定了流域不同频率典型年，《太湖流域水量分配方案》通过对流域近几年降水频率平偏枯年型的降水时空分布与流域水资源综合规划典型年进行对比分析认为，流域水资源综合规划确定的典型年降水时空分布相对较均衡，代表性较好，不同频率典型年仍选用流域水资源综合规划确定的典型年。

本次研究考虑到与流域相关规划和水量分配方案结果的衔接，同时补充分析全流域、阳澄淀泖区、杭嘉湖区、黄浦江区 4 区的降雨频率的协调性。从 1971 年、1976 年、1990 年、1989 年这 4 个不同频率典型年不同时段的降雨频率协调性来看，全年期、高温干旱期（7—8 月）的降雨频率协调性较好，基本上呈现一致性较高的丰枯特性。因此，本次仍选取流域水资源综合规划确定的典型年进行计算分析。各典型年全流域、阳澄淀泖区、杭嘉湖区、黄浦江区不同时段降雨频率如表5.11所示。

表 5.11　各频率典型年降水时空分布情况

| 年型 | 统计时段 | 阳澄淀泖区 | 杭嘉湖区 | 黄浦江区 | 太湖流域 |
|---|---|---|---|---|---|
| 1971 年 | 全年 | 93% | 84% | 73% | 85% |
| | 5—9 月 | 80% | 21% | 31% | 61% |
| | 7—8 月 | 96% | 97% | 90% | 94% |
| 1976 年 | 全年 | 72% | 75% | 56% | 77% |
| | 5—9 月 | 68% | 97% | 99% | 74% |
| | 7—8 月 | 60% | 69% | 38% | 74% |
| 1990 年 | 全年 | 21% | 30% | 28% | 29% |
| | 5—9 月 | 36% | 52% | 48% | 48% |
| | 7—8 月 | 32% | 36% | 31% | 33% |
| 1989 年 | 全年 | 26% | 15% | 14% | 15% |
| | 5—9 月 | 35% | 21% | 32% | 23% |
| | 7—8 月 | 24% | 17% | 26% | 16% |

## 5.3.2　策略集

### 5.3.2.1　太浦闸流量分级调度策略

太浦河闸泵的调度控制着太浦河的出湖水量，直接影响太浦河水量水质。近年来引江济太转为全年调度，太浦闸基本保持常年开启。本研究考虑太浦闸的不同调度策略，以现行调度方案、实况调度为基础，考虑太湖、太浦河水源地的需求等，共设计以下 4 类方案。

（1）方案 1-X

通过对现行调度方案及相关规划对太浦闸调度规则的分析，拟定：当太湖水位低于 2.65 m 时，太浦闸关闸；太湖水位在 2.65 ~ 2.8 m 时，太浦闸下泄量为 20 $m^3/s$；太湖水位高于 2.8 m 时，太浦闸下泄量为 50 $m^3/s$。

（2）方案 2-X

根据 2002—2014 年太浦闸实际调度分析，拟定：将太湖水位分为 6 个等级，太浦闸下泄量由 0 依次增大到 70 $m^3/s$。

（3）方案 3-X

在方案 2-X 基础上，加大太浦闸下泄量，太湖水位分为 6 个等级，下泄量由 0 依次增大到 120 m³/s。

（4）方案 4-X

在方案 3-X 基础上，加大太浦闸下泄量，太湖水位分为 6 个等级，下泄量由 0 依次增大到 200 m³/s。

太浦闸具体调度方案如表 5.12 所示。

**表 5.12　太浦闸调度方案**

| 太湖水位 /m | 太浦闸下泄流量 / ( m³/s ) | | | |
|---|---|---|---|---|
| | 方案 1-X | 方案 2-X | 方案 3-X | 方案 4-X |
| < 2.65 | 0 | 0 | 0 | 0 |
| 2.65 ~ 2.8 | 20 | 20 | 30 | 50 |
| 2.8 ~ 3.0 | 50 | 30 | 50 | 80 |
| 3.0 ~ 3.1 | 50 | 50 | 80 | 100 |
| 3.1 ~ 3.3 | 50 | 60 | 100 | 150 |
| 3.3 ~ 3.5 | 50 | 70 | 120 | 200 |

注：太湖水位在《太湖流域洪水与水量调度方案》确定的防洪控制水位以下。

### 5.3.2.2　太浦河两岸口门调度策略

综合考虑太浦河两岸口门实际调度、流域相关规划的调度原则，以及两岸地区引水、排水的实际需求，重点针对水资源调度期间设计两种调度方案：一是太湖水位低于防洪控制线时，太浦河两岸口门敞开，即两岸支流与太浦河干流完全由水位差决定，能引则引、能排则排，自由流动。二是当太浦闸向下游供水时，考虑两岸地区水资源需求，即洪水期排涝、枯水期引水，以形成两岸进出水流有序流动状态，当两岸地区水位低于正常水位时（北岸陈墓、南岸嘉兴 6 月下旬至 10 月下旬水位低于 2.7 m，其余时间低于 2.6 m），两岸口门从太浦河引水（只引不排）；当两岸地区水位超过排涝水位时（北岸陈墓水位高于 3.6 m，南岸嘉兴水位高于 3.3 m），两岸口门向太浦河排水（只排不引）；其余情况两岸口门保持敞开状态（能引则引、能排则排，自由流动）。当太湖水位高于防洪控制线时，两岸地区仍按原先的防洪调度原则执行，如表 5.13 所示。

表 5.13　太浦河两岸口门调度策略

| 代表站 | | 方案 X-1 | 方案 X-2 |
|---|---|---|---|
| 陈墓 | 排水水位 | 敞开，视干支流水位差自由引排 | ≥ 3.6 m |
| | 引水水位 | | 6 月下旬至 10 月下旬 ≤ 2.7 m，其余时间 ≤ 2.6 m |
| 嘉兴 | 排水水位 | | ≥ 3.3 m |
| | 引水水位 | | 6 月下旬至 10 月下旬 ≤ 2.7 m，其余时间 ≤ 2.6 m |

#### 5.3.2.3　太浦河水源地水质分级调度策略

目前，上海市、浙江省太浦河取水口均分布在太浦河金泽段，方案设计中以金泽断面水位水质代表太浦河水源地水位水质。根据太浦河水源地对太浦河调度需求分析，金泽取水口流量、水质与太浦闸下泄量存在较好的响应关系。加大太浦闸泄量对改善太浦河水源地取水口水质有明显效果，为保障太浦河水源地取水口水质安全，太浦闸下泄流量尽量不小于 80 $m^3$/s。太浦河水源地取水口各项水质指标中 $NH_3$-N 指标是关键影响因子，指标值需满足地表水 III 类标准（即指标值需 ≤ 1.0 mg/L）。

因此，满足太浦河水源地水质要求，需要让太浦闸尽量以不小于 80 $m^3$/s 的流量下泄，同时时刻关注金泽断面 $NH_3$-N 浓度是否超过 1.0 mg/L。为提高太浦河金泽断面水质达标率，宜按金泽断面水质浓度指标并结合太湖水资源条件分级控制太浦闸供水量，逐步加大太浦闸供水流量。

本次选取 $NH_3$-N 作为金泽断面水质指标，作为加大太浦闸下泄流量的调度控制指标，控制指标值为 $NH_3$-N 浓度不超过 1 mg/L（III 类水质标准），同时考虑到 $NH_3$-N 指标对原水的敏感程度和处理的难度，增设 $NH_3$-N 浓度不超过 0.7 mg/L 作为提前加大太浦闸下泄流量的控制指标，即当金泽断面 $NH_3$-N 浓度 > 1 mg/L、1 mg/L ≥ $NH_3$-N 浓度 > 0.7 mg/L 时，太浦闸按表 5.14 要求执行分级下泄流量。

表 5.14　考虑太浦河水源地水质需求的调度策略

| 金泽断面 NH₃–N > 1 mg/L | | 金泽断面 1 mg/L ≥ NH₃–N > 0.7mg/L | |
|---|---|---|---|
| 太湖水位 /m | 太浦闸下泄流量 / ( m³/s ) | 太湖水位 /m | 太浦闸下泄流量 / ( m³/s ) |
| < 2.5 | 0 | < 2.5 | 0 |
| 2.5 ~ 2.65 | 30 | 2.5 ~ 2.65 | 20 |
| 2.65 ~ 2.8 | 80 | 2.65 ~ 2.8 | 50 |
| > 2.8 | 100 | > 2.8 | 80 |

#### 5.3.2.4　调度策略集拟定

综合太浦闸流量分级、两岸口门及太浦河水源地水质分级要求，本次共设计 20 个调度方案，包含两大类：常规太浦闸流量分级调度（方案 1–X、方案 2–X、方案 3–X、方案 4–X 系列）、太浦河水源地水质分级调度（方案 5–X、方案 6–X、方案 7–X、方案 8–X、方案 B5–X、方案 B6–X 系列），具体如表 5.15 和表 5.16 所示。

太浦闸流量分级调度是根据太湖不同水位（防洪控制线以下），设定太浦闸不同下泄流量，并根据太浦河两岸口门敞开、有序流动两种不同状态，共计 8 个调度方案。太湖水位高于防洪控制线时，太浦闸及太浦河两岸口门均按照《太湖流域洪水与水量调度方案》要求执行防洪调度。

太浦河水源地水质分级调度是在太浦闸流量分级调度基础上，将金泽断面 NH₃–N 浓度作为前置判断条件，共设计 12 个调度方案。当 NH₃–N 浓度超过 1 mg/L 时，在常规太浦闸分级调度基础上适当加大太浦闸流量，NH₃–N 浓度小于 1 mg/L 时，仍按常规太浦闸分级调度规定的下泄流量进行调度，共 8 个调度方案（方案 5–X、方案 6–X、方案 7–X、方案 8–X 系列）；考虑到 NH₃–N 指标对原水的敏感程度和处理的难度，增设 NH₃–N 浓度不超过 0.7 mg/L 作为提前加大太浦闸下泄流量的控制指标，共 4 个调度方案（方案 B5–X、方案 B6–X 系列）。

**表 5.15　太浦闸流量分级调度策略集**

| 序号 | 方案编号 | 调度方案 | | |
|---|---|---|---|---|
| | | 太浦闸 | | 两岸口门 |
| | | 太湖水位 /m | 太浦闸流量 / ($m^3$/s) | |
| 1 | 1–1 | | | 敞开、自由流动 |
| 2 | 1–2 | < 2.65<br>2.65 ~ 2.8<br>> 2.8 | 0<br>20<br>50 | 排水：陈墓水位 > 3.6 m，嘉兴水位 > 3.3 m；引水：陈墓、嘉兴水位 < 2.6 m（6 月下旬至 10 月下旬水位 < 2.7 m）其他情况：敞开、自由流动 |
| 3 | 2–1 | < 2.65 | 0 | 敞开、自由流动 |
| 4 | 2–2 | 2.65 ~ 2.8<br>2.8 ~ 3.0<br>3.0 ~ 3.1<br>3.1 ~ 3.3<br>3.3 ~ 3.5 | 20<br>30<br>50<br>60<br>70 | 排水：陈墓水位 > 3.6 m，嘉兴水位 > 3.3 m；引水：陈墓、嘉兴水位 < 2.6 m（6 月下旬至 10 月下旬水位 < 2.7 m）其他情况：敞开、自由流动 |
| 5 | 3–1 | < 2.65 | 0 | 敞开、自由流动 |
| 6 | 3–2 | 2.65 ~ 2.8<br>2.8 ~ 3.0<br>3.0 ~ 3.1<br>3.1 ~ 3.3<br>3.3 ~ 3.5 | 30<br>50<br>80<br>100<br>120 | 排水：陈墓水位 > 3.6 m，嘉兴水位 > 3.3 m；引水：陈墓、嘉兴水位 < 2.6 m（6 月下旬至 10 月下旬水位 < 2.7 m）其他情况：敞开、自由流动 |
| 7 | 4–1 | < 2.65 | 0 | 敞开、自由流动 |
| 8 | 4–2 | 2.65 ~ 2.8<br>2.8 ~ 3.0<br>3.0 ~ 3.1<br>3.1 ~ 3.3<br>3.3 ~ 3.5 | 50<br>80<br>100<br>150<br>200 | 排水：陈墓水位 > 3.6 m，嘉兴水位 > 3.3 m；引水：陈墓、嘉兴水位 < 2.6 m（6 月下旬至 10 月下旬水位 < 2.7 m）其他情况：敞开、自由流动 |

**表 5.16　太浦河水源地水质分级调度策略集**

| 序号 | 方案编号 | 调度方案 | | | | | | 两岸口门 |
|---|---|---|---|---|---|---|---|---|
| | | 太浦河闸 | | | | | | |
| | | NH₃-N 浓度 > 1 mg/L | | 0.7 mg/L < NH₃–N 浓度 < 1 mg/L | | NH₃–N 浓度 < 1 mg/L | | |
| | | 太湖水位 /m | 太浦闸流量 / ($m^3$/s) | 太湖水位 /m | 太浦闸流量 / ($m^3$/s) | 太湖水位 / m | 太浦闸流量 / ($m^3$/s) | |
| 1 | 5–1 | | | | | | | 敞开、自由流动 |
| 2 | 5–2 | < 2.5<br>2.5 ~ 2.65<br>2.65 ~ 2.8<br>> 2.8 | 0<br>30<br>80<br>100 | — | — | < 2.65<br>2.65 ~ 2.8<br>> 2.8 | 0<br>20<br>50 | 排水：陈墓水位 > 3.6 m，嘉兴水位 > 3.3 m；引水：陈墓、嘉兴水位 < 2.6 m（6 月下旬至 10 月下旬水位 < 2.7 m）其他情况：敞开、自由流动 |

| 序号 | 方案编号 | 调度方案 | | | | | | |
|---|---|---|---|---|---|---|---|---|
| | | 太浦河闸 | | | | | | 两岸口门 |
| | | NH₃-N 浓度 > 1 mg/L | | 0.7 mg/L < NH₃-N 浓度 < 1 mg/L | | NH₃-N 浓度 < 1 mg/L | | |
| | | 太湖水位/m | 太浦闸流量/(m³/s) | 太湖水位/m | 太浦闸流量/(m³/s) | 太湖水位/m | 太浦闸流量/(m³/s) | |
| 3 | 6-1 | | | | | | | 敞开、自由流动 |
| 4 | 6-2 | < 2.5<br>2.5 ~ 2.65<br>2.65 ~ 2.8<br>> 2.8 | 0<br>30<br>80<br>100 | | | < 2.65<br>2.65 ~ 2.8<br>2.8 ~ 3.0<br>3.0 ~ 3.1<br>3.1 ~ 3.3<br>3.3 ~ 3.5 | 0<br>20<br>30<br>50<br>60<br>70 | 排水：陈墓水位>3.6 m，嘉兴水位>3.3 m；引水：陈墓、嘉兴水位<2.6 m（6月下旬至10月下旬水位<2.7 m）其他情况：敞开、自由流动 |
| 5 | 7-1 | | | | | | | 敞开、自由流动 |
| 6 | 7-2 | < 2.5<br>2.5 ~ 2.65<br>2.65 ~ 2.8<br>2.8 ~ 3.0<br>> 3.0 | 0<br>30<br>80<br>100<br>120 | — | — | < 2.65<br>2.65 ~ 2.8<br>2.8 ~ 3.0<br>3.0 ~ 3.1<br>3.1 ~ 3.3<br>3.3 ~ 3.5 | 0<br>30<br>50<br>80<br>100<br>120 | 排水：陈墓水位>3.6 m，嘉兴水位>3.3 m；引水：陈墓、嘉兴水位<2.6 m（6月下旬至10月下旬水位<2.7 m）其他情况：敞开、自由流动 |
| 7 | 8-1 | | | | | | | 敞开、自由流动 |
| 8 | 8-2 | < 2.5<br>2.5 ~ 2.65<br>2.65 ~ 2.8<br>2.8 ~ 3.0<br>3.0 ~ 3.2<br>> 3.2 | 0<br>30<br>80<br>100<br>150<br>200 | | | < 2.65<br>2.65 ~ 2.8<br>2.8 ~ 3.0<br>3.0 ~ 3.1<br>3.1 ~ 3.3<br>3.3 ~ 3.5 | 0<br>50<br>80<br>100<br>150<br>200 | 排水：陈墓水位>3.6 m，嘉兴水位>3.3 m；引水：陈墓、嘉兴水位<2.6 m（6月下旬至10月下旬水位<2.7 m）其他情况：敞开、自由流动 |
| 9 | B5-1 | | | | | | | 敞开、自由流动 |
| 10 | B5-2 | < 2.5<br>2.5~2.65<br>2.65~2.8<br>> 2.8 | 0<br>30<br>80<br>100 | < 2.5<br>2.5~2.65<br>2.65~2.8<br>> 2.8 | 0<br>20<br>50<br>80 | < 2.65<br>2.65~2.8<br>> 2.8 | 0<br>20<br>50 | 排水：陈墓水位>3.6 m，嘉兴水位>3.3 m；引水：陈墓、嘉兴水位<2.6 m（6月下旬至10月下旬水位<2.7 m）其他情况：敞开、自由流动 |

太浦河水源地取水安全水利工程联合调控优化研究

| 序号 | 方案编号 | 调度方案 | | | | | | |
|---|---|---|---|---|---|---|---|---|
| | | 太浦河闸 | | | | | | 两岸口门 |
| | | NH₃–N 浓度 > 1 mg/L | | 0.7 mg/L < NH₃–N 浓度 < 1 mg/L | | NH₃–N 浓度 < 1 mg/L | | |
| | | 太湖水位 / m | 太浦闸流量 / ( m³/s ) | 太湖水位 /m | 太浦闸流量 / ( m³/s ) | 太湖水位 / m | 太浦闸流量 / ( m³/s ) | |
| 11 | B6–1 | | | | | | | 敞开、自由流动 |
| 12 | B6–2 | < 2.5<br>2.5~2.65<br>2.65~2.8<br>> 2.8 | 0<br>30<br>80<br>100 | < 2.5<br>2.5~2.65<br>2.65~2.8<br>> 2.8 | 0<br>20<br>50<br>80 | < 2.65<br>2.65~2.8<br>2.8~3.0<br>3.0~3.1<br>3.1~3.3<br>3.3~3.5 | 0<br>20<br>30<br>50<br>60<br>70 | 排水:陈墓水位 > 3.6 m,嘉兴水位 > 3.3 m;引水:陈墓、嘉兴水位 < 2.6 m(6 月下旬至 10 月下旬水位 < 2.7 m)其他情况:敞开、自由流动 |

# 5.4 联合调度水量水质模拟分析

## 5.4.1 太浦闸流量分级调度策略

为分析太浦闸流量分级调度策略对太湖地区代表站水位、太浦河两岸口门引排水量、金泽断面水质的影响,选择太浦闸常规调度(即按照流域洪水与水量调度方案)、现行调度(实测的分级下泄流量)、分级加大下泄流量进行调度等多种方案进行对比。由于两岸口门控制运用方式对太浦闸下泄流量几乎无影响,故太浦闸调度策略分析考虑两岸口门未控制运用的现状情况,即选取 X–1 系列方案进行分析。具体分析方案为方案 1–1、方案 2–1、方案 3–1、方案 4–1。

(1)太湖及地区代表站水位

各方案太湖及地区代表站特征水位结果如表 5.17 所示。

从各典型年太湖及地区代表站水位来看,太湖及地区代表站水位随太浦闸下泄流量的变化而变化。方案 2–1 较方案 1–1 太湖日均水位最小值略有升高;陈墓及嘉兴水位特征值略有降低;金泽水位特征值略有降低。方案 3–1 及方案 4–1 分级逐渐加大太浦闸流量,随着太浦闸流量逐渐加大,太湖水位特征值逐渐降低,陈墓、嘉兴水位逐渐升高,金泽水位逐渐升高。

总的来说,不同来水频率典型年随着太浦闸下泄流量增大,太湖水位随之均有降低的趋势,太浦河两岸地区代表站及太浦河金泽水位略有升高。

## 表 5.17 各方案太湖及地区代表站特征水位结果

单位：m

| 车型 | 方案 | 1971 年 | | | 1976 年 | | | 1990 年 | | | 1989 年 | | |
|------|------|---------|---------|---------|---------|---------|---------|---------|---------|---------|---------|---------|---------|
| 代表站 | | 平均水位 | 最小值 | 最大值 | 平均水位 | 最小值 | 最大值 | 平均水位 | 最小值 | 最大值 | 平均水位 | 最小值 | 最大值 |
| 太湖 | 1-1 | 2.94 | 2.64 | 3.44 | 3.05 | 2.78 | 3.32 | 3.20 | 2.99 | 3.82 | 3.28 | 3.00 | 3.91 |
| | 2-1 | 2.96 | 2.65 | 3.44 | 3.05 | 2.79 | 3.32 | 3.22 | 3.00 | 3.84 | 3.29 | 3.00 | 3.90 |
| | 3-1 | 2.94 | 2.63 | 3.43 | 3.03 | 2.78 | 3.30 | 3.19 | 2.97 | 3.80 | 3.28 | 2.98 | 3.91 |
| | 4-1 | 2.92 | 2.61 | 3.41 | 3.01 | 2.76 | 3.28 | 3.17 | 2.94 | 3.78 | 3.26 | 2.97 | 3.90 |
| 陈墓 | 1-1 | 2.68 | 2.37 | 3.24 | 2.77 | 2.40 | 3.25 | 2.89 | 2.58 | 3.67 | 2.90 | 2.53 | 3.64 |
| | 2-1 | 2.67 | 2.36 | 3.24 | 2.76 | 2.39 | 3.25 | 2.89 | 2.58 | 3.67 | 2.89 | 2.53 | 3.64 |
| | 3-1 | 2.68 | 2.37 | 3.24 | 2.77 | 2.40 | 3.26 | 2.90 | 2.59 | 3.67 | 2.90 | 2.54 | 3.65 |
| | 4-1 | 2.68 | 2.38 | 3.25 | 2.78 | 2.42 | 3.27 | 2.90 | 2.59 | 3.68 | 2.91 | 2.55 | 3.65 |
| 嘉兴 | 1-1 | 2.65 | 2.03 | 3.67 | 2.77 | 2.27 | 3.36 | 2.90 | 2.42 | 3.80 | 2.94 | 2.58 | 3.98 |
| | 2-1 | 2.65 | 2.04 | 3.67 | 2.76 | 2.27 | 3.35 | 2.89 | 2.43 | 3.81 | 2.93 | 2.58 | 3.98 |
| | 3-1 | 2.65 | 2.03 | 3.68 | 2.77 | 2.28 | 3.36 | 2.90 | 2.43 | 3.80 | 2.94 | 2.59 | 3.98 |
| | 4-1 | 2.66 | 2.03 | 3.68 | 2.77 | 2.28 | 3.37 | 2.91 | 2.42 | 3.80 | 2.94 | 2.60 | 3.98 |
| 金泽 | 1-1 | 2.61 | 2.28 | 3.27 | 2.71 | 2.30 | 3.25 | 2.85 | 2.48 | 3.52 | 2.87 | 2.45 | 3.69 |
| | 2-1 | 2.61 | 2.27 | 3.28 | 2.70 | 2.28 | 3.24 | 2.84 | 2.49 | 3.52 | 2.87 | 2.45 | 3.69 |
| | 3-1 | 2.62 | 2.28 | 3.28 | 2.71 | 2.29 | 3.25 | 2.86 | 2.50 | 3.53 | 2.88 | 2.47 | 3.69 |
| | 4-1 | 2.62 | 2.30 | 3.28 | 2.73 | 2.32 | 3.28 | 2.87 | 2.51 | 3.53 | 2.89 | 2.48 | 3.69 |

（2）太浦闸下泄量

各典型年各方案太浦闸月均净泄流量对比如图 5.2 至图 5.5 所示。

从各典型年太浦闸月均净泄流量来看，方案 2-1 较方案 1-1 太浦闸下泄流量有所降低；方案 3-1 及方案 4-1 逐级加大太浦闸下泄流量后，太浦闸月均净泄流量逐渐增大。

根据计算结果，90% 频率典型年 1971 年方案 1-1、方案 2-1、方案 3-1、方案 4-1 太浦闸的平均下泄流量分别为 54 m³/s、44 m³/s、62 m³/s、84 m³/s，从月均净泄流量过程来看，1—8 月、12 月降低，10—11 月升高；75% 频率典型年 1976 年方案 1-1、方案 2-1、方案 3-1、方案 4-1 太浦闸的平均下泄流量分别为 58 m³/s、48 m³/s、74 m³/s、101 m³/s，从月均净泄流量过程来看，1—6 月、12 月降低，7—11 月升高；50% 频率典型年 1990 年方案 1-1、方案 2-1、方案 3-1、方案 4-1 太浦闸的平均下泄流量分别为 88 m³/s、75 m³/s、101 m³/s、131 m³/s，从月均净泄流量过程来看，3—6 月、8 月降低，其余月份升高；20% 频率典型年 1989 年方案 1-1、方案 2-1、方案 3-1、方案 4-1 太浦闸的平均下泄流量分别为 108 m³/s、94 m³/s、118 m³/s、147 m³/s，从月均净泄流量过程来看，3—6 月降低，其余月份升高。

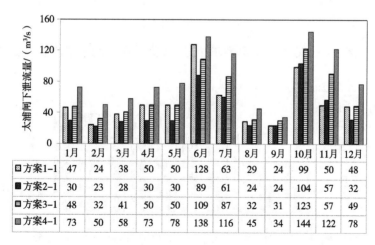

| | 1月 | 2月 | 3月 | 4月 | 5月 | 6月 | 7月 | 8月 | 9月 | 10月 | 11月 | 12月 |
|---|---|---|---|---|---|---|---|---|---|---|---|---|
| 方案1-1 | 47 | 24 | 38 | 50 | 50 | 128 | 63 | 29 | 24 | 99 | 50 | 48 |
| 方案2-1 | 30 | 23 | 28 | 30 | 30 | 89 | 61 | 24 | 24 | 104 | 57 | 32 |
| 方案3-1 | 48 | 32 | 41 | 50 | 50 | 109 | 87 | 32 | 31 | 123 | 57 | 49 |
| 方案4-1 | 73 | 50 | 58 | 73 | 78 | 138 | 116 | 45 | 34 | 144 | 122 | 78 |

图 5.2　90% 频率典型年 1971 年太浦闸月均净泄流量对比

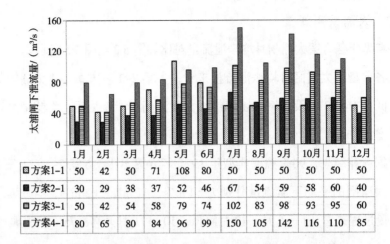

| | 1月 | 2月 | 3月 | 4月 | 5月 | 6月 | 7月 | 8月 | 9月 | 10月 | 11月 | 12月 |
|---|---|---|---|---|---|---|---|---|---|---|---|---|
| 方案1-1 | 50 | 42 | 50 | 71 | 108 | 80 | 50 | 50 | 50 | 50 | 50 | 50 |
| 方案2-1 | 30 | 29 | 38 | 37 | 52 | 46 | 67 | 54 | 59 | 58 | 60 | 40 |
| 方案3-1 | 50 | 42 | 54 | 58 | 79 | 74 | 102 | 83 | 98 | 93 | 95 | 60 |
| 方案4-1 | 80 | 65 | 80 | 84 | 96 | 99 | 150 | 105 | 142 | 116 | 110 | 85 |

**图 5.3  75% 频率典型年 1976 年太浦闸月均净泄流量对比**

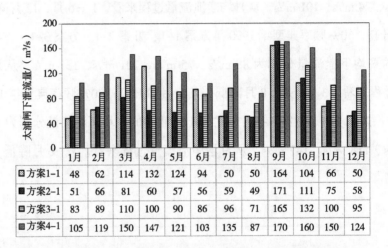

| | 1月 | 2月 | 3月 | 4月 | 5月 | 6月 | 7月 | 8月 | 9月 | 10月 | 11月 | 12月 |
|---|---|---|---|---|---|---|---|---|---|---|---|---|
| 方案1-1 | 48 | 62 | 114 | 132 | 124 | 94 | 50 | 50 | 164 | 104 | 66 | 50 |
| 方案2-1 | 51 | 66 | 81 | 60 | 57 | 56 | 59 | 49 | 171 | 111 | 75 | 58 |
| 方案3-1 | 83 | 89 | 110 | 100 | 90 | 86 | 96 | 71 | 165 | 132 | 100 | 95 |
| 方案4-1 | 105 | 119 | 150 | 147 | 121 | 103 | 135 | 87 | 170 | 160 | 150 | 124 |

**图 5.4  50% 频率典型年 1990 年太浦闸月均净泄流量对比**

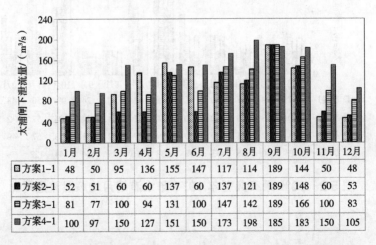

| | 1月 | 2月 | 3月 | 4月 | 5月 | 6月 | 7月 | 8月 | 9月 | 10月 | 11月 | 12月 |
|---|---|---|---|---|---|---|---|---|---|---|---|---|
| 方案1-1 | 48 | 50 | 95 | 136 | 155 | 147 | 117 | 114 | 189 | 144 | 50 | 48 |
| 方案2-1 | 52 | 51 | 60 | 60 | 137 | 60 | 137 | 121 | 189 | 148 | 60 | 53 |
| 方案3-1 | 81 | 77 | 100 | 94 | 131 | 100 | 147 | 142 | 189 | 166 | 100 | 83 |
| 方案4-1 | 100 | 97 | 150 | 127 | 151 | 150 | 173 | 198 | 185 | 183 | 150 | 105 |

**图 5.5  20% 频率典型年 1989 年太浦闸月均净泄流量对比**

（3）太浦河两岸进出水量

各典型年各方案太浦河两岸进出水量计算结果如表5.18所示。

根据计算结果，太浦河两岸入河水量与太浦闸的下泄流量呈负相关关系，太浦闸下泄流量越大，两岸入太浦河水量越小。方案2–1太浦闸下泄流量最小，两岸入太浦河水量较方案1–1增多；随着太浦闸下泄流量的加大，方案3–1及方案4–1两岸入太浦河水量逐步减少。

表5.18　各典型年各方案太浦河两岸进出水量计算结果　　单位：亿 m³

| 年型 | 方案 | 北岸 | | | | 南岸 | | | |
| | | 入太浦河 | | 出太浦河 | | 入太浦河 | | 出太浦河 | |
| | | 小计 | 重点口门 | 小计 | 重点口门 | 小计 | 重点口门 | 小计 | 重点口门 |
| 1971年 | 1–1 | 21.79 | 2.05 | 9.56 | 1.22 | 21.00 | 2.88 | 18.34 | 0.95 |
| | 2–1 | 22.17 | 2.09 | 9.55 | 1.25 | 21.81 | 2.84 | 18.11 | 0.98 |
| | 3–1 | 21.55 | 2.04 | 8.59 | 1.21 | 20.50 | 2.89 | 18.58 | 0.93 |
| | 4–1 | 20.74 | 2.00 | 9.55 | 1.16 | 18.73 | 2.97 | 19.08 | 0.86 |
| 1976年 | 1–1 | 21.34 | 2.05 | 9.84 | 1.21 | 22.22 | 2.51 | 17.59 | 0.96 |
| | 2–1 | 21.72 | 2.11 | 9.65 | 1.26 | 22.95 | 2.52 | 17.38 | 1.04 |
| | 3–1 | 20.78 | 2.03 | 9.89 | 1.18 | 21.00 | 2.60 | 18.13 | 0.94 |
| | 4–1 | 18.15 | 1.99 | 10.05 | 1.14 | 18.90 | 2.69 | 18.85 | 0.86 |
| 1990年 | 1–1 | 20.06 | 2.20 | 9.29 | 1.33 | 23.26 | 2.87 | 18.77 | 1.59 |
| | 2–1 | 21.62 | 2.24 | 9.61 | 1.35 | 23.58 | 2.77 | 17.43 | 1.61 |
| | 3–1 | 19.49 | 2.17 | 9.41 | 1.28 | 22.57 | 2.86 | 19.06 | 1.56 |
| | 4–1 | 18.34 | 2.13 | 9.49 | 1.22 | 20.36 | 2.96 | 19.83 | 1.48 |
| 1989年 | 1–1 | 17.58 | 2.01 | 8.45 | 1.06 | 26.33 | 2.74 | 16.95 | 2.28 |
| | 2–1 | 18.10 | 2.06 | 8.41 | 1.10 | 27.46 | 2.70 | 16.70 | 2.32 |
| | 3–1 | 17.30 | 2.03 | 8.64 | 1.07 | 25.65 | 2.75 | 17.42 | 2.19 |
| | 4–1 | 16.27 | 1.99 | 9.00 | 1.02 | 23.35 | 2.82 | 18.16 | 2.04 |

注：北岸重点口门指北窑港和元荡闸，南岸重点口门指陶庄枢纽、大舜枢纽和丁栅枢纽。

（4）金泽断面水质

各典型年各方案金泽断面 $NH_3-N$ 浓度对比结果如表 5.19 所示。各方案金泽断面 $NH_3-N$ 浓度过程线对比如图 5.6 和图 5.7 所示。

各典型年金泽断面的水质随着太浦闸下泄流量的逐渐增大呈现趋好趋势，从水质变化过程来看，在冬春季加大流量对水质改善的效果较明显，其他时间段加大流量对水质改善的效果不明显。各典型年的具体变化情况如下。

90% 频率典型年 1971 年和 75% 频率典型年 1976 年，方案 1-1 金泽断面全年 $NH_3-N$ 平均浓度分别为 0.666 mg/L 和 0.600 mg/L，$NH_3-N$ 日均浓度超 Ⅲ 类天数分别为 82 天和 47 天；方案 2-1 太浦闸下泄流量较方案 1-1 偏低，南北两岸入太浦河水量增多，金泽断面 $NH_3-N$ 平均浓度较方案 1-1 分别增加 2.3% 和 3.7%，超标天数增加 13 天和 8 天。方案 3-1 及方案 4-1 太浦闸下泄流量逐渐加大后，金泽断面全年 $NH_3-N$ 平均浓度及超标天数较方案 2-1 均有所减少。

从金泽断面 $NH_3-N$ 浓度过程线来看，各方案间差异集中反映在 2—4 月及 11—12 月金泽断面 $NH_3-N$ 浓度较高的时段。对比太浦闸不同控制运用方式，该时段内方案 2-1 $NH_3-N$ 浓度最高，主要原因是太浦闸下泄流量较小，平均值约为 27 $m^3/s$；方案 3-1 在方案 2-1 的基础上适当加大了太浦闸的下泄流量，在水质较差的 2—4 月太浦闸平均下泄流量增加至 40 $m^3/s$ 左右，该时段内金泽断面水质有一定程度的改善，而在水质较好的 7—10 月水质改善不明显；方案 4-1 在方案 3-1 的基础上进一步加大了太浦闸下泄流量，全年流量均有较大幅增加，水质较差的 2—4 月太浦闸下泄流量增加到 60 $m^3/s$ 左右，金泽断面水质得到明显改善，7—10 月水质较好，太浦闸下泄流量增加对金泽断面水质过程影响不大。

50% 频率典型年 1990 年和 20% 频率典型年 1989 年，方案 1-1 金泽断面全年 $NH_3-N$ 平均浓度分别为 0.462 mg/L 和 0.480 mg/L；方案 2-1 太浦闸下泄流量较 1-1 偏少，南北两岸入太浦河水量增多，金泽断面 $NH_3-N$ 平均浓度较方案 1-1 分别增加 2.6% 和 1.25%。方案 3-1 及方案 4-1 太浦闸下泄流量逐渐加大后，金泽断面水质进一步改善作用明显，方案 3-1 及方案 4-1 全年 $NH_3-N$ 平均浓度较方案 2-1 进一步降低。

表 5.19  各典型年各方案金泽断面 NH₃-N 浓度对比结果  单位：mg/L

| 年型 | 方案 | 全年 | | | 2—4月 | | |
|---|---|---|---|---|---|---|---|
| | | 最大值 | 平均值 | 超 III 类天数 / 天 | 最大值 | 平均值 | 超 III 类天数 / 天 |
| 1971 年 | 1-1 | 1.396 | 0.666 | 82 | 1.396 | 1.089 | 68 |
| | 2-1 | 1.388 | 0.681 | 95 | 1.388 | 1.113 | 69 |
| | 3-1 | 1.336 | 0.657 | 81 | 1.336 | 1.069 | 67 |
| | 4-1 | 1.259 | 0.631 | 72 | 1.259 | 1.026 | 64 |
| 1976 年 | 1-1 | 1.246 | 0.600 | 47 | 1.246 | 0.958 | 42 |
| | 2-1 | 1.277 | 0.622 | 55 | 1.277 | 0.992 | 49 |
| | 3-1 | 1.246 | 0.602 | 47 | 1.246 | 0.956 | 42 |
| | 4-1 | 1.174 | 0.576 | 29 | 1.174 | 0.889 | 29 |
| 1990 年 | 1-1 | 0.793 | 0.462 | 0 | 0.793 | 0.591 | 0 |
| | 2-1 | 0.775 | 0.474 | 0 | 0.775 | 0.633 | 0 |
| | 3-1 | 0.695 | 0.445 | 0 | 0.686 | 0.570 | 0 |
| | 4-1 | 0.696 | 0.422 | 0 | 0.634 | 0.52 | 0 |
| 1989 年 | 1-1 | 0.858 | 0.480 | 0 | 0.858 | 0.663 | 0 |
| | 2-1 | 0.857 | 0.486 | 0 | 0.857 | 0.714 | 0 |
| | 3-1 | 0.801 | 0.462 | 0 | 0.801 | 0.644 | 0 |
| | 4-1 | 0.747 | 0.443 | 0 | 0.747 | 0.588 | 0 |

从金泽断面 NH₃-N 浓度过程线来看，各方案间差异集中反映在浓度相对较高的 1—4 月及 11—12 月。对比太浦闸不同控制运用方式，该时段内方案 2-1 较其他方案 NH₃-N 浓度相对较高，太浦闸下泄流量为 60 m³/s 左右；方案 3-1 在方案 2-1 的基础上适当加大了太浦闸的下泄流量，平均下泄流量增加至 95 m³/s 左右，金泽断面水质有一定程度的改善，而在水质相对较好的 7—10 月太浦闸下泄流量的增加对水质改善作用不明显；方案 4-1 在方案 3-1 的基础上进一步加大了太浦闸下泄流量，平均下泄流量增加至 130 m³/s 左右，金泽断面水质进一步改善，而在 7—10 月水质相对较好，太浦闸下泄流量增加对金泽断面水质过程影响不大。

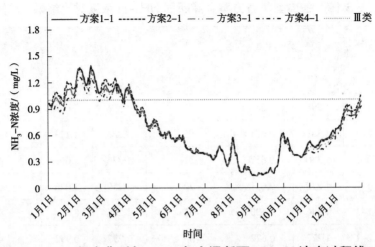

**图 5.6　90% 频率典型年 1971 年金泽断面 NH₃-N 浓度过程线对比**

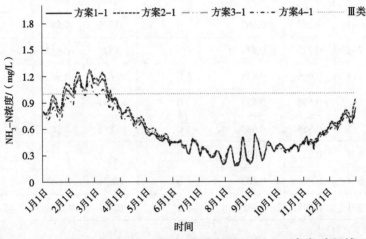

**图 5.7　75% 频率典型年 1976 年金泽断面 NH₃-N 浓度过程线对比**

　　总的来说，随着太浦闸下泄流量的增大及两岸入河水量的减少，金泽断面水质趋好。遇 90%、75% 频率典型年，太浦闸流量分级逐渐加大对金泽断面水质具有明显的改善作用，金泽断面 NH₃-N 平均浓度明显降低，NH₃-N 浓度超 Ⅲ 类天数明显减少。遇 50%、20% 频率典型年，金泽断面 NH₃-N 日均浓度无超 Ⅲ 类情况出现，太浦闸分级加大流量可有效降低 NH₃-N 平均浓度值。

## 5.4.2　太浦河两岸口门调度策略

　　为分析两岸口门调度策略对太湖地区代表站水位、太浦河两岸口门引排水量、金泽断面水质的影响，选择太浦河两岸口门在水资源调度期间敞开调度与两岸地口门依据地区引排需求调度进行对比，具体分析方案为4-1、方案4-2、方案B6-1、方案B6-2。

（1）太湖及地区代表站水位

不同频率来水条件下，各方案太湖及地区代表站特征水位结果如表5.20所示，总体来看，两岸口门调度对太湖特征水位基本无影响，按照两岸地区水资源需求调度时，地区代表站水位变幅保持在4 cm以内。

对比方案4-1、方案4-2，不同频率来水条件下，太湖、陈墓、嘉兴、金泽代表站水位过程趋势一致，变幅较小。从平均水位来看，除90%频率典型年1971年方案4-2陈墓水位略增加1 cm外，其他年型代表站平均水位均保持不变。从最小值来看，各方案太湖最低水位相同，陈墓水位除90%频率典型年1971年、75%频率典型年1976年，方案4-2较方案4-1分别略有提升2 cm和3 cm外，其他两个年型最低水位则没有变化；嘉兴水位除75%频率典型年1976年、20%频率典型年1989年，方案4-2较方案4-1略有降低1 cm外，其他两个年型最低水位则没有变化；金泽水位除50%频率典型年1990年最低水位没有变化外，遇90%、75%、20%频率来水条件下，方案4-2较方案4-1分别略有降低2 cm、3 cm、2 cm。从最大值来看，除遇20%频率典型年1989年嘉兴水位方案4-2较方案4-1略有降低1 cm外，其他方案代表站最高水位均没有变化。

**表 5.20 各方案大湖及地区代表站特征水位结果**

单位：m

| 代表站 | 年型<br>方案 | 1971 年 | | | 1976 年 | | | 1990 年 | | | 1989 年 | | |
|---|---|---|---|---|---|---|---|---|---|---|---|---|---|
| | | 平均水位 | 最小值 | 最大值 | 平均水位 | 最小值 | 最大值 | 平均水位 | 最小值 | 最大值 | 平均水位 | 最小值 | 最大值 |
| 大湖 | 4-1 | 2.92 | 2.61 | 3.41 | 3.01 | 2.76 | 3.28 | 3.17 | 2.94 | 3.78 | 3.26 | 2.97 | 3.90 |
| | 4-2 | 2.92 | 2.61 | 3.41 | 3.01 | 2.76 | 3.28 | 3.17 | 2.94 | 3.78 | 3.26 | 2.97 | 3.90 |
| | B6-1 | 2.94 | 2.65 | 3.44 | 3.04 | 2.75 | 3.32 | 3.21 | 3.00 | 3.84 | 3.29 | 2.99 | 3.91 |
| | B6-2 | 2.94 | 2.65 | 3.45 | 3.04 | 2.76 | 3.32 | 3.21 | 3.00 | 3.84 | 3.29 | 2.99 | 3.91 |
| 陈墓 | 4-1 | 2.68 | 2.38 | 3.25 | 2.78 | 2.42 | 3.27 | 2.90 | 2.59 | 3.68 | 2.91 | 2.55 | 3.65 |
| | 4-2 | 2.69 | 2.40 | 3.25 | 2.78 | 2.45 | 3.27 | 2.90 | 2.59 | 3.68 | 2.91 | 2.55 | 3.65 |
| | B6-1 | 2.68 | 2.38 | 3.24 | 2.77 | 2.41 | 3.26 | 2.89 | 2.58 | 3.67 | 2.89 | 2.54 | 3.64 |
| | B6-2 | 2.69 | 2.41 | 3.24 | 2.77 | 2.45 | 3.25 | 2.89 | 2.58 | 3.67 | 2.90 | 2.55 | 3.64 |
| 嘉兴 | 4-1 | 2.66 | 2.03 | 3.68 | 2.77 | 2.28 | 3.37 | 2.91 | 2.42 | 3.80 | 2.94 | 2.60 | 3.98 |
| | 4-2 | 2.66 | 2.03 | 3.68 | 2.77 | 2.27 | 3.37 | 2.91 | 2.42 | 3.80 | 2.94 | 2.59 | 3.97 |
| | B6-1 | 2.65 | 2.03 | 3.67 | 2.77 | 2.27 | 3.35 | 2.89 | 2.43 | 3.81 | 2.93 | 2.59 | 3.98 |
| | B6-2 | 2.65 | 2.04 | 3.67 | 2.77 | 2.27 | 3.35 | 2.89 | 2.43 | 3.81 | 2.93 | 2.58 | 3.98 |
| 金泽 | 4-1 | 2.62 | 2.30 | 3.28 | 2.73 | 2.32 | 3.28 | 2.87 | 2.51 | 3.53 | 2.89 | 2.48 | 3.69 |
| | 4-2 | 2.62 | 2.28 | 3.28 | 2.73 | 2.29 | 3.28 | 2.87 | 2.51 | 3.54 | 2.89 | 2.46 | 3.69 |
| | B6-1 | 2.62 | 2.30 | 3.28 | 2.72 | 2.32 | 3.25 | 2.84 | 2.49 | 3.52 | 2.87 | 2.47 | 3.69 |
| | B6-2 | 2.61 | 2.29 | 3.28 | 2.71 | 2.29 | 3.25 | 2.84 | 2.49 | 3.52 | 2.87 | 2.44 | 3.69 |

对比方案 B6-1、方案 B6-2，不同频率来水条件下，太湖、陈墓、嘉兴、金泽代表站水位过程趋势一致，变幅较小。从平均水位来看，不同典型年的太湖、嘉兴水位方案 B6-1 和方案 B6-2 均保持不变，陈墓水位遇 90%、20% 频率来水条件下，方案 B6-2 较方案 B6-1 均提升 1 cm，嘉兴水位遇 90%、75% 频率来水条件下，方案 B6-2 较方案 B6-1 均降低 1 cm，其他年型两个方案的平均水位则保持不变；从最小值来看，各方案太湖最低水位相同，陈墓水位遇 90%、75%、20% 频率来水条件下，方案 B6-2 较方案 B6-1 分别提升 3 cm、4 cm 和 1 cm，嘉兴水位遇 90%、20% 频率来水条件下，方案 B6-2 较方案 B6-1 分别提升和降低了 1 cm，金泽水位遇 90%、75%、20% 频率来水条件下，方案 B6-2 较方案 B6-1 分别降低了 1 cm、3 cm 和 3 cm，其他年型两个方案的平均水位则保持不变；从最大值来看，除遇 75% 频率来水条件下嘉兴水位方案 B6-2 较方案 B6-1 略有降低 1 cm 外，其他方案代表站最高水位均没有变化。

（2）太浦闸下泄量

各方案太浦闸月均净泄流量对比如图 5.8 至图 5.15 所示。总的来看，除遇 90% 频率典型年 1971 年、75% 频率典型年 1976 年方案 B6-1 和方案 B6-2 系列下泄量略有不同外，其他年型方案 X-1 和方案 X-2 下泄量均没有变化。具体分析如下。

对比方案 4-1 和方案 4-2，遇 90% 频率典型年 1971 年、75% 频率典型年 1976 年、50% 频率典型年 1990 年和 20% 频率典型年 1989 年方案 4-1 和方案 4-2 太浦闸月均净泄量变化趋势一致，年均净泄量分别是 84 m³/s、101 m³/s、

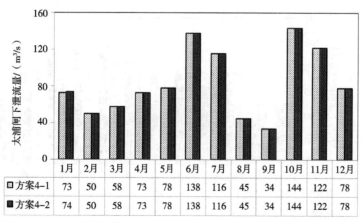

| | 1月 | 2月 | 3月 | 4月 | 5月 | 6月 | 7月 | 8月 | 9月 | 10月 | 11月 | 12月 |
|---|---|---|---|---|---|---|---|---|---|---|---|---|
| 方案4-1 | 73 | 50 | 58 | 73 | 78 | 138 | 116 | 45 | 34 | 144 | 122 | 78 |
| 方案4-2 | 74 | 50 | 58 | 73 | 78 | 138 | 116 | 45 | 34 | 144 | 122 | 78 |

**图 5.8　90% 频率典型年 1971 年太浦闸月均净泄流量对比**

131 m³/s、147 m³/s。受太湖最低水位影响，太浦闸净泄量最低值分别出现在9月、2月、8月和2月。

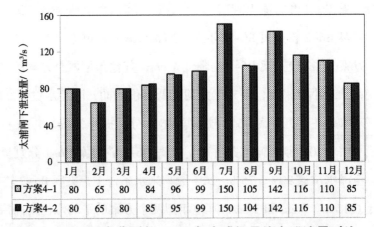

| | 1月 | 2月 | 3月 | 4月 | 5月 | 6月 | 7月 | 8月 | 9月 | 10月 | 11月 | 12月 |
|---|---|---|---|---|---|---|---|---|---|---|---|---|
| 方案4-1 | 80 | 65 | 80 | 84 | 96 | 99 | 150 | 105 | 142 | 116 | 110 | 85 |
| 方案4-2 | 80 | 65 | 80 | 85 | 95 | 99 | 150 | 104 | 142 | 116 | 110 | 85 |

图 5.9　75% 频率典型年 1976 年太浦闸月均净泄流量对比

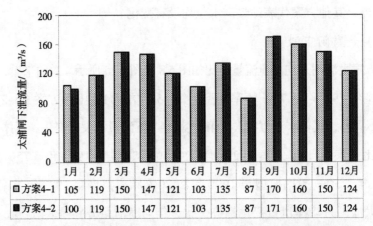

| | 1月 | 2月 | 3月 | 4月 | 5月 | 6月 | 7月 | 8月 | 9月 | 10月 | 11月 | 12月 |
|---|---|---|---|---|---|---|---|---|---|---|---|---|
| 方案4-1 | 105 | 119 | 150 | 147 | 121 | 103 | 135 | 87 | 170 | 160 | 150 | 124 |
| 方案4-2 | 100 | 119 | 150 | 147 | 121 | 103 | 135 | 87 | 171 | 160 | 150 | 124 |

图 5.10　50% 频率典型年 1990 年太浦闸月均净泄流量对比

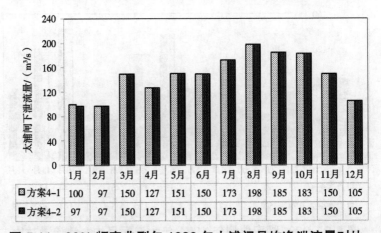

| | 1月 | 2月 | 3月 | 4月 | 5月 | 6月 | 7月 | 8月 | 9月 | 10月 | 11月 | 12月 |
|---|---|---|---|---|---|---|---|---|---|---|---|---|
| 方案4-1 | 100 | 97 | 150 | 127 | 151 | 150 | 173 | 198 | 185 | 183 | 150 | 105 |
| 方案4-2 | 97 | 97 | 150 | 127 | 151 | 150 | 173 | 198 | 185 | 183 | 150 | 105 |

图 5.11　20% 频率典型年 1989 年太浦闸月均净泄流量对比

对比方案 B6-1 和方案 B6-2，由于方案 B6-X 中太浦闸下泄量受金泽断面水质指标影响，水质越差下泄量越大，50% 频率典型年 1990 年和 20% 频率典型年 1989 年金泽水质较好（浓度值差别也不大），因此太浦闸净泄量变化趋势一致，年均净泄量分别为 76 m³/s 和 97 m³/s，而 90% 频率典型年 1971 年和 75% 频率典型年 1976 年方案 B6-1 和方案 B6-2 之间金泽水质有一定差别，方案 B6-2 水质优于方案 B6-1，因此方案 B6-2 太浦闸年均下泄量均略低于方案 B6-1。90% 频率典型年 1971 年方案 B6-1 和方案 B6-2 太浦闸年均净泄量分别是 63 m³/s 和 61 m³/s，75% 频率典型年 1976 年方案 B6-1 和方案 B6-2 太浦闸年均净泄量分别是 63 m³/s 和 61 m³/s。

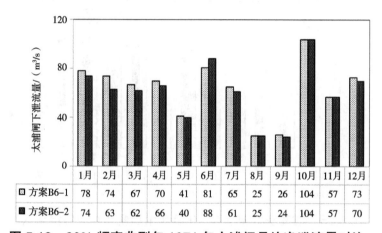

| | 1月 | 2月 | 3月 | 4月 | 5月 | 6月 | 7月 | 8月 | 9月 | 10月 | 11月 | 12月 |
|---|---|---|---|---|---|---|---|---|---|---|---|---|
| 方案B6-1 | 78 | 74 | 67 | 70 | 41 | 81 | 65 | 25 | 26 | 104 | 57 | 73 |
| 方案B6-2 | 74 | 63 | 62 | 66 | 40 | 88 | 61 | 25 | 24 | 104 | 57 | 70 |

图 5.12　90% 频率典型年 1971 年太浦闸月均净泄流量对比

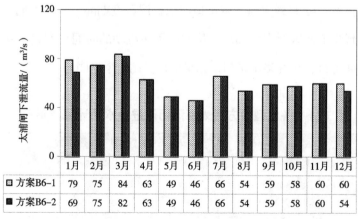

| | 1月 | 2月 | 3月 | 4月 | 5月 | 6月 | 7月 | 8月 | 9月 | 10月 | 11月 | 12月 |
|---|---|---|---|---|---|---|---|---|---|---|---|---|
| 方案B6-1 | 79 | 75 | 84 | 63 | 49 | 46 | 66 | 54 | 59 | 58 | 60 | 60 |
| 方案B6-2 | 69 | 75 | 82 | 63 | 49 | 46 | 66 | 54 | 59 | 58 | 60 | 54 |

图 5.13　75% 频率典型年 1976 年太浦闸月均净泄流量对比

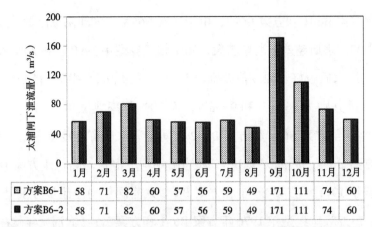

图 5.14　50% 频率典型年 1990 年太浦闸月均净泄流量对比

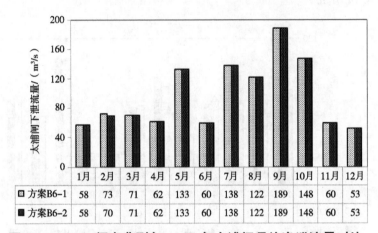

图 5.15　20% 频率典型年 1989 年太浦闸月均净泄流量对比

（3）太浦河两岸进出水量

各年型各方案太浦河两岸进出水量计算结果如表 5.21 所示。

由于方案 X-2 系列太浦河两岸口门水资源调度期间，考虑了地区引排需求适时引排，减少了地区低水位和高水位期间无序流动的时间，方案 X-2 系列两岸入太浦河水量均少于方案 X-1 系列，北岸变化量比南岸更明显。

表 5.21　各年型各方案太浦河两岸进出水量计算结果　　　单位：亿 m³

| 年型 | 方案 | 北岸 | | | | 南岸 | | | |
|---|---|---|---|---|---|---|---|---|---|
| | | 入太浦河 | | 出太浦河 | | 入太浦河 | | 出太浦河 | |
| | | 小计 | 重点口门 | 小计 | 重点口门 | 小计 | 重点口门 | 小计 | 重点口门 |
| 1971 年 | 4-1 | 20.74 | 2.00 | 9.55 | 1.16 | 18.73 | 2.97 | 19.08 | 0.86 |

| 年型 | 方案 | 北岸 | | | | 南岸 | | | |
| --- | --- | --- | --- | --- | --- | --- | --- | --- | --- |
| | | 入太浦河 | | 出太浦河 | | 入太浦河 | | 出太浦河 | |
| | | 小计 | 重点口门 | 小计 | 重点口门 | 小计 | 重点口门 | 小计 | 重点口门 |
| 1971年 | 4-2 | 14.97 | 1.34 | 7.98 | 1.89 | 18.81 | 3.71 | 19.45 | 3.00 |
| | B6-1 | 21.54 | 2.03 | 9.51 | 1.20 | 20.27 | 2.93 | 18.60 | 0.91 |
| | B6-2 | 15.71 | 1.39 | 7.92 | 0.94 | 20.54 | 3.65 | 18.92 | 0.78 |
| 1976年 | 4-1 | 19.83 | 1.99 | 10.05 | 1.14 | 18.87 | 2.69 | 18.85 | 0.86 |
| | 4-2 | 18.15 | 1.83 | 9.51 | 1.10 | 18.90 | 2.87 | 18.94 | 0.76 |
| | B6-1 | 21.19 | 2.07 | 9.75 | 3.06 | 21.72 | 2.57 | 17.73 | 3.98 |
| | B6-2 | 19.36 | 1.90 | 9.12 | 1.19 | 21.83 | 2.77 | 17.81 | 0.88 |
| 1990年 | 4-1 | 18.34 | 2.13 | 9.49 | 1.22 | 20.36 | 2.96 | 19.83 | 1.48 |
| | 4-2 | 18.31 | 2.13 | 9.47 | 1.23 | 20.35 | 2.97 | 19.80 | 1.48 |
| | B6-1 | 20.52 | 2.24 | 9.26 | 1.35 | 24.29 | 2.78 | 18.45 | 1.60 |
| | B6-2 | 20.47 | 2.25 | 9.25 | 1.36 | 24.30 | 2.78 | 18.43 | 1.59 |
| 1989年 | 4-1 | 16.27 | 1.99 | 9.00 | 1.02 | 23.35 | 2.82 | 18.16 | 2.04 |
| | 4-2 | 16.33 | 1.95 | 9.11 | 1.01 | 23.35 | 2.92 | 18.22 | 2.03 |
| | B6-1 | 17.92 | 2.04 | 8.41 | 1.08 | 27.27 | 2.68 | 16.75 | 2.30 |
| | B6-2 | 17.73 | 2.03 | 8.34 | 1.09 | 27.27 | 2.69 | 16.77 | 2.28 |

注：北岸重点口门指元荡闸、北窑港枢纽，南岸重点口门指陶庄枢纽、大舜枢纽、丁栅枢纽。

（4）金泽断面水质

各方案金泽断面 $NH_3-N$ 浓度对比结果如表5.22所示，各方案金泽断面 $NH_3-N$ 浓度过程线对比如图5.16和图5.17所示。

方案 X-1 和方案 X-2 太浦闸下泄量基本不变，随着两岸来水的减少及两岸地区水资源需求调度，方案 X-2 金泽断面水质变好，各方案 $NH_3-N$ 超标时间段主要集中在2—4月。

对比方案 4-1 和方案 4-2，90%频率典型年1971年和75%频率典型年1976年太浦闸下泄量没有变化，随着两岸来水的减少，方案 4-2 全年期及2—4月 $NH_3-N$ 平均浓度均较方案 4-1 有所降低，$NH_3-N$ 超标天数也显著减少，全年期 $NH_3-N$ 超标天数分别减少37天和12天。50%频率典型年1990年和20%频率典型年 1989 年太浦闸下泄量和两岸来水均没有明显变化，方案 4-2 全年期及 2—4 月 $NH_3$-N 平均浓度均基本无变化，$NH_3$-N 浓度均没有超标。

表 5.22　各方案金泽断面 $NH_3$-N 浓度对比结果　　单位：mg/L

| 年型 | 方案 | 全年 | | | 2—4 月 | | |
|---|---|---|---|---|---|---|---|
| | | 最大值 | 平均值 | 超标天数/天 | 最大值 | 平均值 | 超标天数/天 |
| 1976 年 | 4-1 | 1.259 | 0.631 | 72 | 1.259 | 1.026 | 64 |
| | 4-2 | 1.118 | 0.601 | 35 | 1.118 | 0.946 | 35 |
| | B6-1 | 1.170 | 0.628 | 53 | 1.170 | 0.977 | 48 |
| | B6-2 | 1.119 | 0.604 | 26 | 1.119 | 0.849 | 26 |
| 1971 年 | 4-1 | 1.174 | 0.576 | 29 | 1.174 | 0.889 | 29 |
| | 4-2 | 1.134 | 0.563 | 17 | 1.134 | 0.857 | 17 |
| | B6-1 | 1.147 | 0.581 | 20 | 1.147 | 0.877 | 20 |
| | B6-2 | 1.102 | 0.571 | 10 | 1.102 | 0.849 | 10 |
| 1990 年 | 4-1 | 0.696 | 0.422 | 0 | 0.634 | 0.520 | 0 |
| | 4-2 | 0.665 | 0.421 | 0 | 0.634 | 0.521 | 0 |
| | B6-1 | 0.744 | 0.471 | 0 | 0.744 | 0.625 | 0 |
| | B6-2 | 0.744 | 0.466 | 0 | 0.744 | 0.622 | 0 |
| 1989 年 | 4-1 | 0.747 | 0.443 | 0 | 0.747 | 0.588 | 0 |
| | 4-2 | 0.744 | 0.442 | 0 | 0.744 | 0.585 | 0 |
| | B6-1 | 0.780 | 0.481 | 0 | 0.780 | 0.681 | 0 |
| | B6-2 | 0.775 | 0.480 | 0 | 0.775 | 0.677 | 0 |

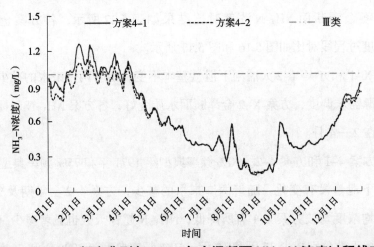

图 5.16　90% 频率典型年 1971 年金泽断面 $NH_3$-N 浓度过程线对比

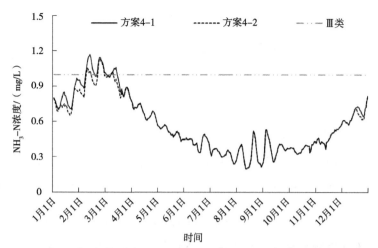

**图 5.17 75% 频率典型年 1976 年金泽断面 NH₃-N 浓度过程线对比**

对比方案 B6-1 和方案 B6-2，90% 频率典型年 1971 年和 75% 频率典型年 1976 年太浦闸下泄量变化不大，随着两岸来水的减少，方案 4-2 全年期及 2—4 月 $NH_3$-N 平均浓度均较方案 4-1 有所降低，$NH_3$-N 超标天数也显著减少，全年期 $NH_3$-N 超标天数分别减少 27 天和 10 天。50% 频率典型年 1990 年和 20% 频率典型年 1989 年太浦闸下泄量和两岸来水均没有明显变化，方案 4-2 全年期及 2—4 月 $NH_3$-N 平均浓度均基本无变化，$NH_3$-N 浓度均没有超标。

## 5.4.3 太浦河水源地水质分级调度策略

为分析太浦河水源地水质分级调度策略对太湖地区代表站水位、太浦河两岸口门引排水量、金泽断面水质的影响，选择太浦闸流量分级调度与水质分级调度、提前预泄水质分级调度进行对比，以及常规大流量分级调度与提前预泄水质分级调度进行对比。

根据太浦河两岸口门调度策略分析结果，方案 X-2 系列（太湖水位高于防洪控制线时，执行《太湖流域洪水与水量调度方案》规定的防洪调度；太湖水位低于防洪控制线时，两岸口门考虑有序流动调度）金泽断面水质好于方案 X-1 系列（太湖水位高于防洪控制线时，执行《太湖流域洪水与水量调度方案》规定的防洪调度；太湖水位低于防洪控制线时，两岸口门敞开），因此，选择方案 X-2 系列进行金泽水库水质调度策略分析，具体分析方案为方案 2-2、方案 6-2、方案 B6-2、方案 7-2、方案 8-2。由于 50% 频率典型年 1990 年与 20% 频率典型年 1989 年 NH$_3$-N 最高浓度未超过 1 mg/L，因此，在这两个典型年不执行方案 5-X、方案 6-X、方案 7-X、方案 8-X 系列，太浦河水源地水质分级调度策略分析方案为方案 2-2、方案 3-2、方案 4-2、方案 B6-2。

### 5.4.3.1 太湖及地区代表站水位

不同年型各方案太湖及地区代表站特征水位结果如表 5.23 和表 5.24 所示。

对于 90% 频率 1971 年及 75% 频率 1976 年，方案 8-2 较其他方案太湖特征水位有所降低，较方案 2-2 特征水位降幅在 4 ～ 5 cm；按水质调度提前预泄方案 B6-2 较太浦闸常规分级调度对金泽最低水位有提升作用，较方案 2-2 最低水位提升 4 ～ 5 cm；其余各方案两岸地区代表站特征水位变幅较小，变幅保持在 2 cm 以内。

对于 50% 频率 1990 年及 20% 频率 1989 年，方案 4-2 较其他方案太湖特征水位有所降低，较方案 2-2 特征水位降幅在 0 ～ 6 cm，其余各方案金泽站特征水位变幅在 3 cm 以内，两岸地区代表站特征水位变幅在 2 cm 以内。

与其他典型年相比，75% 频率 1976 年方案 B6-2 太湖最低水位在各个方案中最小，这是由于 1976 年太湖最低水位出现在金泽断面水质较差的 2—3 月，而此时太浦闸需加大下泄流量改善金泽水质，从而导致方案 B6-2 太湖最低水位降低。

**表 5.23　1971 年、1976 年各方案太湖及地区代表站特征水位结果**　单位: m

| 代表站 | 方案 | 1971 年 | | | 1976 年 | | |
|---|---|---|---|---|---|---|---|
| | | 平均水位 | 最小值 | 最大值 | 平均水位 | 最小值 | 最大值 |
| 太湖 | 2-2 | 2.96 | 2.65 | 3.45 | 3.05 | 2.80 | 3.32 |
| | 6-2 | 2.95 | 2.65 | 3.44 | 3.05 | 2.79 | 3.32 |
| | 7-2 | 2.93 | 2.63 | 3.43 | 3.03 | 2.78 | 3.30 |
| | 8-2 | 2.91 | 2.61 | 3.41 | 3.01 | 2.76 | 3.28 |
| | B6-2 | 2.94 | 2.65 | 3.45 | 3.04 | 2.76 | 3.32 |
| 陈墓 | 2-2 | 2.68 | 2.39 | 3.24 | 2.77 | 2.43 | 3.25 |
| | 6-2 | 2.68 | 2.39 | 3.24 | 2.77 | 2.43 | 3.25 |
| | 7-2 | 2.69 | 2.40 | 3.24 | 2.77 | 2.44 | 3.26 |
| | 8-2 | 2.69 | 2.40 | 3.25 | 2.78 | 2.45 | 3.27 |
| | B6-2 | 2.69 | 2.41 | 3.24 | 2.77 | 2.45 | 3.25 |

| 代表站 | 方案 | 1971 年 | | | 1976 年 | | |
|---|---|---|---|---|---|---|---|
| | | 平均水位 | 最小值 | 最大值 | 平均水位 | 最小值 | 最大值 |
| 嘉兴 | 2–2 | 2.65 | 2.03 | 3.67 | 2.76 | 2.27 | 3.35 |
| | 6–2 | 2.65 | 2.03 | 3.67 | 2.76 | 2.27 | 3.35 |
| | 7–2 | 2.65 | 2.03 | 3.68 | 2.77 | 2.27 | 3.36 |
| | 8–2 | 2.66 | 2.03 | 3.68 | 2.77 | 2.28 | 3.37 |
| | B6–2 | 2.65 | 2.04 | 3.67 | 2.77 | 2.27 | 3.35 |
| 金泽 | 2–2 | 2.60 | 2.24 | 3.27 | 2.70 | 2.25 | 3.24 |
| | 6–2 | 2.60 | 2.26 | 3.28 | 2.71 | 2.26 | 3.25 |
| | 7–2 | 2.61 | 2.27 | 3.28 | 2.72 | 2.27 | 3.26 |
| | 8–2 | 2.62 | 2.28 | 3.28 | 2.73 | 2.29 | 3.28 |
| | B6–2 | 2.61 | 2.29 | 3.28 | 2.71 | 2.29 | 3.25 |

**表 5.24 1990 年、1989 年各方案太湖及地区代表站特征水位结果**　　单位：m

| 代表站 | 方案 | 1990 年 | | | 1989 年 | | |
|---|---|---|---|---|---|---|---|
| | | 平均水位 | 最小值 | 最大值 | 平均水位 | 最小值 | 最大值 |
| 太湖 | 2–2 | 3.22 | 3.00 | 3.84 | 3.29 | 3.00 | 3.90 |
| | 3–2 | 3.19 | 2.97 | 3.80 | 3.28 | 2.98 | 3.91 |
| | 4–2 | 3.17 | 2.94 | 3.78 | 3.26 | 2.97 | 3.90 |
| | B6–2 | 3.21 | 3.00 | 3.84 | 3.29 | 2.99 | 3.91 |
| 陈墓 | 2–2 | 2.89 | 2.58 | 3.67 | 2.89 | 2.54 | 3.64 |
| | 3–2 | 2.90 | 2.59 | 3.67 | 2.90 | 2.55 | 3.65 |
| | 4–2 | 2.90 | 2.59 | 3.68 | 2.91 | 2.55 | 3.65 |
| | B6–2 | 2.89 | 2.58 | 3.67 | 2.90 | 2.55 | 3.64 |
| 嘉兴 | 2–2 | 2.89 | 2.43 | 3.81 | 2.93 | 2.58 | 3.98 |
| | 3–2 | 2.90 | 2.43 | 3.80 | 2.94 | 2.59 | 3.98 |
| | 4–2 | 2.91 | 2.42 | 3.80 | 2.94 | 2.59 | 3.97 |
| | B6–2 | 2.89 | 2.43 | 3.81 | 2.93 | 2.58 | 3.98 |
| 金泽 | 2–2 | 2.84 | 2.49 | 3.52 | 2.86 | 2.43 | 3.69 |
| | 3–2 | 2.86 | 2.50 | 3.53 | 2.88 | 2.45 | 3.69 |
| | 4–2 | 2.87 | 2.51 | 3.54 | 2.89 | 2.46 | 3.69 |
| | B6–2 | 2.84 | 2.49 | 3.52 | 2.87 | 2.44 | 3.69 |

### 5.4.3.2　太浦闸下泄量

各年型各方案太浦闸月均净泄流量对比如图 5.18 至图 5.21 所示。

总体来看，太浦闸下泄流量随着太湖水位的升高而增大，方案 4-2、方案 8-2 在太湖水位较高的月份较其他方案太浦闸下泄量明显增大。

（1）90% 频率典型年 1971 年、75% 频率典型年 1976 年

对比方案 2-2、方案 6-2、方案 B6-2，1971 年太浦闸年均净泄流量分别为 44 $m^3/s$、50 $m^3/s$、61 $m^3/s$，1976 年太浦闸年均净泄流量分别为 48 $m^3/s$、51 $m^3/s$、61 $m^3/s$。提前水质调度方案 B6-2 的太浦闸下泄流量高于水质调度方案 6-2，按水质调度方案 6-2 的太浦闸下泄流量高于常规太浦闸分级调度方案 2-2。

对比方案 7-2、方案 8-2、方案 B6-2，1971 年太浦闸年均净泄流量分别为 65 $m^3/s$、86 $m^3/s$、61 $m^3/s$，1976 年太浦闸年均净泄流量分别为 76 $m^3/s$、102 $m^3/s$、61 $m^3/s$。提前水质调度方案 B6-2 的太浦闸下泄流量低于大流量水质调度方案 7-2、方案 8-2。

（2）50% 频率典型年 1990 年、20% 频率典型年 1989 年

1990 年方案 2-2、方案 3-2、方案 4-2、方案 B6-2 太浦闸年均净泄流量分别为 75$m^3/s$、101 $m^3/s$、131 $m^3/s$、76 $m^3/s$，1989 年方案 2-2、方案 3-2、方案 4-2、方案 B6-2 太浦闸年均净泄流量分别为 75 $m^3/s$、101 $m^3/s$、131 $m^3/s$、76 $m^3/s$。按金泽水质提前预泄调度方案 B6-2 较常规调度方案 2-2 太浦闸下泄流量略有增加，小于太浦闸分级加大流量调度方案 3-2 及方案 4-2。

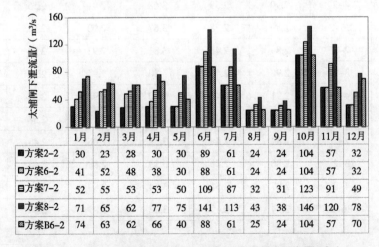

| | 1月 | 2月 | 3月 | 4月 | 5月 | 6月 | 7月 | 8月 | 9月 | 10月 | 11月 | 12月 |
|---|---|---|---|---|---|---|---|---|---|---|---|---|
| 方案2-2 | 30 | 23 | 28 | 30 | 30 | 89 | 61 | 24 | 24 | 104 | 57 | 32 |
| 方案6-2 | 41 | 52 | 48 | 38 | 30 | 88 | 61 | 24 | 24 | 104 | 57 | 32 |
| 方案7-2 | 52 | 55 | 53 | 53 | 50 | 109 | 87 | 32 | 31 | 123 | 91 | 49 |
| 方案8-2 | 71 | 65 | 62 | 77 | 75 | 141 | 113 | 43 | 38 | 146 | 120 | 78 |
| 方案B6-2 | 74 | 63 | 62 | 66 | 40 | 88 | 61 | 25 | 24 | 104 | 57 | 70 |

**图 5.18　90% 频率 1971 年太浦闸月均净泄流量对比**

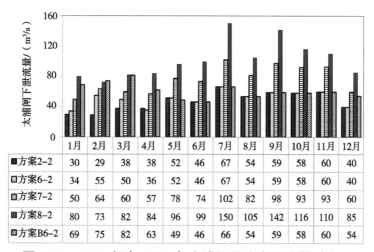

| | 1月 | 2月 | 3月 | 4月 | 5月 | 6月 | 7月 | 8月 | 9月 | 10月 | 11月 | 12月 |
|---|---|---|---|---|---|---|---|---|---|---|---|---|
| ■方案2-2 | 30 | 29 | 38 | 38 | 52 | 46 | 67 | 54 | 59 | 58 | 60 | 40 |
| ▨方案6-2 | 34 | 55 | 50 | 36 | 52 | 46 | 67 | 54 | 59 | 58 | 60 | 40 |
| ▤方案7-2 | 50 | 64 | 60 | 57 | 78 | 74 | 102 | 82 | 98 | 93 | 93 | 60 |
| ■方案8-2 | 80 | 73 | 82 | 84 | 96 | 99 | 150 | 105 | 142 | 116 | 110 | 85 |
| ▨方案B6-2 | 69 | 75 | 82 | 63 | 49 | 46 | 66 | 54 | 59 | 58 | 60 | 54 |

**图 5.19   75% 频率 1976 年太浦闸月均净泄流量对比**

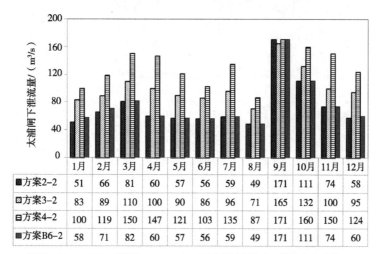

| | 1月 | 2月 | 3月 | 4月 | 5月 | 6月 | 7月 | 8月 | 9月 | 10月 | 11月 | 12月 |
|---|---|---|---|---|---|---|---|---|---|---|---|---|
| ■方案2-2 | 51 | 66 | 81 | 60 | 57 | 56 | 59 | 49 | 171 | 111 | 74 | 58 |
| ▨方案3-2 | 83 | 89 | 110 | 100 | 90 | 86 | 96 | 71 | 165 | 132 | 100 | 95 |
| ▤方案4-2 | 100 | 119 | 150 | 147 | 121 | 103 | 135 | 87 | 171 | 160 | 150 | 124 |
| ■方案B6-2 | 58 | 71 | 82 | 60 | 57 | 56 | 59 | 49 | 171 | 111 | 74 | 60 |

**图 5.20   50% 频率 1990 年太浦闸月均净泄流量对比**

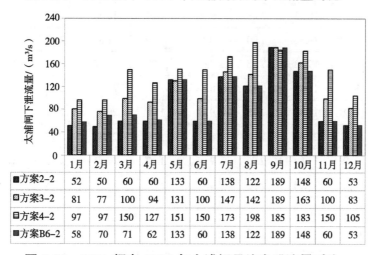

| | 1月 | 2月 | 3月 | 4月 | 5月 | 6月 | 7月 | 8月 | 9月 | 10月 | 11月 | 12月 |
|---|---|---|---|---|---|---|---|---|---|---|---|---|
| ■方案2-2 | 52 | 50 | 60 | 60 | 133 | 60 | 138 | 122 | 189 | 148 | 60 | 53 |
| ▨方案3-2 | 81 | 77 | 100 | 94 | 131 | 100 | 147 | 142 | 189 | 163 | 100 | 83 |
| ▤方案4-2 | 97 | 97 | 150 | 127 | 151 | 150 | 173 | 198 | 185 | 183 | 150 | 105 |
| ■方案B6-2 | 58 | 70 | 71 | 62 | 133 | 60 | 138 | 122 | 189 | 148 | 60 | 53 |

**图 5.21   20% 频率 1989 年太浦闸月均净泄流量对比**

### 5.4.3.3　太浦河两岸进出水量

各年型各方案太浦河两岸进出水量计算结果如表 5.25 所示。

由于方案 X–2 系列中太浦河两岸口门在太湖水位超过防洪线时执行防洪调度，在太湖水位低于防洪线时两岸口门视地区水位适时引排，各方案两岸口门调度方案相同，仅太浦闸下泄量不同，由此各方案两岸口门排水量差别不大。总体而言，太浦河两岸入河水量与太浦闸的下泄流量呈负相关关系，太浦闸下泄流量越大，两岸的入河水量越小，出河水量越大。

表 5.25　各年型各方案太浦河两岸进出水量计算结果　　　　单位：亿 m³

| 年型 | 方案 | 北岸 | | | | 南岸 | | | |
| | | 入太浦河 | | 出太浦河 | | 入太浦河 | | 出太浦河 | |
| | | 小计 | 重点口门 | 小计 | 重点口门 | 小计 | 重点口门 | 小计 | 重点口门 |
|---|---|---|---|---|---|---|---|---|---|
| 1971 年 | 2–2 | 15.77 | 1.33 | 7.85 | 0.90 | 21.85 | 3.64 | 18.50 | 0.80 |
| | 6–2 | 15.65 | 1.31 | 7.85 | 0.89 | 21.38 | 3.65 | 18.63 | 0.79 |
| | 7–2 | 15.32 | 1.31 | 7.90 | 0.88 | 20.23 | 3.68 | 19.05 | 0.76 |
| | 8–2 | 14.97 | 1.35 | 7.97 | 0.91 | 18.69 | 1.35 | 19.48 | 0.74 |
| | B6–2 | 15.71 | 1.39 | 7.92 | 0.94 | 20.54 | 3.65 | 18.92 | 0.78 |
| 1976 年 | 2–2 | 19.47 | 1.90 | 8.98 | 0.19 | 22.95 | 2.75 | 17.48 | 0.92 |
| | 6–2 | 19.45 | 1.89 | 9.02 | 1.17 | 22.67 | 2.76 | 17.53 | 0.91 |
| | 7–2 | 18.82 | 1.84 | 9.33 | 1.13 | 20.82 | 2.81 | 18.22 | 0.84 |
| | 8–2 | 18.13 | 1.83 | 9.49 | 1.10 | 18.84 | 2.88 | 18.95 | 0.77 |
| | B6–2 | 19.36 | 1.90 | 9.12 | 1.19 | 21.83 | 2.77 | 17.81 | 0.88 |
| 1990 年 | 2–2 | 19.83 | 2.25 | 8.34 | 1.09 | 23.48 | 2.77 | 16.69 | 2.30 |
| | 3–2 | 19.46 | 2.17 | 8.28 | 1.07 | 22.56 | 2.87 | 17.41 | 2.18 |
| | 4–2 | 18.31 | 2.13 | 9.11 | 1.01 | 20.35 | 2.97 | 18.22 | 2.03 |
| | B6–2 | 20.47 | 2.25 | 8.34 | 1.09 | 24.30 | 2.78 | 16.77 | 2.28 |
| 1989 年 | 2–2 | 17.84 | 2.03 | 9.06 | 1.37 | 27.51 | 2.68 | 17.54 | 1.60 |
| | 3–2 | 17.14 | 2.03 | 9.40 | 1.29 | 25.69 | 2.75 | 19.04 | 1.55 |
| | 4–2 | 16.33 | 1.95 | 9.47 | 1.23 | 23.35 | 2.92 | 19.80 | 1.48 |
| | B6–2 | 17.73 | 2.03 | 9.25 | 1.36 | 27.27 | 2.69 | 18.43 | 1.59 |

注：北岸重点口门指元荡闸、北窑港枢纽，南岸重点口门指陶庄枢纽、大舜枢纽、丁栅枢纽。

### 5.4.3.4 金泽断面水质

各方案金泽断面 $NH_3$-N 浓度对比结果如表 5.26 所示，各方案金泽断面 $NH_3$-N 浓度过程线对比如图 5.22 和图 5.23 所示。

随着太浦闸下泄流量的增大，太湖水位随之略有降低，太浦河两岸地区代表站、金泽水位略有升高，太浦河两岸口门排水量略有减少，金泽断面水质变好。各方案 $NH_3$-N 超标时间段主要集中在 2—4 月，在金泽水质较差的时段增大太浦闸流量对金泽水质有明显的改善作用，而在水量充足的时段加大太浦闸下泄流量对金泽水质的改善作用较小。就改善金泽水质而言，提前水质调度方案优于水质调度方案、水质调度方案优于常规太浦闸分级调度方案。

（1）90% 频率典型年 1971 年、75% 频率典型年 1976 年

对比方案 2-2、方案 6-2、方案 B6-2，随着太浦闸下泄量的增大及两岸来水的减少，方案 2-2、方案 6-2、方案 B6-2 全年期及 2—4 月 $NH_3$-N 平均浓度均逐渐降低，$NH_3$-N 超标天数逐渐减少，1971 年全年期及 2—4 月 $NH_3$-N 超标天数分别由 71 天减少为 26 天、61 天减少为 26 天，1976 年全年期及 2—4 月 $NH_3$-N 超标天数分别由 40 天减少为 10 天、36 天减少为 10 天。

对比方案 7-2、方案 8-2、方案 B6-2，方案 B6-2 在金泽水质较差的时段加大太浦闸流量，方案 7-2 在太湖水位较高的时段加大太浦闸流量，方案 8-2 在全年均保持较大下泄流量。方案 B6-2 的 $NH_3$-N 平均浓度较方案 7-2 略有降低，$NH_3$-N 超标天数较方案 7-2 有所减少；方案 8-2 较方案 B6-2 金泽断面 $NH_3$-N 平均浓度略有降低，$NH_3$-N 超标天数相差 2 天。

（2）50% 频率典型年 1990 年、20% 频率典型年 1989 年

50%、20% 频率来水条件下金泽断面 $NH_3$-N 全年日均值无超 Ⅲ 类情况出现。对比方案 2-2、方案 3-2、方案 4-2，随着太浦闸下泄量的增大，方案 2-2、方案 3-2、方案 4-2 全年期及 2—4 月 $NH_3$-N 平均浓度逐渐降低。方案 B6-2 太浦闸按照金泽断面水质提前预泄，金泽断面 $NH_3$-N 浓度全年及 2—4 月各项特征值较方案 2-2 现行调度有所下降，从日均浓度过程可以看出，方案 B6-2 较方案 2-1 现行调度对 $NH_3$-N 浓度的改善时间段主要集中在 2—4 月，在金泽水质相对较差的 1—4 月增大太浦闸流量对金泽水质有明显的改善，而在水量充足的 7—

11月加大太浦闸的下泄流量对金泽断面水质影响较小。

**表 5.26　各方案金泽断面 NH₃-N 浓度对比结果**　　　单位: mg/L

| 年型 | 方案 | 全年 | | | 2—4月 | | |
|---|---|---|---|---|---|---|---|
| | | 最大值 | 平均值 | 超标天数/天 | 最大值 | 平均值 | 超标天数/天 |
| 1971 年 | 2-2 | 1.258 | 0.646 | 71 | 1.258 | 1.029 | 61 |
| | 6-2 | 1.165 | 0.619 | 33 | 1.165 | 0.955 | 29 |
| | 7-2 | 1.145 | 0.613 | 32 | 1.145 | 0.943 | 28 |
| | 8-2 | 1.118 | 0.596 | 24 | 1.118 | 0.924 | 24 |
| | B6-2 | 1.119 | 0.604 | 26 | 1.119 | 0.925 | 26 |
| 1976 年 | 2-2 | 1.260 | 0.606 | 40 | 1.260 | 0.956 | 36 |
| | 6-2 | 1.211 | 0.592 | 20 | 1.211 | 0.908 | 18 |
| | 7-2 | 1.151 | 0.579 | 15 | 1.151 | 0.889 | 15 |
| | 8-2 | 1.131 | 0.560 | 12 | 1.131 | 0.846 | 12 |
| | B6-2 | 1.102 | 0.571 | 10 | 1.102 | 0.849 | 10 |
| 1990 年 | 2-2 | 0.775 | 0.474 | 0 | 0.775 | 0.634 | 0 |
| | 3-2 | 0.695 | 0.445 | 0 | 0.686 | 0.571 | 0 |
| | 4-2 | 0.665 | 0.421 | 0 | 0.634 | 0.521 | 0 |
| | B6-2 | 0.744 | 0.466 | 0 | 0.744 | 0.622 | 0 |
| 1989 年 | 2-2 | 0.837 | 0.487 | 0 | 0.837 | 0.705 | 0 |
| | 3-2 | 0.796 | 0.460 | 0 | 0.796 | 0.641 | 0 |
| | 4-2 | 0.744 | 0.442 | 0 | 0.744 | 0.585 | 0 |
| | B6-2 | 0.775 | 0.480 | 0 | 0.775 | 0.677 | 0 |

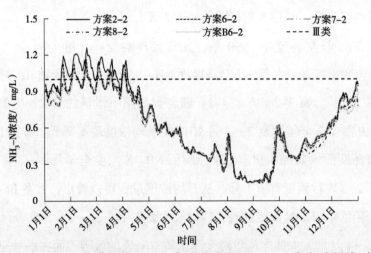

**图 5.22　90% 频率典型年 1971 年金泽断面 NH₃-N 浓度过程线对比**

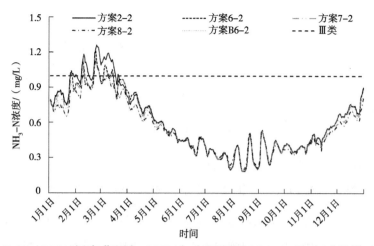

图 5.23　75% 频率典型年 1976 年金泽断面 NH$_3$-N 浓度过程线对比

## 5.4.4　典型年调度方案敏感性分析

本小节基于拟定的调度策略集，分别对 90% 降雨频率 1971 年、75% 降雨频率 1976 年、50% 降雨频率 1990 年、20% 降雨频率 1989 年进行水量水质模拟，并从太浦闸流量分级调度策略、两岸口门调度策略、太浦河水源地水质分级调度策略 3 个方面进行比较分析。结果表明，不同典型年对各调度方案的敏感性有较大区别，90% 降雨频率枯水典型年及 75% 降雨频率中等干旱典型年对各调度方案敏感性较高，而 50% 降雨频率平水典型年及 20% 降雨频率丰水典型年对各调度方案敏感性较差。

（1）90% 频率典型年

针对太浦闸流量分级调度策略，随着太浦闸下泄流量的增大，太湖最低水位由 2.65 m 降为 2.61 m，金泽最低水位由 2.27 m 增加为 2.30 m，南北岸代表站最低水位变幅在 2 cm 范围内；两岸口门排水量减少 4.5 亿 m$^3$ 左右；金泽断面全年 NH$_3$-N 超标天数由 95 天降为 72 天，2—4 月 NH$_3$-N 超标天数由 69 天降为 64 天，分别减少 23 天、5 天。由此可见，太浦闸流量分级调度对金泽断面水质改善有明显作用，90% 频率来水条件下，太湖及相关地区水位、太浦河两岸排水量及金泽断面水质对太浦闸下泄量的变化较为敏感。

针对两岸口门调度策略，随着太浦河两岸口门在水资源调度期间由全部敞开变为考虑地区排涝、引水需求的适时引排，太湖特征水位变化不明显，其余代表站最低水位变幅在 2 cm 内；两岸口门排水量减少 5.6 亿 $m^3$ 左右；金泽断面全年 $NH_3-N$ 超标天数（方案 4-1、方案 4-2）由 72 天降为 35 天，2—4 月 $NH_3-N$ 超标天数由 64 天降为 35 天，分别减少 37 天、29 天。由此可见，两岸口门调度对金泽断面水质改善有明显作用，90% 频率来水条件下，太浦河两岸排水量、金泽断面水质对两岸口门的调度较为敏感。

针对太浦河水源地水质分级调度策略，随着太浦闸由常规流量分级调度、金泽水质分级调度变为按金泽水质提前预泄调度，太湖平均水位降低 2 cm，金泽最低水位增加 5 cm，其余代表站水位变幅为 2 cm；太浦闸年均净泄流量增加 17 $m^3/s$，两岸口门排水量减少 1.4 亿 $m^3$ 左右；金泽断面全年 $NH_3-N$ 超标天数由 71 天降为 26 天，2—4 月 $NH_3-N$ 超标天数由 61 天降为 26 天，分别减少 45 天、35 天。由此可见，水质调度对金泽断面水质改善有明显作用，90% 频率来水条件下，太湖及相关地区水位、金泽断面水质对太浦河水源地水质分级调度变化敏感。

（2）75% 频率典型年

针对太浦闸分级流量调度策略，随着太浦闸下泄流量的增大，太湖最低水位由 2.79 m 降为 2.76 m，金泽最低水位由 2.28 m 增加为 2.32 m，南北岸代表站最低水位变幅在 3 cm 范围内；两岸口门排水量减少 7.6 亿 $m^3$ 左右；金泽断面全年 $NH_3-N$ 超标天数由 55 天降为 29 天，2—4 月 $NH_3-N$ 超标天数由 49 天降为 29 天，分别减少 26 天、20 天。由此可见，75% 频率来水条件下，太湖及相关地区水位、太浦河两岸排水量及金泽断面水质对太浦闸下泄量的变化较为敏感。

针对两岸口门调度策略，随着太浦河两岸口门在水资源调度期间由全部敞开变为考虑地区排涝、引水需求的适时引排，太湖特征水位变化不明显，其余代表站最低水位变幅在 4 cm 范围内；两岸口门排水量减少 1.7 亿 $m^3$ 左右；金泽断面全年及 2—4 月 $NH_3-N$ 超标天数（方案 4-1、方案 4-2）由 29 天降为 17 天，减少 12 天。由此可见，75% 频率来水条件下，地区代表站水位、太浦河两岸排水量、金泽断面水质对两岸口门的调度较为敏感。

针对太浦河水源地水质分级调度策略，随着太浦闸由常规流量分级调度、金泽水质分级调度变为按金泽水质提前预泄调度，太湖最低水位降低 4 cm，金泽最低水位增加 4 cm，其余代表站水位变幅为 2 cm；太浦闸年均净泄流量增加 13 m³/s，两岸口门排水量减少 1.2 亿 m³ 左右；金泽断面全年 NH₃-N 超标天数由 40 天降为 10 天，2—4 月 NH₃-N 超标天数由 36 天降为 10 天，分别减少 30 天、26 天。由此可见，水质调度对金泽断面水质改善有明显作用，75% 频率来水条件下，太湖及相关地区水位、金泽断面水质对太浦闸下泄量的变化敏感。

（3）50% 频率典型年

该典型年基础方案 1-1 太湖最低水位 2.99 m，太浦河两岸陈墓、嘉兴最低水位分别为 2.58 m、2.42 m，金泽最低水位为 2.48 m，太浦闸年均下泄流量 88 m³/s，两岸入太浦河水量 43.3 亿 m³，金泽断面 NH3-N 年平均浓度为 0.462 mg/L，达标率为 100%。该典型年来水条件下，太浦闸全年保持较大下泄流量，金泽断面水质无超标情况，各调度方案区分度不明显，敏感性差。

（4）20% 频率典型年

该典型年基础方案 1-1 太湖最低水位 3.00 m，太浦河两岸陈墓、嘉兴最低水位分别为 2.53 m、2.58 m，金泽最低水位为 2.45 m，太浦闸年均下泄流量 108 m³/s，两岸入太浦河水量 43.9 亿 m³，金泽断面 NH₃-N 年平均浓度为 0.48 mg/L，达标率为 100%。该典型年来水条件下，太浦闸全年保持大下泄流量，金泽断面水质无超标情况，各调度方案区分度不明显，敏感性差。

因此，对于 90%、75% 降雨频率典型年，本次设计的各调度方案对太湖及地区水位、两岸口门排水量、金泽断面水质改善均有较大影响，各调度方案模拟结果的区分度高。对于 50%、20% 降雨频率典型年，流域区域降水偏丰，太浦河金泽断面水质全年均达到 Ⅲ 类水质标准，因此本次设计的各调度方案在平水年、丰水年金泽水质较好的状况下，方案结果之间区分度不明显。因此，第 7 章的调度方案优化重点选择 90% 降雨频率典型年（1971 年）、75% 降雨频率典型年（1976）年的调度策略集模拟结果，通过联合调度决策数学模型进行方案优选分析。

# 5.5 本章小结

①联合调度策略集的拟定主要考虑太浦闸分级流量、太浦河两岸口门及太浦河水源地水质分级不同调度策略，通过 3 个方面调度策略的不同组合，共设计 20 个调度方案，包含两大类：常规太浦闸分级调度方案、按水质分级调度方案（包含按水质分级提前调度方案）。其中，太浦闸分级流量调度策略以现行调度方案、实况调度为基础，共设计 4 类方案；两岸口门调度策略以实际调度、流域相关规划调度原则，以及两岸地区引排水实际需求，设计两岸口门敞开、适时引排 2 类方案；太浦河水源地水质分级调度策略以金泽断面 $NH_3-N$ 浓度超过 III 类指标（1 mg/L），以及 $NH_3-N$ 浓度超过 0.7 mg/L 作为加大太浦闸下泄流量控制指标，共 2 类方案。

②从太浦闸流量分级调度策略模拟结果来看，太浦闸流量分级逐渐加大对金泽断面水质具有明显改善作用。随着太浦闸下泄流量的增大，太湖水位随之有降低趋势，太浦河两岸地区代表站及太浦河金泽水位略有升高，太浦河两岸入河水量减少，出河水量增多。遇 90%、75% 频率典型年，随着太浦闸流量分级逐渐加大，金泽断面 $NH_3-N$ 平均浓度明显降低，$NH_3-N$ 浓度超 III 类天数明显减少；遇50%、20% 频率典型年，金泽断面 $NH_3-N$ 日均浓度无超 III 类情况出现，太浦闸分级加大流量可有效降低 $NH_3-N$ 平均浓度值。

③从两岸口门调度策略模拟结果来看，考虑两岸地区引排水需求的适时引排方案优于两岸口门敞开方案。适时引排方案出、入太浦河水量均小于两岸口门敞开方案。遇 90%、75% 频率典型年，适时引排方案对金泽断面水质具有明显改善作用，金泽断面 $NH_3-N$ 平均浓度明显降低，$NH_3-N$ 浓度超 III 类天数明显减少；遇 50%、20% 频率典型年，适时引排方案对 $NH_3-N$ 平均浓度有降低作用。

④从太浦河水源地水质分级调度策略模拟结果来看，就改善金泽水质而言，提前水质调度方案优于水质调度方案、水质调度方案优于常规太浦闸分级调度方案。在金泽水质较差的时段增大太浦闸流量对金泽水质有明显的改善作用，而在水量充足的时段加大太浦闸下泄流量对金泽水质改善作用较小。遇 90%、75% 频率典型年，加大太浦闸下泄量水质分级方案太湖特征水位降低明显，提前水质调

度方案金泽最低水位提升明显，提前水质调度对金泽断面水质具有明显的改善作用，金泽断面 NH₃-N 平均浓度明显降低，NH₃-N 浓度超 III 类天数明显减少；遇 50%、20% 频率典型年，加大太浦闸下泄量方案太湖特征水位降低明显，金泽断面无超 III 类情况出现，提前水质调度可有效降低 NH₃-N 平均浓度值。

# 参考文献

［1］ 刘水芹，田华，易文林.太浦闸调度对黄浦江水源地水质影响数值模拟［J］.人民长江，2012，43（12）：33-36.

［2］ 张守平，魏传江，王浩，等.流域/区域水量水质联合配置研究 I：理论方法［J］.水利学报，2014，45（7）：757-766.

［3］ 张守平，魏传江，王浩，等.流域/区域水量水质联合配置研究 II：实例应用［J］.水利学报，2014，45（8）：938-949.

［4］ 陈炼钢，施勇，钱新，等.闸控河网水文—水动力—水质耦合数学模型：I.理论［J］.水科学进展，2014，25（4）：534-541.

［5］ 陈炼钢，施勇，钱新，等.闸控河网水文—水动力—水质耦合数学模型：II.应用［J］.水科学进展，2014，25（6）：856-863.

［6］ 戴晶晶，陈红，彭焱梅，等.太浦闸水量水质联合调度对金泽水库水质影响［J］.水利水运工程学报，2017（4）：20-27.

［7］ 王磊之，胡庆芳，戴晶晶，等.面向金泽水库取水安全的太浦河多目标联合调度研究［J］.水资源保护，2017，33（5）：61-68.

［8］ 程文辉，王传海，朱琰.太湖流域模型［M］.南京：河海大学出版社，2006.

［9］ 曹菊萍，彭焱梅，李昊洋，等.太浦闸控制运用对流域区域及金泽水源地的影响分析［G］.中国水生态大会论文集，2016.

［10］吴浩云.大型平原河网地区水量水质耦合模拟及联合调度研究［D］.南京：河海大学，2006.

［11］都金康，周广安.水库群防洪调度的逐次优化方法［J］.水科学进展，1994，5(2)：131-141.

# 第 6 章
# 太浦河取水安全多目标方案优化研究

本章借鉴国内外水利工程优化调度经验和方法，综合考虑太浦河上下游、左右岸防洪、供水及水生态等多方面需求，将第 5 章调度策略集的水量水质模拟结果作为联合调度决策数学模型的输入条件，经优化后推荐较优的工程调度策略，研究提出基于太浦河取水安全的工程优化调度防控措施。

## 6.1 联合调度决策数学模型构建

最优决策是指决策者追求理想条件下的最优目标，选择最优方案的决策。水利工程最优的或满意的联合调度方案的确定问题，即属于最优决策问题。根据研究问题的特征不同，水利工程联合调度方案决策问题又可分为多目标决策和多属性决策两种类型。其中，多目标决策中的方案（即决策变量的组合）一般未事先给定，决策者需要考虑如何在一定的约束条件和优化目标下，通过优化搜索算法，直接求出其有效解，寻求一个最佳的方案；而多属性决策则一般是指在事先已经确定好的有限数量的备选方案中加以优选，从而得到最优的或者推荐的调度方案。

太浦河沿线水利工程众多，工程调度与沿程及相关区域水位、水量、水质指标之间具有复杂的非线性关系，且调度需求、制约因素众多，故其联合调度优化求解过程复杂、约束条件多，具有显著的非结构化特征。如果直接采用优化算法驱动水量水质联合调度模型求解，不仅计算代价巨大，而且未必能够得到理想的求解结果。因此，本研究采用流域水量水质数学模型与联合调度决策数学模型联合求解的模式，通过拟定满足太浦河水量水质多目标需求的调度策略集，由流域水量水质数学模型进行不同调度策略集的水量水质数值模拟，模拟结果作为联合调度决策数学模型的输入条件，经优化后推荐较优的调度策略（图6.1）。

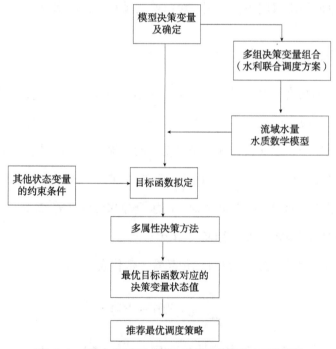

**图 6.1　联合调度决策数学模型构建主要流程**

## 6.1.1　模型决策变量

决策变量（Decision Variable）是指最优决策问题中所涉及的与约束条件和目

标函数有关的待确定的控制变量或操作变量。一组决策变量相对应的状态即为最优决策问题的一组方案。

由于本研究的目的在于确定实现太浦河水源地取水安全等目标的太浦河及下游水利工程的联合调度方案，模型决策变量由太浦闸及太浦河沿线主要口门的调度规则对应的控制指标确定。太浦河沿线共有支河96条，已建有口门控制88座，模型决策变量数目众多。因此，需要在分析现行调度规则的基础上，选择与太浦河水源地水量水质目标相对具有较强敏感关系的已控制口门所对应的调度控制指标作为联合调度模型的决策变量。

太浦闸的不同下泄流量与太湖水位密切相关，太浦河南北两岸口门引排水主要参考陈墓、嘉兴的引排水位，太浦河水源地水质则与太浦闸下泄流量存在较好的响应关系。因此，本研究最终选择的模型决策变量包括：①太浦闸在太湖水位处于不同区间时的泄流量；②太浦闸在太浦河水源地处于不同水质条件时对应的泄流量；③南北两岸口门中，嘉兴、陈墓站的排水、引水水位。

## 6.1.2 模型目标函数

由于太浦河具有防洪、供水、生态、航运等多种功能，涉及太浦河及两岸口门的调度方案就具有明显的多目标性。本研究的核心目标是聚焦太浦河金泽断面取水水量水质安全，因此，在确保防洪安全的前提下，从防洪、水量、水质3个方面综合选取了22项评价指标，以全面反映太浦河、太浦河水源地水量水质联合调度应满足的太浦河沿线及涉及地区的水资源综合调度需求。

（1）防洪目标领域的指标及计算方法

防洪目标采用某一控制断面 $i$ 水位超警天数代表：

$$T_i = \sum_{t=1}^{T} \text{sgn}(H_i(t) - H_i^w) \Delta t \, 。 \tag{6.1}$$

其中，$\Delta t$ 为时间步长，$T$ 为统计总时间；sgn（＊）为符号函数，如果＊大于0，其值为1，否则其值为0；$H_i(t)$ 为断面 $i$ 时刻 $t$ 的水位；$H_i^w$ 为断面 $i$ 的警戒水位。

在本研究中，采用的水位超警天数指标共有3个，包括太湖平均水位超警天数、嘉兴水位超警天数、陈墓水位超警天数。

（2）水量目标领域的指标及计算方法

①某一断面 $i$ 供水保证率 $PG_i$：

$$PG_i = \frac{TG_i}{T} = \frac{\sum\limits_{t=1}^{T} \text{sgn}(H_i(t) - H_i^s)\Delta t}{T} \text{。} \qquad (6.2)$$

其中，$TG_i$，即 $\sum\limits_{t=1}^{T} \text{sgn}(H_i(t) - H_i^s)\Delta t$ 表示超出断面 $i$ 最低引水（供水）水位 $H_i^s$ 的时间，其他符号意义同上。

在本研究中，采用的水位供水保证率指标共有 4 个，包括太湖供水保证率、金泽断面供水保证率、嘉兴供水保证率和陈墓供水保证率。

②某一断面 $i$ 平均供水水位 $H_i$：

$$H_i = \frac{\Delta t}{T}\sum\limits_{t=1}^{T} H_i(t) \text{。} \qquad (6.3)$$

其中，符号意义同上。

在本研究中，采用的断面平均供水水位指标共有 2 个，分别是太湖和金泽断面平均供水水位。

③两岸重点口门 $i$ 引水量 $W_i$：

$$W_i = \sum\limits_{j=1}^{n}\sum\limits_{t=1}^{T} Q_i(t)\Delta t \text{。} \qquad (6.4)$$

其中，$Q_i(t)$ 表示断面 $i$ 时刻的引水量，其他符号意义同上。

④供水成本 $M_i$。在本项目中，供水成本用重点水利枢纽的泵引天数来表示：

$$M_i = \sum\limits_{t=1}^{T} \text{sgn}(Q_i(t))\Delta t \text{。} \qquad (6.5)$$

其中，符号意义同上。

在本项目中，供水成本指标仅以常熟水利枢纽泵引天数表示。

（3）水质指标及计算方法

①某一污染物 $i$ 达标保证率 $PQ_i$：

$$PQ_i = \frac{TQ_i}{T} = \frac{\sum\limits_{t=1}^{T} \text{sgn}(R_i(t) - R_i^u)\,\Delta t}{T}。 \qquad (6.6)$$

其中，$TQ_i$，即 $\sum\limits_{t=1}^{T} \text{sgn}(R_i(t) - R_i^u)\,\Delta t$ 表示某一污染物低于 $u$ 类水标志值上限值 $R_i^u$ 的时间，其他符号意义同上。

在本研究中，分别针对 NH$_3$-N、TP、TN 和 COD 4 种污染物计算达标保证率。

②某一污染物 $i$ 平均浓度 $V_i$：

$$V_i = \frac{\Delta t}{T} \sum\limits_{t=1}^{T} R_i(t)\, X_{(i)}。 \qquad (6.7)$$

其中，符号意义同上。同样，分别针对 NH$_3$-N、TP、TN 和 COD 4 种污染物计算平均浓度。

③某一污染物 $i$ 超频率 $p$ 的浓度 $v_{i,p}$。设实测样本序列为 $X_{i,1}$，$X_{i,2}$，$\cdots$，$X_{i,n}$，将该序列从大到小排序，记第 $j$ 个为 $X_{i,(j)}$，定义样本的 $p$ 分位数 $v_{i,p}$ 如下：

$$v_{i,p} = \begin{cases} X_{i,([np])}, & np \text{ 不是整数} \\ X_{i,([np-1])}, & np \text{ 是整数} \end{cases}。 \qquad (6.8)$$

在本研究中，分别针对 NH$_3$-N、TP、TN 和 COD 4 种污染物计算超 25% 频率的浓度。

在确定各项指标及其计算方法的基础上，太浦河及两岸口门水利联合调度的目标函数一般形式可以表达为式（6.9）至式（6.12），这反映了最优的调度方案通过太湖、太浦闸、太浦河水源地及其他重要控制站的水量、水位、水质要素实现系统综合效益最大化。

$$\max f(x_i, x_j, x_k) = \{\alpha_i f_1(x_i),\ \beta_j f_2(x_j),\ \lambda_k f_3(x_k)\}; \qquad (6.9)$$

$$\max_i f_1(-\alpha_i T_i); \qquad (6.10)$$

$$\max_j f_2 \left( \beta_1,\ _jPG_j,\ \beta_2,\ _jH_j,\ \beta_3,\ _jW_j,\ \frac{\beta_{4,j}}{M_j} \right); \qquad (6.11)$$

$$\max_k f \left( \lambda_1,\ _kPQ_k,\ \frac{\lambda_{2,k}}{V_k},\ \frac{\lambda_{3,k}}{V_{k,p}} \right)。 \qquad (6.12)$$

其中，$f_1$、$f_2$ 和 $f_3$ 分别表示防洪、水量和水质领域目标；$\alpha_i$、$\beta_j$、$\lambda_k$ 为防洪、水量、

水质目标领域决策变量的权重，且 $\displaystyle\sum_{i=1}^{q}\alpha_i+\sum_{j=q+1}^{m}\beta_j+\sum_{k=m+1}^{n}\lambda_k=1$。

综上，联合调度决策模型的目标函数指标体系如图 6.2 所示。

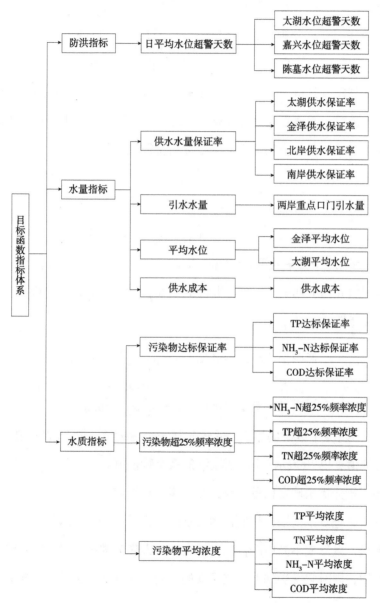

**图 6.2 联合调度决策模型的目标函数指标体系**

（4）权重系数的确定

为确定上述目标函数具体数值，一个最重要的步骤是确定各项指标的权重系

数。确定权重的方法包括主观赋权法和客观赋权法。主观赋权法一般有层次分析法、专家调查法、可能度法等，它主要是根据专家经验来确定的。客观赋权法有主成分分析法、离差及均方差法、熵权法等，它是根据评价指标样本自身的相关关系和变异程度确定的。两种方法各有优点，同时也存在各自的局限性，主观方法过于依赖人的主观判断，而客观方法又受指标样本随机误差的影响。

本研究采用层次分析法确定 22 个指标的权重，以反映不同调度目标的相对重要性。层次分析法（AHP）是 20 世纪 70 年代美国运筹学家 T. L. Satty 提出的，是一种定性与定量分析相结合的多目标决策分析方法论。在采用层次分析法确定权重前，为消除不同物理量纲对计算结果的影响，需对指标进行归一化处理。对于具有 $m$ 个方案、每个方案包括 $n$ 个指标的特征值矩阵：

$$X = (x_{ij})_{m \times n} = \begin{pmatrix} x_{11} & x_{12} & \dots & x_{1n} \\ x_{21} & x_{22} & \dots & x_{2n} \\ \vdots & \vdots & & \vdots \\ x_{m1} & x_{m2} & \dots & x_{mn} \end{pmatrix} \text{。} \tag{6.13}$$

其中，$x_{ij}$ 表示第 $i$ 个方案的第 $j$ 个指标，$i = 1, 2, \dots, m$；$j = 1, 2, \dots, n$。

可按式（6.14）和式（6.15）将特征值矩阵 $X = (x_{ij})_{m \times n}$ 进行归一化处理，得到归一化矩阵 $R = (r_{ij})_{m \times n}$。

$$\text{递减型（越大越优型）} r_{ij} = \frac{x_{ij} - \min_i x_{ij}}{\max_i x_{ij} - \min_i x_{ij}} ; \tag{6.14}$$

$$\text{递增型（越小越优型）} r_{ij} = \frac{\max_i x_{ij} - x_{ij}}{\max_i x_{ij} - \min_i x_{ij}} \text{。} \tag{6.15}$$

其中，$r_{ij}$ 表示第 $i$ 个方案的第 $j$ 个指标的归一化指标值；$\max_i x_{ij}$ 表示总体中指标 $j$ 的最大特征值；$\min_i x_{ij}$ 表示总体中指标 $j$ 的最小特征值。

利用层析分析法确定权重一般分为 3 步，具体如下。

第一步，把复杂问题分解成称为元素的各组成部分，把这些元素按属性不同分成若干组，以形成不同层次，同一层次的元素作为准则，对下一层的某些元素起支配作用，同时它又受到上一层元素的支配，这种从上至下的支配关系形成了一个递阶层次。

第二步，进行两两指标间的比较，得出单个指标的相对重要性，构造判断矩阵 $W$。

第三步，进行权重的确定及一致性检验。对于判断矩阵 $W$，计算满足 $AW = \lambda_{max}W$ 的最大特征值 $\lambda_{max}$ 及其对应的特征向量 $A$。在判断矩阵的构造中，并不要求判断具有传递性和一致性，这是由客观事物的复杂性与人的认识的多样性所决定的。但要求将判断矩阵的偏差限制在一定范围内，使矩阵满足大体上的一致性，因此要对判断矩阵的一致性进行检验。判断矩阵一致性指标 $CI$ 和一致性比例 $CR$ 分别用式（6.16）和式（6.17）求得：

$$CI = \frac{\lambda_{max} - n}{n - 1};\qquad(6.16)$$

$$CR = \frac{CI}{RI}。\qquad(6.17)$$

其中，$RI$ 为平均随机一致性指标，其值的大小与评价因子的个数 $n$ 有关，可通过查表 6.1 求得。一般地，一致性比例 $CR$ 越小，判断矩阵的一致性越好。当 $CR < 0.1$ 时，便认为判断具有可接受的一致性，特征向量即可作为权重向量；当 $CR \geqslant 0.1$ 时，就需要调整和修正判断矩阵，使其满足 $CR < 0.1$，具有满意的一致性。当 $n < 3$ 时，判断矩阵永远具有完全一致性。

表 6.1  平均随机一致性指标

| 阶数 | 1 | 2 | 3 | 4 | 5 | 6 | 7 | 8 | 9 |
|------|---|---|------|------|------|------|------|------|------|
| $RI$ | 0 | 0 | 0.58 | 0.94 | 1.12 | 1.24 | 1.32 | 1.41 | 1.45 |

邀请专家对两两元素的相对重要性进行评分，评分标准采用 Satty 九级标度法，如表 6.2 所示。

表 6.2  判断矩阵 1 级至 9 级标度法

| 标度 | 含义 |
|------|------|
| 1 | 表示两元素相比，具有同等重要性 |
| 3 | 表示两元素相比，一个元素比另一个稍微重要 |
| 5 | 表示两元素相比，一个元素比另一个明显重要 |
| 7 | 表示两元素相比，一个元素比另一个强烈重要 |
| 9 | 表示两元素相比，一个元素比另一个极端重要 |
| 2、4、6、8 | 上述两相邻判断的中间值 |

例如，对于太浦河、太浦河水源地联合调度对应的各项目标，各层次判断矩阵如表 6.3 至表 6.12 所示。

**表 6.3　联合调度方案 3 个领域目标判断矩阵**

| 领域 | 防洪目标 | 水量目标 | 水质目标 |
|---|---|---|---|
| 防洪目标 | 1 | 1/2 | 1/4 |
| 供水目标 | 2 | 1 | 1/2 |
| 水质目标 | 4 | 2 | 1 |

**表 6.4　联合调度方案防洪目标领域判断矩阵**

| 指标 | 太湖水位超警天数 | 嘉兴水位超警天数 | 陈墓水位超警天数 |
|---|---|---|---|
| 太湖水位超警天数 | 1 | 2 | 2 |
| 嘉兴水位超警天数 | 1/2 | 1 | 1 |
| 陈墓水位超警天数 | 1/2 | 1 | 1 |

对于供水目标领域，将两岸重点口门引水量、北岸（陈墓水位）供水保证率、南岸（嘉兴水位）供水保证率归为指标 B1，太湖供水保证率、太湖平均水位归为指标 B2，金泽供水保证率、金泽平均水位归为指标 B3，供水成本（常熟枢纽泵引天数）归为指标 B4。供水目标领域判断矩阵如表 6.5 所示。针对 B1 ~ B3 再分别构造判断矩阵，如表 6.6 至表 6.8 所示。

**表 6.5　联合调度方案水量目标领域判断矩阵**

| 指标 | B1 | B2 | B3 | B4 |
|---|---|---|---|---|
| B1 | 1 | 2 | 4 | 8 |
| B2 | 1/2 | 1 | 2 | 4 |
| B3 | 1/4 | 1/2 | 1 | 2 |
| B4 | 1/8 | 1/4 | 1/2 | 1 |

**表 6.6　B1 判断矩阵**

| 指标 | 两岸重点口门引水量 | 北岸供水保证率 | 南岸供水保证率 |
|---|---|---|---|
| 两岸重点口门引水量 | 1 | 1/4 | 1/4 |
| 北岸供水保证率 | 4 | 1 | 1 |
| 南岸供水保证率 | 4 | 1 | 1 |

### 表 6.7  B2 判断矩阵

| 指标 | 太湖供水保证率 | 太湖平均水位 |
| --- | --- | --- |
| 太湖供水保证率 | 1 | 1 |
| 太湖平均水位 | 1 | 1 |

### 表 6.8  B3 判断矩阵

| 指标 | 金泽供水保证率 | 金泽平均水位 |
| --- | --- | --- |
| 金泽供水保证率 | 1 | 2 |
| 金泽平均水位 | 1/2 | 1 |

### 表 6.9  水质目标领域判断矩阵

| 指标 | NH$_3$-N | TP | TN | COD |
| --- | --- | --- | --- | --- |
| NH$_3$-N | 1 | 2 | 4 | 8 |
| TP | 1/2 | 1 | 2 | 4 |
| TN | 1/4 | 1/2 | 1 | 2 |
| COD | 1/8 | 1/4 | 1/2 | 1 |

### 表 6.10  判断矩阵

| NH$_3$-N | 污染物达标保证率 | 污染物超 25% 频率浓度 | 污染物平均浓度 |
| --- | --- | --- | --- |
| 污染物达标保证率 | 1 | 2 | 2 |
| 污染物超 25% 频率浓度 | 1/2 | 1 | 1 |
| 污染物平均浓度 | 1/2 | 1 | 1 |

### 表 6.11  判断矩阵

| TP/COD | 污染物达标保证率 | 污染物超 25% 频率浓度 | 污染物平均浓度 |
| --- | --- | --- | --- |
| 污染物达标保证率 | 1 | 3/2 | 3/2 |
| 污染物超 25% 频率浓度 | 2/3 | 1 | 1 |
| 污染物平均浓度 | 2/3 | 1 | 1 |

### 表 6.12  判断矩阵

| TN | 污染物超 25% 频率浓度 | 污染物平均浓度 |
| --- | --- | --- |
| 污染物超 25% 频率浓度 | 1 | 1 |
| 污染物平均浓度 | 1 | 1 |

根据上述判断矩阵，综合得到联合调度方案对应的所有指标权重，如表 6.13 所示。由该表可知，3 个领域的目标的重要性权重为水质＞水量＞防洪，而在水质指标中又以 $NH_3-N$ 的重要性程度最高。这基本上反映了太浦河金泽取水安全对太浦闸及两岸口门联合调度的需求导向和重点目标。

**表 6.13 指标权重**

| 指标 | 防洪目标领域 | | | 水量目标领域 | | | | | | | |
|------|------|------|------|------|------|------|------|------|------|------|------|
| | $T_{太湖}$ | $T_{嘉兴}$ | $T_{陈慕}$ | $PG_{太湖}$ | $H_{太湖}$ | $PG_{金泽}$ | $H_{金泽}$ | $W$ | $PG_{陈慕}$ | $PG_{嘉兴}$ | $M_{常熟}$ |
| 权重 | 0.072 | 0.036 | 0.036 | 0.038 | 0.038 | 0.025 | 0.013 | 0.017 | 0.068 | 0.068 | 0.019 |

| 指标 | 水质目标领域 | | | | | | | | | |
|------|------|------|------|------|------|------|------|------|------|------|
| | $PQ_{NH_3-N}$ | $v_{25\%,\ NH_3-N}$ | $V_{NH_3-N}$ | $PQ_{TP}$ | $v_{25\%,\ TP}$ | $V_{TP}$ | $v_{25\%,\ TN}$ | $V_{TN}$ | $PQ_{COD}$ | $v_{25\%,\ COD}$ | $V_{COD}$ |
| 权重 | 0.130 | 0.087 | 0.087 | 0.076 | 0.038 | 0.038 | 0.038 | 0.038 | 0.019 | 0.010 | 0.010 |

## 6.1.3 模型约束条件

对于最优决策问题，决策变量的选择往往受到一定最基本的物理定律或其他类型的限制。在研究问题时，这些限制称为约束条件，一般用数学表达式可以准确地描述它们。太浦河水源地取水安全水利联合调度所涉及的约束条件主要包括重要控制断面的水位约束、水量约束（流量、流速）及水质约束。

（1）水位约束

$Z_{min} < Z_i < Z_{max}$。其中，$Z_i$ 为某控制断面的计算水位，$Z_{max}$、$Z_{min}$ 为该控制断面最高、最低限制水位，最高限制水位，一般根据防洪要求确定，是指从堤防安全及防洪保护区角度而言，下游控制节点水位不能超过的限度；最低限制水位主要是从生态和航运的角度，各控制断面的最低水位允许值。

（2）流量、流速约束

$Q_{min} < Q_i < Q_{max}$；$V_{min} < V_i < V_{max}$。其中，$Q_i$ 为某控制断面的计算流量，$Q_{max}$、$Q_{min}$ 为该控制断面最大、最小限制流量；$V_i$ 为某控制断面的计算流速，$V_{max}$、$V_{min}$ 为该控制断面最大、最小限制流速。最大限制流量的意义与最高限制水位类似，是指从堤防安全及防洪保护区角度而言，下游控制节点流量不能超过

的安全限度；最小限制流量同样主要是从生态和航运的角度，各控制断面的最小流量允许值。而最大、最小限制流速则主要是考虑防冲刷、航运、生态等因素的流速限制条件。

（3）水质约束

$q_i < q_{max}$。其中，$q_i$ 为某控制断面的计算水质指标值；$q_{max}$ 为某控制断面允许的最低水质指标值，即要求控制断面的水质指标值（通常是污染物浓度值）不高于某一阈值。

（4）水量水质平衡约束

水量水质平衡约束主要是指太浦河沿线及太湖流域各水利工程、河道、湖泊之间的水量、水力、水质联系和依存关系。

（5）工程运行能力约束

主要包括太浦闸及太浦河沿线南、北岸在内的水利工程（如泵站、闸门等）的引水、过水能力，以及工程调度运行方式约束等。

在上述 5 个方面的约束条件下，第 4 个和第 5 个方面的约束条件已在流域水量水质模型中通过数学方程描述和反映；则第 1 个至第 3 个方面的约束条件可用目标函数中的罚函数项的形式加以体现。对于不能突破的水位、流量、流速及水质约束条件，在目标函数中赋予较大的罚函数项。

## 6.1.4 模型求解方法

针对黄浦江上游太浦河取水安全水利联合调度方案优选的多目标特征，本研究采用可拓物元（Extenics Matter Element，EME）方案优选模型和基于蚁群算法（Ant Colony Optimization，ACO）的方案优选模型，综合两个模型的优选结果，结合调度方案实际情况，提出推荐的调度方案。具体的方法是在 EME 优选得到的基础上，进一步采用 ACO 方法加以校验，将两种方法均认为是比较适合的联合调度方案作为推荐方案。

### 6.1.4.1 可拓物元优选模型

可拓学是由我国学者蔡文于 1983 年提出的，目前广泛应用于人工智能、预测、控制、系统、信息、评价等诸多领域的研究。物元是可拓学的逻辑细胞之一，是形式化描述物的基本元，用一个有序三元组 $E=$（物、特征的名称、量值）= $(N, c, v)$ 表示。它把物的质与量有机地结合起来，反映了物的质和量的辩证关系。物元具有发散性、相关性、共轭性、蕴含性、可扩性等可拓性，这些性质是进行物元变换的依据。而物元变换是可拓集合中"是"与"非"相互转化的工具。可拓集合中的元素是物元时，就形成物元可拓集合。本书在运用可拓物元优选模型进行方案的优选时，做了一定的改进，权重系数计算时采用了基于可能度法和改进的熵权法的组合赋权评价模型，将主观权重和客观权重有机结合，充分利用各种赋权方法的有用信息，使得优选结果更符合实际情况。

设 $I_i(i=1, 2,\cdots, m)$ 是可拓集合 $P$ 的 $m$ 个子集，$I_i \subset P(i=1, 2,\cdots, m)$ 对任何待测对象 $p \in P$，用以下步骤判断 $P$ 是属于哪个子集 $I_i$，并计算 $P$ 属于每一个子集 $I_i$ 的关联度。

（1）确定经典域和节域

令

$$E_i=(L_i, C, R_i)=\begin{pmatrix} I_i, & c_1, & R_{i1} \\ & c_2, & R_{i2} \\ & \vdots & \vdots \\ & c_n, & R_{in} \end{pmatrix}=\begin{pmatrix} I_i, & c_1, & <a_{i1}, b_{i1}> \\ & c_2, & <a_{i2}, b_{i2}> \\ & \vdots & \vdots \\ & c_n, & <a_{in}, b_{in}> \end{pmatrix}。 \tag{6.18}$$

其中，$c_1, c_2, \cdots, c_n$ 是子集 $I_i$ 的 $n$ 个不同特征，$R_i$ 是 $X_i$ 的归一化指标值，按照式（6.14）和式（6.15）归一化处理，而 $R_{i1}, R_{i2}, \cdots, R_n$ 分别为子集 $I_i$ 关于特征 $c_1, c_2, \cdots, c_n$ 的取值范围，即经典域，并且记 $R_{ij}=<a_{ij}, b_{ij}>$ $(i=1, 2,\cdots, m, j=1, 2, \cdots, n)$。再令

$$E_p=(P, C, R_p)=\begin{pmatrix} P, & c_1, & R_{p1} \\ & c_2, & R_{p2} \\ & \vdots & \vdots \\ & c_n, & R_{pn} \end{pmatrix}=\begin{pmatrix} P, & c_1, & <a_{p1}, b_{p1}> \\ & c_2, & <a_{p2}, b_{p2}> \\ & \vdots & \vdots \\ & c_n, & <a_{pn}, b_{pn}> \end{pmatrix}。 \tag{6.19}$$

其中，$R_{p1}, R_{p2}, \cdots, R_{pn}$ 分别为 $P$ 的取值范围，称为 $P$ 的节域，记作 $R_{pj}=<a_{pj}, b_{pj}>$ $(j=1, 2, \cdots, n)$。

（2）确定待测样本物元

待测样本物元表示为

$$E_x = (P, C, r) = \begin{pmatrix} P, & c_1, & r_1 \\ & c_2, & r_2 \\ & \vdots & \vdots \\ & c_n, & r_n \end{pmatrix}。 \qquad (6.20)$$

其中，$r_1$，$r_2$，$\cdots$，$r_n$ 分别为待测样本的 $n$ 个特征的观测值的归一化值。

（3）确定关联函数值

关联程度按下式计算

$$K_i(r_j) = \begin{cases} -\rho(r_j, R_{ij})/|R_{ij}| & r_j \in R_{ij} \\ \rho(r_j, R_{ij})/\rho(r_j, R_{pj}) - \rho(r_j, R_{ij}) & r_j \notin R_{ij} \end{cases}。 \qquad (6.21)$$

其中，

$$\rho(r_j, R_{ij}) = |r_j - (a_{ij} + b_{ij})/2| - (b_{ij} - a_{ij})/2;$$
$$\rho(r_j, R_{pj}) = |r_j - (a_{pj} + b_{pj})/2| - (b_{pj} - a_{pj})/2。$$

（4）确定权重系数

本项目采用主观赋权法中的层次分析法确定优选模型的指标权重，充分考虑专家意见及各指标在实际调度中的作用，使结果更符合实际情况。

（5）确定待测样本对各类的关联度

待测样本 $p$ 对 $I_i$ 类的关联程度为

$$K_i(p) = \sum_{j=1}^{n} w_j K_i(r_j)。 \qquad (6.22)$$

（6）依据最大隶属度原则，对待测样本所属类别的判定

若

$$K_i = \max K_s(p)(s = 1, 2, \cdots, m), \qquad (6.23)$$

则判定样本 $p$ 属于第 $i$ 类；若对一切 $s$，$K(p) \leqslant 0(s = 1, 2, \cdots, m)$，则表示样本 $p$ 已不在划分的类别之内。

（7）对每类进行样本优选

根据（1）~（6），如果第 $i$ 类中有 $l$ 个样本，

$$K_i^+ = \max K_v(q)(v = 1, 2, \cdots, l), \qquad (6.24)$$

那么，判断样本 $q$ 是第 $i$ 类中的最优方案。

可拓物元方法利用了可拓集合的基本理论和物元的可拓分析，通过关联函数进行定量计算，由于关联函数的值可正可负，因此，关联程度可以反映一个评价对象的利弊程度。另外，可拓物元方法对指标体系没有要求和限制，通过距离函数对评价指标和评价标准之间的关联程度进行度量。

### 6.1.4.2　基于蚁群算法的方案优选模型

蚁群算法是近年来提出的一种基于种群寻优的启发式搜索算法。该算法受到自然界中真实蚁群通过个体间的信息传递、搜索从蚁穴到食物间的最短距离的集体寻优特征的启发，解决一些离散系统中优化的困难问题。目前，该算法已被应用于求解旅行商问题、指派问题及调度问题等，取得了较好的结果。ACO 就是根据真实蚁群的群体行为提出的一种随机搜索算法，通过对初始解（候选解）组成的群体来寻求最优解。各候选解通过个体释放的信息不断调整自身结构，并且与其他候选解进行交流，以产生更好的解。

针对以往方案优选问题根据主观赋权来区分决策者风险偏好的局限性，本书提出了一种新的优选思路。首先将调度方案的可行方案集分为 5 类：好、较好、中等、较一般，一般，在每一类方案中依据相应的目标函数选出一个最优方案。这样就将问题转化为先聚类后优选的问题，并且是聚类数目已知的聚类问题。已知样本集的总类数，但各样本的具体分类情况未知，由聚类结果，根据目标函数，选择每个类别的最优方案。

（1）蚂蚁结构

每只蚂蚁都表示一种可能的聚类结果。与遗传算法一样，首先对每个样本随机生成类别号，以组成每只蚂蚁的结构。

（2）信息素矩阵

信息素是一个在迭代过程不断更新的矩阵，其中 $N$ 为样本数，$n$ 为类别数。算法开始时，矩阵被初始化为设定的同一值，表示样本 $i$ 分配到它所属的类 $j$ 的信息素值。

（3）目标函数

已知样本集有 $N$ 个样本和 $M$ 个分类，每个样本有 $n$ 个特征值。以样本到聚

类中心的加权距离最小作为目标函数，即

$$\min J(u, w, c) = \sum_{j=1}^{M} \sum_{i=1}^{N} u_{ij} \left[ \sum_{p=1}^{n} w_p (x_{ip} - c_{jp})^r \right]^{1/r} 。 \qquad (6.25)$$

其中，

$$c_{jp} = \frac{\sum_{i=1}^{N} u_{ij} x_{ij}}{\sum_{i=1}^{N} u_{ij}}, \ j = 1, 2, \cdots, M, \ p = 1, 2, \cdots, n \ ;$$

$$u_{ij} = \begin{cases} 1, & \text{若样本 } i \text{ 属于 } j \text{ 类} \\ 0, & \text{否则} \end{cases} \ ;$$

$x_{ip}$ 为第 $i$ 个样本的第 $p$ 个属性；$c_{jp}$ 为第 $j$ 类中心的第 $p$ 个属性，$w_p$ 为第 $p$ 个属性的权重系数，且 $\sum_{p=1}^{n} w_p = 1$，权重系数采用层次分析法确定；$r$ 为距离参数，$r=1$ 为海明距离；$r=2$ 为欧式距离。

（4）更新蚁群

在每一次蚁群更新中，蚂蚁通过信息素的间接通信实现把样本集划分为 $M$ 个近似划分。当 $m$ 只蚂蚁迭代结束后，再进行局部搜索以进一步提高类划分的质量，然后根据类划分的质量更新信息素矩阵。如此循环，直到满足循环条件后结束。

设 $t$ 表示迭代的次数，每只蚂蚁依赖于第 $t-1$ 次迭代提供的信息素来实现分类。对每只蚂蚁所构成的每个样本，系统产生一个随机数 $q$，与预先定义的一个数值在 $0 \sim 1$ 的概率 $q0$ 比较，决定每只蚂蚁的更新：若 $q < q0$，则选择与样本间具有最大信息素的类为样本要归属的类。若 $q > q0$，则根据转换概率随机选择样本要转换的类。

转换概率由式（6.26）计算：

$$p_{ij} = \frac{\tau_{ij}}{\sum_{i=1}^{M} \tau_{ij}} 。 \qquad (6.26)$$

其中，$\tau_{ij}$ 为样本 $i$ 和所属类 $j$ 间的标准化信息素。每个样本 $i$ 根据转换概率分布，选择要转换到的类别。

（5）局部搜索

为提高蚁群算法寻找最优解的效率，很多改进的蚁群算法都加入了局部搜索。局部搜索可对所有解进行，也可以只对部分解执行，此时执行的部分解为具有较小的目标函数的前 $L$ 个解。

（6）信息素更新

执行过局部搜索之后，利用前 $L$ 个蚂蚁对信息素进行更新，其公式为

$$\tau_{ij}(t+1)=(1-\rho)\tau_{ij}(t)+\sum_{s=1}^{L}\Delta\tau_{ij}^{s}, i=1,2,\cdots,N; j=1,2,\cdots,M。$$
$$(6.27)$$

其中，$\rho(0<\rho<1)$ 为信息素蒸发参数（轨迹的衰减系数）；$\tau_{ij}$ 为样本 $i$ 和所属类在 $t$ 时刻的信息素浓度。设 $J_s$ 为蚂蚁 $s$ 的目标函数，$Q$ 为一参数常量值，若蚂蚁 $s$ 中的样本 $i$ 属于 $j$ 类，则 $\Delta\tau_{ij}^{s}=Q/J_s$，否则 $\Delta\tau_{ij}^{s}=0$，直至一次迭代结束。继续迭代，直到最大迭代次数，返回最优解为结果。

（7）优选 $M$ 个分类中的样本

根据（1）~（6）将样本分成 $M$ 类，确定第 $j$ 类的最优样本。如果第 $j$ 个分类中含有1个样本，每个样本有 $n$ 个特征值。那么，对于第 $j$ 类，以样本 $i$ 到聚类中心的加权距离最小作为目标函数，选择到聚类中心加权距离最小的样本为最优样本方案。

蚁群算法结合了分布式计算、正反馈机制和贪婪式搜索算法，在搜索的过程中不容易陷入局部最优，同时贪婪式搜索有利于快速找出可行解，缩短了搜索时间。另外，蚁群算法采用自然进化机制来表现复杂的现象，通过信息素合作而不是通过个体之间的通信机制，使算法具有较好的可扩充性，能够快速可靠地解决问题。

本研究采用 ACO 方案优选模型进行方案优选，在构造目标函数时引入了指标权重，权重计算时仍采用层次分析法。因此，在实际工作中，要针对不同优化问题的特点，设计不同的蚁群算法，选择合适的目标函数、信息更新和群体协调机制，尽量避免算法缺陷。

# 6.2 多目标方案优选

## 6.2.1 联合调度决策数学模型计算

根据联合调度决策数学模型，共选择防洪、水量、水质3个方面共22项指标构建目标函数。防洪方面选取了3个相关指标，包括太湖水位超警天数、嘉兴水位超警天数和陈墓水位超警天数；供水方面选取了8个相关指标，包括太湖供水保证率、太湖平均水位、金泽供水保证率、金泽平均水位、两岸重点口门（元荡、北窑港、陶庄、大舜、丁栅）引水量、北岸（陈墓水位）供水保证率、南岸（嘉兴水位）供水保证率、供水成本（常熟枢纽泵引天数）；水质方面选取了11个相关指标，包括TP达标保证率、$NH_3$-H达标保证率、COD达标保证率、$NH_3$-N超25%频率浓度、TP超25%频率浓度、TN超25%频率浓度、COD超25%频率浓度、TP平均浓度、TN平均浓度、$NH_3$-H平均浓度、COD平均浓度。由于资料和时间的限制，选取的指标尚有一定的局限性，今后有必要在完善资料的基础上选取更有效的指标，使优选结果更加符合实际。分析时段选择汛期、2—4月、非汛期和全年4个时段，计算方案为90%降雨频率典型年（1971年）、75%降雨频率典型年（1976年）。

分析各项评价指标可知，太湖、金泽、北岸和南岸供水保证率，太湖、金泽平均水位，两岸重点口门引水量，TP、$NH_3$-H、COD达标保证率，这10项指标属于越大越优指标，即指标值越大，方案相对越好；太湖、嘉兴、陈墓水位超警天数，供水成本，TP、TN、$NH_3$-H、COD平均浓度，TP、TN、$NH_3$-H、COD超25%频率浓度，这12项指标属于越小越优指标，即指标值越小，方案相对越好。

对于枯水典型年1971年，防洪目标领域的3个指标的灵敏性不高，各方案对区域防洪安全有利；金泽供水保证率均达到100%，指标不够灵敏；水质目标领域，超25%频率浓度和平均浓度的相关性很大，大部分指标都超过0.92，除了汛期和非汛期的COD相关系数分别为0.62和0.79，汛期$NH_3$-N相关系数为0.64。另外，TP达标保证率均为0，TP达标保证率灵敏性不高，汛期$NH_3$-N达标保证率均为100%，因此，$NH_3$-N达标保证率指标灵敏性也不高。

对于中等干旱典型年 1976 年，防洪目标领域的 3 个指标的灵敏性不高，方案总体对区域防洪安全有利；对于 4 个分析时段（汛期、2—4 月、非汛期和全年），金泽供水保证率均达到 100%，指标不够灵敏，太湖供水保证率在汛期也达到 100%；水质目标领域，超 25% 频率浓度和平均浓度的相关性很大，大部分指标超过 0.92。

## 6.2.2　各模型优选方案比较

本次优选模型计算重点针对 20 个调度方案水量水质模拟结果区分度较高的 1971 年和 1976 典型年（1990 年和 1989 年典型年各调度方案水量水质模拟结果区分度很小，水质调度策略甚至没有能够执行），各项指标归一化后，采用 EME 优选模型和 ACO 优选模型，将 1971 年典型和 1976 年典型的调度方案集分成 5 类，即好（Ⅰ）、较好（Ⅱ）、中等（Ⅲ）、较一般（Ⅳ），一般（Ⅴ），表 6.14 和表 6.15 列举了 Ⅰ 类方案计算结果。

从 1971 年型各调度方案优选结算结果来看，通过 EME、ACO 两种优选模型结果的相互校验，在不同时段推荐出了不同的方案组：汛期推荐的为方案 5-2、方案 B5-2，方案 2—4 月推荐的为方案 7-2、方案 8-2、方案 B6-2，非汛期推荐的为方案 4-2、方案 8-2、方案 B6-2，全年期推荐的为方案 4-2、方案 7-2、方案 8-2、方案 B5-2、方案 B6-2。

从 1976 年型各调度方案优选结算结果来看，通过 EME、ACO 两种优选模型结果的相互校验，在不同时段推荐出了不同的方案组：汛期推荐的为方案 5-2、2—4 月推荐的为方案 4-2、方案 B5-1、方案 B5-2、方案 B6-1、方案 B6-2，非汛期推荐的为方案 4-2、方案 5-2、方案 B5-2、方案 B6-2，全年期推荐的为方案 6-2、方案 B5-2、方案 B6-2。

从本研究的主要目标来看，实现黄浦江上游太浦河和松浦大桥（主要是太浦河水源地）取水安全水利联合调度，保障太浦河金泽取水安全的目标是首要的，同时兼顾水利联合调度的其他利益相关方。太浦河金泽水源地需稳定达到 Ⅲ 类水质标准，尤其 2—4 月（历史监测资料显示该时段）是太浦河水源地水质关键指标 $NH_3-N$ 指标达标率最差的时段，因此，虽然优选结果推荐了不同时段的最优调度策略组，但建议后期方案决策时重点关注全年期和 2—4 月。

表 6.14　1971 年（枯水典型年）优选模型 I 类方案

| 汛期 | | 2—4 月 | | 非汛期 | | 全年 | |
| --- | --- | --- | --- | --- | --- | --- | --- |
| EME | ACO | EME | ACO | EME | ACO | EME | ACO |
| 1–2 | 5–2 | 4–2 | 7–2 | 4–2 | 4–2 | 4–2 | 4–2 |
| 2–2 | B5–2 | 5–2 | 8–2 | 5–2 | 8–2 | 6–2 | 5–2 |
| 4–2 | B6–2 | 6–2 | B6–2 | 6–2 | B6–2 | 7–2 | 7–2 |
| 5–2 | | 7–2 | | 7–2 | | 8–2 | 8–2 |
| 6–2 | | 8–2 | | 8–2 | | B5–2 | B5–2 |
| 8–2 | | B5–2 | | B5–2 | | B6–2 | B6–2 |
| B5–2 | | B6–2 | | B6–2 | | | |

表 6.15　1976 年（枯水典型年）优选模型 I 类方案

| 汛期 | | 2—4 月 | | 非汛期 | | 全年 | |
| --- | --- | --- | --- | --- | --- | --- | --- |
| EME | ACO | EME | ACO | EME | ACO | EME | ACO |
| 1–1 | 1–1 | 4–2 | 4–2 | 1–2 | 4–2 | 4–1 | 6–1 |
| 1–2 | 5–2 | 5–2 | B5–1 | 4–2 | 5–2 | 4–2 | 6–2 |
| 5–1 | B5–2 | 6–2 | B5–2 | 5–2 | B5–1 | 5–2 | B5–2 |
| 5–2 | | 8–2 | B6–1 | 6–2 | B5–2 | 6–2 | B6–1 |
| | | B5–1 | B6–2 | 8–1 | B6–1 | 8–1 | B6–2 |
| | | B5–2 | | 8–2 | B6–2 | 8–2 | |
| | | B6–1 | | B5–2 | | B5–2 | |
| | | B6–2 | | B6–2 | | B6–2 | |

## 6.2.3　方案决策

确定决策方案时，综合 EME 和 ACO 两种模型优选计算结果，本次联合调度的推荐方案选择 EME 模型和 ACO 模型 I 类方案的交集方案作为推荐的联合调度方案，如表 6.16 和表 6.17 所示。

表 6.16　1971 年（枯水典型年）联合调度推荐方案及最优方案

| 汛期 | 2—4 月 | 非汛期 | 全年 |
| --- | --- | --- | --- |
| 5–2 | 7–2 | 4–2 | 4–2 |
| B5–2 | 8–2 | 8–2 | 7–2 |
| | B6–2 | B6–2 | 8–2 |
| | | | B5–2 |
| | | | B6–2 |

对于 1971 年这样枯水典型年，从全年来看，大流量下泄方案、按照金泽断面水质需求的调度方案都是相对最优的方案，在 2—4 月则更是推荐了按照金泽断面水质需求进行调度，总体来看，方案 8-2、方案 B6-2 在全年、2—4 月、非汛期均表现较好。

表 6.17　1976 年（中等干旱典型年）联合调度推荐方案及最优方案

| 汛期 | 2—4 月 | 非汛期 | 全年 |
|---|---|---|---|
| 1-1 | 4-2 | 4-2 | 6-2 |
| 5-2 | B5-1 | 5-2 | B5-2 |
| | B5-2 | B5-2 | B6-2 |
| | B6-1 | B6-2 | |
| | B6-2 | | |

对于 1976 年这样的中等干旱典型年，从全年来看，根据金泽断面的水质需求适当加大太浦闸下泄流量同时太浦河两岸口门在水资源调度期间有序流动的方案相对较优，在 2—4 月则重点推荐了太浦闸大流量下泄方案和根据金泽断面水质需求提前预泄的方案，总体来看，方案 B5-2、方案 B6-2 在全年、2—4 月、非汛期均表现较好。

从这两个典型年推荐的调度方案来看，方案 8-2、方案 B5-2、方案 B6-2 均是考虑金泽水质需求的调度方案，区别在于方案 8-2 是在太湖水位高于 2.80 m 时即执行太浦闸下泄流量大于 80 m³/s，且随着太湖水位的升高，下泄流量最大可加大至 200 m³/s，当金泽断面 $NH_3$-N 浓度超过 1 mg/L 时，则进一步加大太浦闸泄量，太湖水位高于 2.80 m 时，太浦闸就以 100 m³/s 的流量下泄；方案 B5-2、方案 B6-2 分别是在金泽断面 $NH_3$-N 浓度超过 0.7 mg/L、1 mg/L 时适当加大太浦闸泄量，太浦闸最大下泄量为 100 m³/s，其余时段则按照常规流量下泄，最大下泄流量为 70 m³/s。

从这 3 个方案的优选结果来看，方案 8-2、方案 B5-2、方案 B6-2 均属于最优方案（即 I 类方案），下面从方案的可行性和过去的调度实践来分析这 3 个方案的可操作性。

从调度依据来看：《太湖流域洪水与水量调度方案》明确指出"当太湖下游

太浦河水源地取水安全水利工程联合调控优化研究

地区发生饮用水水源地水质恶化或突发水污染事件时，可加大太浦闸供水流量，必要时启动太浦河泵站"，因此，考虑太浦河金泽断面水质需求加大太浦闸供水流量是有依据的，也就是说，方案 8-2、方案 B5-2、方案 B6-2 是有依据的。

从调度实践来看：根据 2003—2012 年太浦闸实际下泄流量，太湖日均水位在 2.65 ~ 2.8 m 时，太浦闸日均下泄流量为 18 m³/s；太湖水位在 2.8 ~ 3.0 m 时，太浦闸下泄流量为 31 m³/s；太湖水位在 3.0 ~ 3.1 m、3.1 ~ 3.3 m、3.3 ~ 3.5 m、> 3.5 m 时，太浦闸下泄流量分别在 56 m³/s、63 m³/s、75 m³/s、131 m³/s。调度实践表明，太湖日均水位在 3.5 m 以下时，太浦闸的下泄流量均没有超过 80 m³/s。因此，在太湖水位不高时，太浦闸泄量应保持在合理范围内。

综合调度依据和调度实践来看，方案 B5-2、方案 B6-2 的可行性更强，因此，综合考虑优选结果、调度可行性，推荐方案 B5-2、方案 B6-2。

## 6.2.4　推荐调度方案分析

上述研究综合考虑优选结果、调度依据及调度实践，推荐了方案 B5-2、方案 B6-2，考虑到平水年、丰水年太浦河金泽水源地水质指标模拟情况较好，以下简要分析枯水典型年、中等干旱典型年方案 B5-2、方案 B6-2 对太湖水资源、太浦闸下泄量及改善太浦河水源地取水安全效果的影响程度。

（1）太湖水位

遇枯水典型年和中等干旱典型年，太浦河工程执行方案 B5-2、方案 B6-2 时，与现状调度（洪水与水量调度方案）相比，太湖水位特征值受影响程度不大，平均值变幅为 1 cm，最小值变幅 1 ~ 2 cm，在 2—4 月太浦河水源地水质较差的时段，太湖水位过程有一定降低。分析其原因，方案 B5-2、方案 B6-2 虽然是在太浦河水源地 $NH_3-N$ 指标超过 0.7 mg/L 时就要加大太浦闸泄量，但仍然充分考虑了太湖水位的限制，仅在太湖水位高于 2.80 m 时才将太浦闸下泄流量增大至 80 m³/s，太湖水位低于 2.80 m 时太浦闸下泄流量没有超过 50 m³/s，当太浦河水源地 $NH_3-N$ 指标超过 1 mg/L、不满足地表水 III 类标准，且太湖水位高于 2.65 m 时太浦闸泄量增至 80 m³/s，太湖水位高于 2.80 m 时进一步增大太浦闸泄量至 100 m³/s（图 6.3、图 6.4 和表 6.18）。

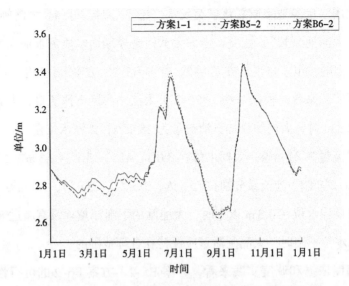

图 6.3 枯水典型年不同方案太湖水位过程对比

图 6.4 中等干旱典型年不同方案太湖水位过程对比

表 6.18 枯水及中等干旱典型年不同方案太湖特征水位对比 单位：m

| 代表站 | 方案 | 1971 年 | | | 1976 年 | | |
|---|---|---|---|---|---|---|---|
| | | 平均水位 | 最小值 | 最大值 | 平均水位 | 最小值 | 最大值 |
| 太湖 | 1–1 | 2.94 | 2.64 | 3.44 | 3.05 | 2.78 | 3.32 |
| | B5–2 | 2.93 | 2.62 | 3.43 | 3.04 | 2.76 | 3.32 |
| | B6–2 | 2.94 | 2.65 | 3.45 | 3.04 | 2.76 | 3.32 |

（2）太浦河下泄量

遇枯水典型年和中等干旱典型年，太浦河工程执行方案 B5-2、方案 B6-2 时，与现状调度（洪水与水量调度方案）相比，太浦闸月净泄流量增大主要集中在水质较差的 1—4 月（图 6.5、图 6.6），太浦闸在水资源调度期的下泄量分别为 18.13 亿 m³、20.87 亿 m³，均小于《太湖流域水量分配方案》2015 年近期工况枯水典型年、中等干旱典型年太浦河水资源调度期下泄量 18.92 亿 m³、28.63 亿 m³。因此，本次推荐的太浦河工程调度方案是在流域水量分配确定的太浦河河道内水量分配总量框架内根据金泽取水安全需求而进行的优化调整。

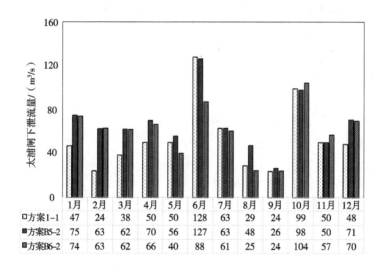

图 6.5　枯水典型年不同方案太浦闸月净泄流量过程对比

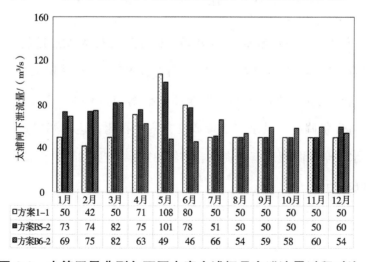

图 6.6　中等干旱典型年不同方案太浦闸月净泄流量过程对比

（3）太浦河水源地 $NH_3-N$ 浓度及达标率

遇枯水典型年，太浦河工程执行方案 B5-2、方案 B6-2 时，太浦河金泽水源地取水安全关键指标 $NH_3-N$ 全年达标率分别为 92.6%、92.9%，与现状调度（洪水与水量调度方案）相比，达标率提高了约 15 个百分点，取水安全保障程度有明显提高。

通过进一步分析，在方案 B5-2、方案 B6-2 基础上，进一步加大金泽断面 $NH_3-N$ 浓度超过 0.7 mg/L 时段太浦闸下泄流量，当太浦闸年下泄水量增大 13% 左右时，金泽 $NH_3-N$ 达标率可达 100%，但此时全年、2—4 月太湖平均水位较方案 B5-2、方案 B6-2 分别降低 3 cm、4 cm 左右（图 6.7）。

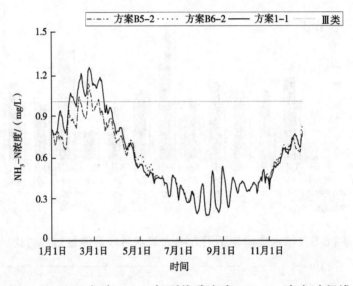

**图 6.7　90% 频率 1971 年型优选方案 $NH_3-N$ 浓度过程线**

遇中等干旱典型年，太浦河工程执行方案 B5-2、方案 B6-2 时，太浦河水源地取水安全关键水质指标 $NH_3-N$ 全年达标率均为 97%，基本满足取水安全的需求。与现状调度（洪水与水量调度方案）相比，达标率提高了近 20 个百分点，取水安全保障程度有效提高。方案 B5-2、方案 B6-2 各水质指标的变化过程如图 6.8 所示。

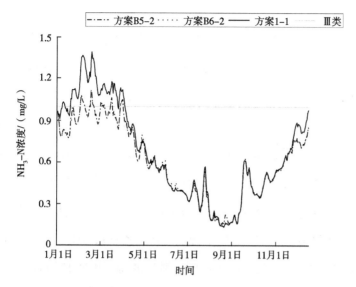

图 6.8　75% 频率 1976 年型优选方案 NH$_3$-N 浓度过程线

# 6.3　本章小结

①太浦河及两岸口门水利联合调度决策数学模型，主要包括模型决策变量的确定、模型目标函数的构建、模型约束条件分析及优化方案的决策方法。

模型决策变量主要包括太浦闸（泵站不启用）、太浦河两岸主要口门调度规则对应的控制水量、水位、水质指标。具体为：太浦闸在太湖水位处于不同区间时的流量，太浦闸在太浦河水源地处于不同水质条件时的流量，控制两岸口门启闭的嘉兴、陈墓代表站的排水、引水水位。

模型目标函数构建时，从太湖、太浦河两岸地区防洪、供水及太浦河水源地水质 3 个方面综合选取 22 项评价指标，采用层次分析法确定各项指标的权重和相对重要性。模型约束条件主要包括：重要控制断面的水位约束、水量约束（流量、流速）、水质约束、水量水质平衡约束及工程运行能力约束。模型求解方法采用多属性决策分析方法，即在可拓物元模型（EME）的基础上，进一步采用基于蚁群算法（ACO）加以校验，将两者方法均认为比较合适的联合调度方案作为推荐方案。

②采用 EME 优选模型和 ACO 优选模型相互校验，本次优选模型计算重点针对 20 个调度方案水量水质模拟结果区分度较高的 90% 频率典型年 1971 年和 75% 频率典型年 1976 年，结果表明，1971 年联合调度推荐方案为 8-2、方案 B6-2，1976 年联合调度推荐方案为 B5-2、方案 B6-2。方案 8-2、方案 B5-2、方案 B6-2 均是太浦河水源地水质分级调度方案，方案 8-2 是在太湖水位高于 2.80 m 时即执行太浦闸下泄流量大于 80 m³/s，且随着太湖水位的升高，下泄流量最大可加大至 200 m³/s，当金泽断面 NH₃-N 浓度超过 1 mg/L 时，则进一步加大太浦闸泄量；方案 B5-2、方案 B6-2 分别是在金泽断面 NH₃-N 浓度超过 0.7 mg/L、1 mg/L 时适当加大太浦闸泄量，太浦闸下泄量最高不超过 100 m³/s。

③综合调度依据、调度实践，为提高太浦河金泽取水安全保障程度，推荐当太湖水位位于防洪控制线以下时，太浦闸根据金泽取水口 NH₃-N 浓度和太湖水位控制下泄流量，两岸口门根据地区水资源情况适时引排。2002—2014 年调度实践表明，太湖旬均水位在 3.5 m 以下时，太浦闸的下泄流量均没有超过 80 m³/s，在太湖水位不高时，太浦闸泄量不可一味加大，否则会引起上下游的矛盾。综合调度依据及调度实践，将方案 B5-2、方案 B6-2 作为联合调度推荐方案，太浦闸及两岸口门调度规则如下。

太浦闸：当金泽取水口 NH₃-N 浓度小于 0.7 mg/L 时，太浦闸下泄流量在 50 ~ 70 m³/s；当金泽取水口 NH₃-N 浓度在 0.7 ~ 1 mg/L 时，适当增加太浦闸下泄流量，最大不超过 80 m³/s；当金泽取水口 NH₃-N 浓度大于 1 mg/L 时，进一步加大太浦闸下泄流量，最大流量不超过 100 m³/s。

太浦河两岸口门：当太湖水位低于防洪控制线时，两岸口门适时引排，即北岸陈墓、南岸嘉兴 6 月下旬至 10 月下旬水位低于 2.7 m，其余时间低于 2.6 m 时两岸口门从太浦河引水；当北岸陈墓水位高于 3.6 m，南岸嘉兴水位高于 3.3 m 时，两岸口门向太浦河排水，其余情况两岸口门均保持敞开状态。

# 参考文献

［1］ 杨丽芳，张小峰，谈广鸣．考虑生态调度的水库多目标调度模型初步研究［J］. 武汉大学学报：工学版，2010（4）：433-437.

［2］ 卢有麟，周建中，王浩，等．三峡梯级枢纽多目标生态优化调度模型及其求解方法［J］.水科学进展，2011，22（6）：780-788.

［3］ 刘建林，马斌，解建仓，等．跨流域多水源多目标多工程联合调水仿真模型：南水北调东线工程［J］.水土保持学报，2003，17（1）：75-79.

［4］ 董增川，卞戈亚，王传海，等．基于数值模拟的区域水量水质联合调度研究［J］. 水科学进展，2009，20（2）：184-189.

［5］ 刘玉年，施勇，程绪水，等．淮河中游水量水质联合调度模型研究［J］.水科学进展，2009，20（2）：177-183.

［6］ 彭少明，郑小康，王煜，等．黄河典型河段水量水质一体化调配模型［J］.水科学进展，2016，27（2）：196-205.

［7］ 郭生练，陈炯宏，刘攀，等．水库群联合优化调度研究进展与展望［J］.水科学进展，2010，21（4）：496-503.

［8］ 郭文献，夏自强，王远坤，等．山峡水库生态调度目标研究［J］.水科学进展，2009，20（4）：554-559.

［9］ 杨柳，汪妮，解建仓，等．跨流域调水与受水区多水源联合供水模拟研究［J］. 水力发电学报，2015，34（6）：49-56.

［10］汪镭，吴启迪．蚁群算法在连续空间寻优问题求解中的应用［J］.控制与决策，2003，18（1）：45-48.

［11］王淑英．水文系统模糊不确定性分析方法的研究与应用［D］.大连：大连理工大学，2004.

［12］刁艳芳，王本德．水库汛限水位动态控制方案优选方法研究［J］.中国科学：技术科学，2011，41（10）：1299-1304.

# 第 7 章
# 太浦河水源地保护措施

## 7.1  太浦河水污染治理及水生态修复

依据太浦河现状水文情势及水资源水环境状况，太浦河水源地保护主要从排污口治理、区域面上的污染防治、航运污染治理、岸线整治，以及水生态保护与修复、监督管理等方面着手。

### 7.1.1  污染控制与治理

太浦河两岸规划范围内经济发达，工农业污染物排放量大，两岸区域污染物通过各支流最终汇入太浦河，为实现太浦河水功能区保护目标，关键是实施太浦河及两岸区域污染源的治理。污染控制与治理是改善河道水环境的根本措施。

#### 7.1.1.1  排污口治理措施

太浦河干流及两岸 1 km 范围内共有入河排污口 20 处，15 处为企业排污口，其余 5 处为生活污水排污口。排污企业涉及纺织印染、化工及污水处理厂等，其中 2 处企业排污口直接排入太浦河，其余 13 处排入沿岸支流或湖荡；生活污水排污口直接排入太浦河。为加强太浦河水资源保护，促进水资源的保护与可持续利用，根据有关法律、法规和规划要求，应结合实际情况对上述已建成的入河排污口进行必要的整治。

太浦河干流 5 处生活污水排放口分布相对集中，优先实施截污纳管，建设管网设施，将排污口接纳的生活污水通过新建管网接入城镇污水集中管网，对排污口实施调整，以保护太浦河水域水质。

对工业企业和污水处理厂，通过进一步提标改造，提高污水排放标准，实现污水排放稳定达标，提高达标尾水企业内部循环回用率；按有关政策要求积极开展中水回用，制定明确的回用方案，考虑污水经处理后厂内循环回用或厂外回用。

在实施污水处理提升、改造和回用工程的基础上，进一步建立排污口实时监测系统，实时监测污染企业的污水排放量和排放浓度，必要时能够远程关闭排污阀门。若工业企业污染物排放超过国家和地方规定排放标准的，应依据相关法律、法规和规划要求进行搬迁等。

### 7.1.1.2 区域污染源治理

（1）污水处理厂改造及城镇管网建设

加强吴江各镇区规模以上污水处理厂新建及提标改造，增加污水处理效率及处理能力，保障进入封闭水域的污水处理厂改造和新（扩）建项目出水水质稳定达到一级 A 标准；同时，有条件的污水处理厂可配置人工型湿地净化尾水，进一步削减氮、磷等污染物。进一步完善城乡污水处理厂配套管网建设，加强城镇及农村污水收集管网的配套建设和管理维护，结合城镇集中居住区旧城改造、道路改造、新建小区建设，加快实施城镇雨污分流管网建设。推进吴江区规模以下入河排污口归并、改造、取缔，实现污水集中处理。

（2）农业面源污染控制

在全区实施种植业生态循环农业工程，在保证农作物不减产的基础上，通过推广测土配方施肥、病虫害专业化统防统治等科学施肥用药新技术，提高化肥和化学农药的有效利用率。另在种植业集中地区配套建设农田防护林、水源涵养林等生态隔离带，降低入河湖面源污染，以进一步凸显"生态廊道"对农业面源污染物的"过程拦截"效果。在吴江区规划范围内实施畜禽养殖污染综合治理及废弃物资源化利用工程，按照"减量化、无害化、资源化、生态化"要求，通过建设分散畜禽场粪污收集服务体系与畜禽粪便集中处理中心、畜禽场农牧配套粪污处理与"三分离一净化"治理设施、发酵床养殖圈舍等设施，多措并举实现畜禽养殖污染治理及废弃物资源化利用。

（3）太浦河沿线建成区污染综合整治

太浦河沿线分布有横扇、平望、黎里、芦墟等镇区，人口密集，产业密布，沿太浦河河道岸线利用率较高。规划要求推进太浦河沿线镇域建成区工业企业污染源治理，提高工业污水处理率，保证污水排放达标；加强镇域建成区污水管网建设，逐渐杜绝工业污水未经达标处理直排入太浦河及区域河网。结合太浦河沿线镇区城镇改造及小区新建等措施，推进城镇生活污水纳管，逐步实现太浦河沿线镇域建成区生活污水管网全覆盖；同时，推进区域雨污分流管网建设，提高雨水利用率及污水处理效率。结合区域规划，逐步推动太浦河沿线镇区沿太浦河岸线利用项目归并、搬迁，减少初期雨水对太浦河造成的污染。

## 7.1.1.3 航运污染控制

2011 年 11 月，上海市地方海事局发布了《长湖申线（上海段）实施部分船舶禁航的航行通告》（沪地海船舶〔2011〕106 号），禁止油船、散装化学品船及载运危险货物和污染危害性货物的其他船舶在长湖申线上海段水域内航行、停泊、作业，使太浦河危险品货运得到有效监管，进一步降低危险品泄漏引发的水污染风险。《上海市人民政府关于贯彻〈国务院关于依托黄金水道推动长江经济带发展的指导意见〉的实施意见》（沪府发〔2015〕35 号）提出，落实最严格水资源管理制度，强化流动风险源监管，推进长江流域船载危险货物运输信息共享，实现太浦河上海段危化品船舶禁航。

2014 年，浙江嘉善海事、江苏吴江海事及相关船舶所属公司进行了协商交流，建立了太浦河水源地通航安全保障机制：对无法绕行的特殊船舶采取准予限时段通行长湖申线（嘉善段）水域措施；相关企业落实内部安全责任，实行通过水域报备制度，服从现场海事管理机构的统一指挥，严格遵守特定时期的其他管控要求；各相关单位加强对特殊船舶通行的现场监管，嘉善县地方海事处做好现场通航秩序维护，吴江区地方海事处定期对特殊船舶进行安全检查。太浦河江苏段二级管控区内未经许可禁止使用不符合国家规定防污条件的运载工具。

根据太浦河水资源保护要求和沿线上海市、浙江省嘉善县已实施的有关航道管理措施，加强对太浦河沿线航运船舶的管理，实现太浦河全段危化品船舶禁航，采取有效措施分流太浦河航运量。

对航行在太浦河上的船舶，如尚未安装油水分离器、生活垃圾和污水处理设备，推动其限期安装，港口、码头应设置船舶废油、废水和垃圾接收装置，及时送往集中处理场所处理处置。推进内河危险化学品运输船舶的船型标准化，对危化品运输船舶和港区储存实施动态全过程监控。开展水上加油站点安全建设与管理，禁止在饮用水水源保护区、自然保护区等环境敏感区域设置加油站点。

### 7.1.1.4 岸线整治措施

（1）岸线控制和功能分区

太浦河全线划为苏浙沪调水保护区，水质目标为Ⅱ类至Ⅲ类。太浦河岸线全长约 126.9 km，左岸约 61.3 km，右岸约 65.6 km。根据太湖流域重要河湖岸线利用管理规划，太浦河岸线功能区划分以保护区为主，结合现状开发利用和规划需求适量划定控制利用区，共划分为 23 个保护区，9 个控制利用区（表 7.1）。

表 7.1　太浦河岸线功能区划分情况

| 行政区划 | 功能区 | 岸线长度 /km | 功能区数量 / 个 | 功能区占岸线长度比例 |
|---|---|---|---|---|
| 吴江区 | 保护区 | 72.8 | 13 | 86.6% |
| | 控制利用区 | 11.2 | 7 | 13.4% |
| | 小计 | 84.0 | 20 | |
| 嘉善县 | 保护区 | 10.5 | 6 | 75.6% |
| | 控制利用区 | 3.4 | 2 | 24.4% |
| | 小计 | 13.9 | 8 | |
| 青浦区 | 保护区 | 29.0 | 4 | 100.0% |
| | 小计 | 29.0 | 4 | |

| 行政区划 | 功能区 | 岸线长度 /km | 功能区数量 / 个 | 功能区占岸线长度比例 |
|---|---|---|---|---|
| 合计 | 保护区 | 112.3 | 23 | 88.6% |
| | 控制利用区 | 14.6 | 9 | 11.4% |
| | 小计 | 126.9 | 32 | |

岸线保护区是指对流域防洪安全、水资源保护、水生态环境保护等至关重要的岸线区。岸线保护区禁止一切有碍防洪安全、供水安全和流域生态环境安全等的开发利用行为。在不影响防洪安全、供水安全和水生态环境安全的前提下，允许结合堤防改造加固的道路建设项目，景观、绿化及其他与岸线环境整治有关的项目，以及关系民生的供水、交通、电力、通信等公共基础设施和社会公益性项目。

岸线控制利用区是指因开发利用岸线资源对防洪安全、生态保护存在一定的风险，或开发利用程度已较高，进一步开发利用对防洪、供水和河流生态安全可能会造成一定的影响，因而需要控制开发利用程度的岸线区。岸线控制利用区要加强对开发利用活动的指导和管理，有控制、有条件地进行适度开发。允许符合保护区管理要求的项目，以及适量的旅游或码头设施建设项目。

吴江区太浦河岸线位于太浦河西段，岸线长约 84.0 km，其中，左岸约 43.9 km，右岸约 40.1 km。吴江区太浦河岸线左岸圣塘港闸—仓蒲港套闸、塘前港套闸西—大运河西、黎里大桥东—平桥港套闸西、东啄港闸—钱长浜闸段及右岸平望桥西—平望桥东、黎里桥西—黎里桥东段，分别考虑横扇、平望、黎里镇区及汾湖经济开发区发展规划需要，适当设置码头，划为岸线控制利用区，其余为保护区。吴江区段岸线功能区划分结果：保护区 13 个，岸线长约 72.8 km，占岸线长度 86.6%；控制利用区 7 个，岸线长约 11.2 km，占岸线长度 13.4%。

嘉善县太浦河岸线位于太浦河中段，岸线长约 13.9 km，其中，左岸约 2.1 km，右岸约 11.8 km。右岸西港闸东—陶庄枢纽、钱家甸闸—大舜枢纽西段规划旅游开发，划为控制利用区，其余划为保护区。嘉善县段岸线功能区划分结果：保护区 6 个，岸线长约 10.5 km，占岸线长度 75.6%；控制利用区 2 个，岸线长约 3.4km，占岸线长度 24.4%。

青浦区太浦河岸线位于太浦河东段，岸线长约 29.0 km，其中，左岸约 15.3 km，右岸约 13.7 km。青浦区太浦河岸线全线均划为岸线保护区。

（2）岸线整治要求

《太湖流域管理条例》第 64 条规定：违反本条例规定，在太浦河河道岸线内及岸线周边、两侧保护范围内新建、扩建化工、医药生产项目，或者设置剧毒物质、危险化学品的贮存、输送设施，或者设置废物回收场、垃圾场、水上餐饮经营设施的，由太湖流域县级以上地方人民政府环境保护主管部门责令改正。

《太湖流域综合规划》提出以保护为主，合理调整并控制河湖岸线开发利用，至 2020 年，太浦河岸线利用率严格控制在 15% 以内，以维持河湖正常的行洪、蓄水能力和水生态环境功能，促进流域防洪、供水和生态安全。按照"保护为主，控制利用"的原则，将"一湖两河"岸线功能区划为岸线保护区、岸线保留区和岸线控制利用区 3 类，并以岸线保护区为主。

依据《太湖流域管理条例》等相关法律、法规，对太浦河水资源保护可能产生影响的两岸已建岸线利用项目，应结合实际情况进行必要的调整。影响水环境、水生态的项目，应采取整改或补救措施；无法整改或补救的，应进行清退或搬迁。对已存在的大量码头、加油站、货场等，结合相关专项规划和当地需求进行适当合并清理；对岸线利用项目类型不符合水功能区的保护要求，存在设置排污口、有毒有害物品仓库、印染、水上餐饮等不符合水资源保护、水环境综合治理要求的生产企业，应当予以搬迁或关闭。结合太浦河清水走廊工程建设，开展岸线生态整治，两岸适宜进行一些兼具加固改造现有大堤、维护岸线形态、改善生态环境等具有保护性功能的景观绿化项目。

（3）岸线整治措施

太浦河上游吴江段岸线利用率较高，嘉善县岸线利用主要为汾湖餐饮，上海段岸线利用主要为码头。结合各段特点，岸线整治措施主要包括加油站清理和整顿，货场、堆料场、码头清理、整顿和归并，以及其他建筑物处理等。

针对吴江段岸线利用情况，结合地区对太浦河岸线整治需求，岸线整治措施主要包括：加油站清理和整顿，货场、堆料场清理和整顿，码头清理、整顿，以及船舶等的清理整顿。并结合吴江区港口和航运发展规划，建议新建平望作业区、汾湖作业区，横扇散货码头。

嘉兴市太浦河岸线开发利用项目主要集中在汾湖穿湖堤附近，共分布餐饮船舶 5 处，目前已经适当补助后拆除。

上海青浦区太浦河岸线现状开发利用项目共 11 处，类型以码头为主，结合正在开展的湖申线一期整治工程，提出岸线整治措施，主要包括水务应急码头迁建、船舶应急带缆停泊设施新建。上海段现有水务应急码头 2 座，分别位于老朱枫公路桥上游南岸、朱枫公路桥上游北岸，将其迁建至高家港套闸对岸凹形河岸内，码头前沿线总长约 120 m。同时，为方便船舶雾天应急停靠、故障应急停靠，保护水源保护区，拟在长湖申线（上海段）中游段附近南北岸分别新建 1 处应急带缆停泊设施，每处设置 3 个泊位，驳岸前沿线总长均为 252 m，船舶应急带缆停泊设施只提供应急靠泊功能，不提供人员上下岸功能。

## 7.1.2　水生态保护与修复措施

在实施太浦河两岸区域污染源综合治理的同时，按照水功能区保护要求，结合区域规划对太浦河干流沿线水环境整治，可对太浦河干流、主要支流及区域河湖进一步开展围网养殖治理、湿地恢复与重建、河湖岸线治理、生态林建设、水生态修复和科学清淤等措施，改善河湖水生态环境。

（1）干流滨岸生态整治

滨岸植被是联络河流内部与外部环境生态系统的重要组成部分，实施滨岸植被修复，可隔离或屏障人类活动的干扰，拦截、缓冲入河污染物。规划近期开展太浦河沿线江苏吴江段防汛公路贯通、绿化等工程，具体包括达标整治太浦河南岸防汛公路黎里—平望段堤防和桥梁建设，改造部分老化闸门、老挡墙，因地制宜整治太浦河沿线环境等；在太浦河江苏吴江段两岸滨岸带建设 20 ~ 30 m 的防护林带，总面积共约 1.76 km²；在太浦河浙江嘉善段根据水源地保护需求，新建滨岸植被隔离区和绿化带，面积共 0.44 km²。实施滨岸植被修复，隔离或屏障人类活动的干扰，拦截、缓冲污染物。

（2）围网养殖治理

《江苏省生态红线区域保护规划》规定太浦河二级管控区内未经许可禁止从事网箱、网围渔业养殖。自 2010 年起，吴江区先后下发了《关于做好全市湖泊"三网"养殖清退工作的实施意见》《关于改革渔业经营管理机制提升渔民乐居水平的意见》等相关文件，大力推进水域内的"三网"整治工程，对重要水域、重要路段沿线水域及合同已到期的养殖水域"三网"养殖设施予以拆除，目前已完成太浦河、部分重要湖泊和公路主干道沿线"三网"养殖清退。

2008 年 12 月，根据《浙江省建设项目占用水域管理办法》规定，嘉善县编制了《嘉善县水域保护规划》，作为全县水域保护、开发利用、管理的基本依据，将太浦河、长白荡、汾湖等列为饮用水水源水域。2012 年嘉善县人民政府制定下发《关于进一步加强饮用水水源保护工作的实施意见》，2013 年相继下发了工作方案和工作计划，明确提出要加强水源保护区的捕捞管理，坚决取缔太浦河沿岸纵深 60 m 区域内的水产养殖。对太浦河沿岸纵深 60 ~ 200 m 区域，逐步减少水产养殖面积，实施生态水产养殖。同时坚决取缔和清退太浦河主水源、长白荡备用水源二级保护区内的捕捞船只和养殖行为，确保水源地安全。后续应逐步清退外汾湖的围网养殖，且在围网养殖逐步清退期间，养殖户应加强生活垃圾和生活污水的收集处理，实现零排放。

（3）底泥疏浚

汾湖吴江湖区和汾湖嘉善零散养殖湖区底泥污染物含量相对较高，应考虑污染物含量分布情况，结合流域区域湖泊综合治理情况，合理安排疏浚。

（4）沿线湖荡生态修复

太浦河汾湖段穿越原有湖荡，水面宽阔，水生生物栖息地受水流往复的影响较小，具备进行水生植物带恢复与保护的条件，是良好的水生植物营造区。汾湖围网养殖清退后，可根据湖荡生态系统特征，水质和水流特征进行生态修复，修复范围主要分布在抽槽和主航道以外的湖区。建议结合河道特征，对梅堰大桥上游开阔河段，江南运河口门段进行水生植物带恢复和保护，对支流来水污染物进行拦截和净化。

经对太浦河污染负荷来源分析，太浦河两岸支流污染负荷主要通过 4 条主要路径汇入太浦河，分别是北岸的江南运河；牛长泾至北窑港；南岸的頔塘、澜溪塘至江南运河再汇入太浦河；老运河至雪河、牛头河、梅坛港段。在区域污染源治理的基础上，针对几条对太浦河水质影响较大的重要支流，研究提出清淤、疏浚、生态修复和湿地建设、生态护岸建设等综合治理措施，减轻重要支流汇入对太浦河水质产生的影响。

江南运河是太浦河最大的支流，也是长江三角洲地区骨干航道，目前吴江段已经基本建成III级航道。江南运河北支上段2013年水质为IV类，下段受东太湖出水影响，水质有所改善，因其入太浦河水量较大，仍是污染负荷的主要来源之一。对运河北支沿线的松陵、八坼等镇区段加强污水收集，减少工农业污水排入；强化船舶航行的治理，实现船舶污染的零排放；同时对岸线实施生态综合整治，改善河道周边生态环境。

北窑港起自吴淞江，经同里镇区入同里湖后，过牛长泾入三白荡，在北窑港闸下游入太浦河。沿途接纳同里镇与黎里镇污水，是影响干流水质的重要支流之一。在黎里镇等镇区河道采取生态清淤，建设生态护岸，对湖荡进行生态修复和湿地建设等措施，对牛长泾—北窑港实施综合治理，改善水生态环境，提升北岸入太浦河河道水质。具体工程内容包括对北窑港及三白荡实施生态清淤。

江南运河南支即新运河，其主要支流包括頔塘和澜溪塘，二者在草荡、莺脰湖处交汇，经新运河入太浦河；頔塘和澜溪塘是长江三角洲地区骨干航道长湖申线、京杭运河线的重要组成部分，规划为III级航道。建议对頔塘沿线的震泽、梅堰，澜溪塘沿线的桃源、盛泽、平望等镇区段加强污水收集，减少工农业污水入河；强化船舶航行的治理，实现船舶污染的零排放；对江南运河及其支流穿越的草荡、莺脰湖，以及长荡、田前荡、小牛荡等湖荡进行生态清淤、湿地建设和生态修复。

老运河一部分水流通过大坝水路，经牛头河、梅塘港入太浦河；另一部分水流经雪河、混水河连接杨家荡，再经川泾港、牛头河入太浦河。可在区域污染点、面源治理的基础上，对老运河周边支流湖荡、川泾港、牛头河等河道实施综合治理措施，提升入太浦河水质。

# 7.2 太浦河突发水污染事件风险防控

## 7.2.1 提高监控预警能力

### 7.2.1.1 综合监测能力建设

根据《太浦河水资源保护规划》，太浦河水资源监测站网规划近期（2020年）基本建成人工与自动相结合的水资源保护监测体系。水功能区监测覆盖率达到100%，并有序推进太浦河两岸支流污染物浓度控制监测；水源地按旬进行人工监测，实现在线连续监测，针对太浦河有机污染物特征，进一步加强有毒有机污染物监测；全面推进水生态监测工作，开展太浦河、汾湖、元荡、金泽水源湖等水生态监测；规模以上入河排污口和流域机构直管的入河排污口全部实现人工量质同步监测。规划远期（2030年）建立健全太浦河水资源保护监测体系，水功能区、水源地、入河排污口全面监控，水生态监测工作全面开展。太浦河沿线监测站网规划如表7.2所示。

从太浦河水资源保护总体需求出发，以保障太浦河水生态安全和供水安全为核心，在现有监测站网体系基础上开展以下工作。

①完善监测站网布局，提高监测能力。进一步优化、完善太浦河干、支流监测站网，加强支流水量水质监测，推进水生态和有毒有机污染物监测，强化入河排污口监测，协调开展太浦河沿线水质、水量、水生态监测。

②整合流域区域监测资源。整合太浦河沿线区域排污、水量、水质、水生态监测已有资源，搭建信息共享平台，完善流域—区域综合监测功能。

③研究制定应急监测方案。由太湖流域管理机构会同太浦河沿线省（市）相关单位研究制定太浦河突发水污染事件预警监测方案，开展有针对性的预警监测。

### 表 7.2 太浦河沿线监测站网规划

| 序号 | 河流湖泊 | 监测断面 | 监测内容 | | | | 监测频次 | 监测方式 |
|---|---|---|---|---|---|---|---|---|
| | | | 水量 | 水质 | 水生态 | 有机 | | |
| 一、太浦河干流 | | | | | | | | |
| 1 | 太浦河 | 太浦闸下 | √ | √ | 新增 | √ | 每月一次 | 人工、自动 |

| 序号 | 河流湖泊 | 监测断面 | 监测内容 | | | | 监测频次 | 监测方式 |
|---|---|---|---|---|---|---|---|---|
| | | | 水量 | 水质 | 水生态 | 有机 | | |
| 2 | 太浦河 | 横扇大桥 | | | √ | | 每季度一次 | 人工 |
| 3 | 太浦河 | 平望大桥 | √ | √ | √ | √ | 每月一次 | 人工 |
| 4 | 太浦河 | 黎里大桥 | 新增 | 新增 | √ | √ | 每月一次 | 人工 新增自动 |
| 5 | 太浦河 | 汾湖大桥 | | | √ | | 每季度一次 | 人工 |
| 6 | 太浦河 | 金泽 | √ | √ | 新增 | √ | 每月一次 | 人工、自动 |
| 7 | 太浦河 | 嘉兴太浦河水源地 | | √ | | | 每月一次 | 人工 |
| 8 | 太浦河 | 青浦水源地 | | √ | | | 每月一次 | 人工 |
| 9 | 金泽水库 | 金泽水库 | | 新增 | 新增 | 新增 | | 人工 |
| 10 | 太浦河 | 东蔡大桥 | √ | √ | | | 每月一次 | 人工 |
| 11 | 太浦河 | 练塘大桥 | √ | √ | 新增 | √ | 每月一次 | 人工 |
| 二、太浦河沿线支流、湖荡 | | | | | | | | |
| 12 | 雪落荡 | | | 新增 | | | 汛期、非汛期各一次 | 人工 |
| 13 | 横路港 | | | 新增 | | | 汛期、非汛期各一次 | 人工 |
| 14 | 頔塘 | 頔塘苏浙交界处 | √ | √ | | | 每月一次 | 人工 |
| 15 | 頔塘 | 震泽双阳大桥 | √ | √ | | | 每月一次 | 人工 |
| 16 | 頔塘 | 梅堰大桥 | | √ | | | 每月一次 | 人工 |
| 17 | 长漾 | 长漾 | | √ | | | 每月一次 | 人工 |
| 18 | 澜溪塘 | 太师桥 | √ | √ | | | 每月一次 | 人工 |
| 19 | 江南运河 | 平望运河桥 | | √ | | 新增 | 每月一次 | 人工、新增自动 |
| 20 | 江南运河 | 平西大桥 | | √ | | 新增 | 每月一次 | 人工、新增自动 |
| 21 | 雪河 | 雪河大桥 | | √ | | | 每月一次 | 人工 |
| 22 | 牛头河 | | | 新增 | | | 汛期、非汛期各一次 | 人工 |
| 23 | 川泾港 | | | 新增 | | | 汛期、非汛期各一次 | 人工 |
| 24 | 杨家荡 | | | 新增 | 新增 | | 汛期、非汛期各一次 | 人工 |

| 序号 | 河流湖泊 | 监测断面 | 监测内容 | | | | 监测频次 | 监测方式 |
|---|---|---|---|---|---|---|---|---|
| | | | 水量 | 水质 | 水生态 | 有机 | | |
| 25 | 老运河 | 雪湖老桥 | 新增 | 新增 | | 新增 | | 人工、新增自动 |
| 26 | 老运河 | 北虹大桥 | √ | √ | | | 每月一次 | 人工 |
| 27 | 西浒荡 | 梅潭港大桥 | | √ | | | 10天一次 | 人工 |
| 28 | 芦墟塘 | 陶庄枢纽 | √ | √ | | | 每月一次 | 人工 |
| 29 | 北窑港 | 北窑港 | | √ | | 新增 | 10天一次 | 人工、自动 |
| 30 | 元荡 | 元荡 | | √ | 新增 | | 每季度一次 | 人工 |
| 31 | 坟头港 | 大舜枢纽 | √ | √ | | | 每月一次 | 人工 |
| 32 | 丁栅港 | 丁栅枢纽 | √ | √ | | | 每月一次 | 人工 |
| 33 | 俞汇塘 | 俞汇北大桥 | √ | √ | | | 每月一次构 | 人工 |
| 34 | 后长荡 | | | 新增 | | 新增 | 汛期、非汛期各一次 | 人工 |

资料来源:《太浦河水资源保护规划》。

### 7.2.1.2 风险源信息库完善

本研究识别了区域内污染物类型,确定了风险源,进行了风险类别划分登记,在此基础上,建立突发水污染事件风险污染源信息库,根据污染源分布和风险识别情况,结合区域重要保护水域分布和水系特征,识别和划定可能突发水污染事件的敏感区域,采用ArcGIS等绘制典型水污染事件污染源的风险图,为突发水污染事件评估和决策提供支持。为加强太浦河突发水污染事件风险防控能力,在本次构建的污染风险源信息库基础上,针对加强污染风险源信息库建设,开展以下措施。

①及时更新污染风险源资料信息。加强对区域污水处理厂排放口、工业企业排放口、船舶货运、加油站、码头、危化品仓库等污染风险源信息的摸排,定期更新完善污染风险源信息库,保证信息库资料完整、准确,为后续应急处置突发水污染事件提供基础资料。

②细化污染物性质特征信息。掌握区域潜在污染风险源污染物的风险性质特征,为后续应急处置突发水污染事件提供基础资料。

③加强非点源及缺乏排污监测区域的污染风险源信息完善。近年来,太湖流

域突发水污染事件主要为锑浓度超标，主要来源于太浦河南岸纺织印染企业废水排放，部分企业缺乏入河排污监测，存在偷漏排现象。应加强对纺织印染产业密集地区企业数量、产量及分布情况的摸排，掌握主要污染风险源的基本信息，为后续应急处置突发水污染事件提供精细管理资料。

### 7.2.1.3 模拟预警能力建设

（1）完善污染物质迁移模拟模型

本项目在流域已有水文水动力模型的基础上，完善突发水污染事件风险分析功能，形成太浦河突发水污染事件风险模拟模型，但与实况有一定差距。后续需针对模拟模型进一步开展以下工作：①细化、更新模型下垫面、水雨情、工情、污染物情况，完善模型基础条件，提高模拟精度；②研究各类代表性污染物的迁移转化特征，构建各类污染物迁移预测模型；③结合突发水污染事件的发生时间、污染位置、排放方式、排放规模、污染物类型等基本情况，通过模型计算掌握污染物扩散后浓度的时空变化，构建模拟情景方案集，为后续应急处置提供参考。

（2）构建突发性水污染事件风险评价预警体系

根据区域水系特征、突发水污染事件资料收集分析、污染风险源识别成果，分析建立"多源头、多受体、多环节"的突发水污染事件综合评价框架。再结合区域风险研究重点及预警防控需求，深化研究重点评价环节，细化该环节风险评价的评价方法、评价标准、评价指标等具体内容，构建完善的突发水污染事件评价预警体系。

（3）建设突发水污染事件预警预报系统

预警预报系统应集成 GIS 数据库技术、污染源基本信息、污染物扩散迁移模拟技术、风险评估技术、典型污染物质应急处理技术等，建立区域突发水污染事故预报数学模型和风险评价体系，制定事故应急处置方案。以便在突发水污染事件发生后，能迅速预测事故后果，确定最佳处置方案。

## 7.2.2 提高应急处置能力

目前，太浦河突发水污染事件应急处理主要依靠太湖流域管理局增大太浦闸下泄流量、地方排查污染源并进行紧急关停限产开展应急处置。后续需针对提高应急处置能力，开展以下方面的工作。

（1）优化沿线水利工程调度

利用太浦河突发水污染事件风险模拟模型，开展太浦闸及两岸支流水闸泵站等水利工程联合调度研究，优化两岸水利工程调度方式，协调两岸水利工程管理单位，在突发水污染事件发生时，调控两岸地区进出水和污染物流向，尽快降低突发水污染事件影响。

（2）研究制定污染物处置方案

针对太浦河典型突发水污染物性质特征，研究制定如油类、酸碱类、重金属、一般有机物、有机毒物等污染物的应急控制方案，如吸附处理、中和处理、生物处理等方式，在突发水污染事件发生后及时开展污染物应急处置。

针对水体突发油、重金属、有机污染物等水污染事件，宜采用围栏、无纺布或多级堰等设施将污染限定在一个小的区域内后，通过多种方式进行处理。针对油污染，可采取机械回收、絮凝沉淀、活性炭吸附、原地焚烧、投加消油剂、生物修复等进行应急处理。针对重金属污染，可采取物理化学方法（吸附、浓缩、膜分离、离子交换）、化学法（碱性沉淀、硫化物沉淀、组合或其他化学沉淀、氧化还原和络合法、电化学法）、生物法（生物絮凝、植物生态修复）等方式进行应急处理。针对有毒有机污染物，主要采取吸附法、氧化分解法进行处理。针对水溶性污染物的突发事件，主要通过增大流量、稀释降解等方式进行处理。

（3）研究实施污染企业关停限产及截污治理

控制污染源是解决太浦河突发水污染事件风险的根本措施。根据太浦河突发水污染事件风险评估结果，嘉善，吴江盛泽、平望等区域的纺织、化工等企业的废污水排放主要产生锑、二氯甲烷、化学需氧量等污染物，吴江同里镇、桃源镇部分电镀企业的废污水排放含金属铬，应根据不同区域污染物的排放特征，划定重点治理区域，通过进行污染企业关停、限产，有针对性地对重点治理区域的企业加强污染收集处理，减少污染排放量，以降低突发水污染事件风险。

（4）加强船舶、车辆等移动风险源的监管

对太浦河及周边主要航道航行的船舶加强监管，要求船舶必须安装油水分离装置，挂桨机船加装接油盘等防污设施，对重点船舶（危险品船、客渡船、旅游船）实行全天候动态监控，在运输危化品船舶通过水源地等重要敏感河段时应由海事船舶进行护航通行。对跨河桥梁加装污染防治设施，并建立污水收集设施，防止桥面污染物直接入河，同时对运输危化品车辆通过桥梁段时提前预警预告。

## 7.2.3　加强水源地管理保护

（1）加强饮用水水源地保护区监督管理

加强饮用水水源地保护区监督管理，严格执行有关法律法规，落实饮用水保护区各项环境管理措施。根据《太湖流域管理条例》，禁止在太浦河饮用水水源保护区内设置排污口、有毒有害物品仓库及垃圾场；已经设置的，当地县级人民政府应当责令拆除或者关闭。组织专业打捞队伍，对太浦河干流水葫芦、漂浮垃圾等进行打捞，做好河道水域保洁。针对流动车、船风险，应加强高风险污染物如油品、有毒有机污染物等的运输监管，设置禁运区。

（2）加强备用水源地及管网联通建设

对于嘉善、平湖、上海3地，应统筹考虑本地水源及外调水源，合理确定应急备用水源，加快应急备用水源地建设，并加强水源水厂管网互联互通，实现水厂水源互补，增强城市应急供水能力，以提高抵御突发水污染风险的能力。

（3）开展水源地敏感区综合治理

嘉善、平湖水源地保护措施。①加强城乡生活污染源的防控。加快二、三级污水管网建设，大力推进二级保护区内生产、生活污水的纳管工作。同时，全面实行保护区内餐饮行业污水纳管或集中收集处理。②加强农业面源污染源的防控。严格执行二级水源保护区内禁止畜禽养殖的有关规定，切实把禁养区内各项禁养措施落实到位。严格控制保护区内种植业化肥、农药的施用量。③加强水源保护区内的捕捞管理。取缔部分区域水产养殖，太浦河沿岸逐步减少水产养殖面积，实施生态水产养殖。同时坚决取缔和清退太浦河主水源、长白荡备用水源二级保护区内的捕捞船只和养殖行为，确保水源地安全。④强化生态修复。加快实施长白荡备用水源地保护区的绿化建设，探索长白荡水源生态治理的方式和方法，用生态修复的形式进一步提高饮用水水源水质。

太浦河水源地保护措施。①隔离防护与宣传警示。在金泽水源地一级保护区边界设立明确的地理界标和明显的警示标志，在取水口和取水设施周边设置明显的隔离防护设施；在一级保护区边界规划建设生物隔离工程，既可以起到隔离防护作用，同时还可以增加绿化及涵养水源；可考虑对水源地一级保护区实行封闭管理。②金泽水源湖周边水系保护。实施环湖隔离工程、建设生态护岸、开展污染源综合整治，包括铺设污水管道、底泥清淤、面源污染控制等。③金泽水源湖及太北片其他生态湖荡建设。实施生态控藻渔业工程、湖滨带生态修复工程、湖区生态修复工程。

# 7.3 太浦河水污染防治监督管理

## 7.3.1 依法加强水资源保护监督管理

监督管理要严格执行相关法律法规及政策性文件。一是严格执行《水法》《水污染防治法》《太湖流域管理条例》等法律法规，以及相关水资源管理制度和省市有关政府文件、规划，加强太浦河及周边区域污染源的治理和控制。二是加快构建水功能区限制纳污红线管理的法律制度体系，完善水功能区管理、入河排污口管理、入河污染物总量控制等制度；修订水污染排放标准，对污染严重水域实行更为严格的污染物排放限值；强化水资源和水生态保护，维护河湖健康，促进水资源可持续利用。三是提高各级政府和有关部门社会管理能力，加强依法治水，推行行政执法责任制，加大执法力度。要通过依法治水和依法管水的有机结合，健全监督管理机制，形成水资源保护良性运行机制。

## 7.3.2　构建太浦河水资源保护协作机制

　　太浦河沿线及其两岸地区的水事行为分由两省一市水利部门及太湖流域管理机构进行监督管理，而各区域对太浦河水资源保护的需求尚不完全一致。截至目前，围绕太浦河区域水环境治理及突发水污染防治，流域、区域已开展了各类联防联控工作。

　　2011 年，吴江、嘉兴两地政府为解决江浙交界地区水污染纠纷和水事矛盾，定期召开治污联席会议，确定了"联合监督、联合办公"的工作机制。2012 年，吴江、嘉兴两地政府共同建立省级边界环境联合交叉执法工作机制，在发生跨界污染纠纷和环境污染事故时，两地首先做好本辖区内的调查工作和应急处置工作，并及时向对方通报有关情况，同时组织开展交叉联合执法，共同开展相关调查和应急处置工作，对环境违法企业按属地管理原则立案查处，并通报处理结果。2014 年，青浦、嘉善、吴江三地共同建立《青浦、嘉善、吴江三地环境联防联控联动工作实施方案》，以"保障太浦河水环境安全"为重点，把太浦河沿岸两边纵深 5 km 区域作为联合防控区域，通过建立三地跨省界区域环境监管、污染防治、应急处置联动工作机制，加大对跨省界区域环境污染隐患的排查整治力度，严厉打击各种环境违法行为。根据应急监测联动机制，当一方区域内发生环境突发事件并有影响另一方区域环境安全的趋势时（如太浦河水源地水质安全受到影响），应第一时间向另一方发出事故预警，并启动联合监测方案，及时通报监测结果。2015 年 11 月，太湖流域管理机构会同太浦河沿线省、市、县三级水利、环保等部门建立了太浦河水资源保护省际协作机制，近 3 年来在太浦河水质监测预警、水污染事件应急联动、水源地供水安全保障及水资源保护规划编制等方面发挥了积极作用。2016 年，为有效应对太浦河流域跨界断面水质指标异常情况，苏州市、嘉兴市、青浦区环保局，吴江区、秀洲区、嘉善县政府共同签订了《太浦河流域跨界断面水质指标异常情况联合应对工作方案》，从地区层面自主探索了突发水污染事件联合处理应对机制。2017 年 11 月，太湖流域管理机构牵头组织进一步深化和完善协作机制，实施《太浦河水资源保护省际协作机制——水质预警联动方案（试行）》。2019 年，青浦、吴江、嘉善建立了"联合河长制"，依托河湖长制平台，深化了太浦河治理保护的协商协作。

作为统一协调太浦河干流及沿线重要河道水资源开发利用及保护重大争议事项的协商议事平台，做到有组织、有领导、有机构，职能明确、全责到位。太浦水资源保护协作机制主要开展以下工作。

推进落实《太湖流域管理条例》。采取多种形式开展《太湖流域管理条例》的宣传，倡导公众参与、社会监督，促进太浦河沿线地区共同落实条例中关于太浦河保护的要求；完善流域与区域联合执法制度，探索开展跨部门联合执法巡查，对跨界地区出现的水环境违法行为，有关地方予以协调行动、共同打击。

积极协调跨界突发水污染事件应急联动。各部门（单位）发现太浦河地区发生突发水污染事件时，必须及时通知当地有关部门，使其能立即采取应急措施，控制污染影响进一步扩大，减少污染损失。涉及（或可能涉及）相邻地区时，应及时向相邻地区通报预警，使其尽早采取预防应对措施。在应急处置过程中，各有关部门要加强应急调查、监测等工作的协调，实施应急联动，确保有关部门之间信息渠道畅通，及时、准确地提供监测数据。

完善水量水质监测及信息共享。各成员部门（单位）根据职责共同开展太浦河及两岸支流水质监测工作，研究完善监测断面设置，加强监测技术交流，协调解决数据差异问题，实现监测信息共享，充分发挥监测预警作用。同时，进一步研究太浦河科学调度，有关信息及时通报地方，适时共享。逐步深化信息共享，与太浦河沿线相关地方水利、环保等部门充分沟通协商，提出信息共享清单，完善信息共享方式，将吴江、嘉善、青浦等地已建水质自动监测站数据接入太湖流域管理局系统，实现太浦河水质实时监控，汇集各方人工监测数据，构建信息共享平台，进一步完善信息共享方式和内容。

推动执法检查和产业调整。各成员部门（单位）采取多种形式开展《太湖流域管理条例》的宣传，倡导公众参与、社会监督；协同地方加大日常监督检查力度，共同落实条例中关于太浦河保护的要求；完善流域与区域联合执法制度，探索开展跨部门联合执法巡查，对跨界地区出现的水环境违法行为，有关地方予以协调行动、共同打击。严格排污口监督管理，研究制定更严格的污染排放标准，实施排污口规范化集中整治。加强工业污染排放源整治，尤其是太浦河沿线重点地区纺织、印染、化工等重污染企业腾退整治。推动区域产业结构调整，从根本上解决该结构性、区域性水污染问题。

### 7.3.3 依托河长制平台，构建太浦河共建共治共享新格局

2016 年 11 月 28 日，中共中央办公厅、国务院办公厅印发《关于全面推行河长制的意见》，明确在全国范围内全面推行河长制，并对全面推行河长制做出总体部署、提出明确要求。太湖流域片河长制湖长制工作在全国处于领跑地位，于 2017 年年底率先全面建立河长制，构建了完备的省、市、县、乡、村 5 级河长体系。太浦河所在吴江区、嘉善县、青浦区均有相应级别的河长，统筹河道保护与管理工作，2019 年，青浦、吴江、嘉善建立了以河长联合巡河、水质联合监测、联合执法会商、河道联合保洁、河湖联合调度为主体的"联合河长制"：一是联合监测，在交界区域进行卫星遥感延伸拍摄，安装高清探头，实现边界河湖全覆盖监控，共享水质数据，共同预警防范；二是联合巡河，突破行政壁垒，改变以往太浦河分段而治的局面，青浦、吴江、嘉善三地各级联合河长定期开展巡河；三是联合执法，三地的水务执法机构逐步形成"三纵四横"（四横是青浦、嘉善、吴江、昆山；三纵是区级、镇级、村级）的边界执法网络，定期联合巡查，案件互通互商、共同打击；四是联合保洁，签订青昆吴善水域保洁一体化协作框架协议，将作业区域向上游延伸，显著提高水葫芦、蓝藻等的打捞效率。长三角区域一体化发展上升为国家战略后，太浦河作为贯穿长三角生态绿色一体化示范区的省际边界河道，其核心作用更加凸显，2019 年年底，太湖、淀山湖湖长协作机制在太湖流域管理局牵头下由江浙沪各级河长办组建形成，机制针对太浦河等重要河道成立了省际边界工作组，专门负责跨省界河湖协同治理与保护相关事宜。太浦河共建共治共享的治理保护新格局依托河湖长制平台已逐步形成。

# 参考文献

［1］ 吴文庆，黄卫良 . 河长制湖长制实务：太湖流域片河长制湖长制解析［M］. 北京：
中国水利水电出版社，2019.

［2］ 水利部太湖流域管理局 . 太湖健康评估报告［R］. 2016.

［3］ 戴晶晶，尚钊仪，李昊洋 . 太浦河跨界合作管理模式研究［J］. 水资源保护，
2016，32（1）:142–146.

［4］ 李昊洋，曹菊萍，姚俊 . 平原河网地区河流健康评估研究：以太浦河为例［J］.
水利水电快报，2018，39（11）：24–29.

［5］ 彭欢，韩青，曹菊萍 . 太湖流域片河湖长制考核评价指标体系研究［J］. 中国水利，
2019（6）：11–15.

［6］ 孙继昌 . 全面落实河长制湖长制 打造美丽幸福河湖［J］. 中国水利 . 2020（8）：
1–6.

［7］ 孙继昌 . 河长制湖长制的建立和深化［J］. 中国水利，2019（10）：1–4.

# 第8章
# 成果与展望

## 8.1　主要研究成果

### 8.1.1　太浦河周边污染源调查及风险区划分

本研究考虑太浦河周边水系汇流和沿岸区域污染源排放量情况，调查了太浦河周边共 $1624~km^2$ 区域内的污染源情况。太浦河重要污染源包括工业企业、污水处理厂、加油站、码头、危化品仓库等，共有工业企业 400 余家，主要污水处理厂 41 家，加油站 79 个（含油储基地 2 个），码头共 99 个，危化品仓库 86 个。

结果显示，太浦河周边区域的突发水污染综合风险具有显著的区域差异性，高风险（Ⅳ级与Ⅴ级）区呈现片状或斑块状分布，主要包括大型污水处理厂与工业企业分布的区域、加油站和危化品仓库集中分布区、工业企业分布的太浦河沿岸区域与水源地周边区域。Ⅲ级以上突发水污染综合风险区域面积为 $63~km^2$，占区域总面积的 3.9%。

## 8.1.2　太浦河污染源突发事件影响分析

对太浦河及其两岸支流突发常规污染氨氮、重金属铬、有毒有害物质锑进行了模拟，突发污染事件发生后，采用了加大太浦闸下泄量的应急调度方案，结果表明，增大太浦闸下泄量能够在一定程度上降低太浦河沿线的污染物浓度，缩短金泽断面污染物超标时间。然而，太浦闸的调度需考虑太湖水位、两岸地区引排水等多重因素，仅通过加大太浦闸下泄量的应急处理措施应对突发污染事件具有局限性。太浦河突发污染发生后，还需采取投放相应污染降解物、增加应急监测、适当控制太浦河两岸口门启闭等多种现场应急处置措施，降低污染物量，提高太浦河水源地供水保障能力。

## 8.1.3　太浦河工程优化调度方案

综合调度方案、调度实践，为提高太浦河金泽取水安全保障程度，推荐当太湖水位位于防洪控制线以下时，太浦闸根据金泽取水口 $NH_3-N$ 浓度和太湖水位控制下泄流量，两岸口门根据地区水资源情况适时引排，具体调度规则如下。

（1）太浦闸

当金泽取水口 $NH_3-N$ 浓度小于 0.7 mg/L 时，太浦闸下泄流量不超过 50 ~ 70 m³/s；当金泽取水口 $NH_3-N$ 浓度在 0.7 ~ 1 mg/L 时，适当增加太浦闸下泄流量，最大不超过 80 m³/s；当金泽取水口 $NH_3-N$ 浓度大于 1 mg/L 时，进一步加大太浦闸下泄流量，最大流量不超过 100 m³/s。

（2）太浦河两岸口门

当太湖水位低于防洪控制线时，两岸口门适时引排，即北岸陈墓、南岸嘉兴 6 月下旬至 10 月下旬水位低于 2.7 m，其余时间低于 2.6 m 时两岸口门从太浦河引水；当北岸陈墓水位高于 3.6 m，南岸嘉兴水位高于 3.3 m 时，两岸口门向太浦河排水，其余情况两岸口门均保持敞开状态。

## 8.1.4　太浦河水资源保护工程措施

为保障太浦河水源地供水安全，在加强污染源风险防控、优化水利工程调度的同时，应以源头控制为根本，实施太浦河两岸区域污染源综合治理，开展排污口治理、面上污染防治、航运污染治理，同时在太浦河干支流实施岸线治理、生态林建设、水生态修复等措施，改善河湖水生态环境。依法加强水资源保护监督管理，构建太浦河水资源保护协商机制，完善监测站网布设及信息共享，提高突发水污染事件监控预警及应急处置能力。

# 8.2 创新点

## 8.2.1 基于 GIS 的突发水污染事件风险综合评价体系构建

本研究综合考虑污染源、河流水文、沿岸社会经济等因素，筛选突发水污染潜在风险评估指标，建立了基于风险源危害性、风险受体敏感性、风险受体潜在损失度的风险评估体系，用于评估太浦河及周边区域突发水污染事件的综合风险，可为类似地区开展污染源风险评估提供借鉴和参考。

## 8.2.2 平原感潮河网水量水质数学模型完善与突发水污染事件计算分析

本研究采用了针对太湖流域平原河网地区复杂水系特点而专门开发的太湖流域水量水质耦合模型开展研究，并根据研究太浦河周边区域的需要，对模型水系、水利工程、污染源进行了完善更新。对区域范围内易发生的氨氮、重金属及有毒有害物质突发水污染影响进行了模拟计算分析，为流域内其他类似区域突发水污染事件影响分析探索了有益的方法。

## 8.2.3 水量水质模型与联合调度模型交互反馈研究

本研究采用水量水质模型，对拟定的各种调度策略进行数值模拟，根据数值模拟结果，分析各调度策略效果；同时构建了面向太湖、太浦河两岸地区防洪、供水及太浦河水源地水质 3 个方面目标的水利工程联合调度决策数学模型，与数值模拟成果进行相互反馈调整，交互式研究太浦河及两岸口门多目标水利联合调度，提出在现状工况、现状污染源情况下，在满足太湖与太浦河两岸地区防洪、供水等多目标要求下的太浦河闸和两岸口门最优调度方案，为太浦河水源地取水相关调度运行提供技术参考。

# 8.3 研究展望

## 8.3.1 不断更新完善污染源信息库

自流域内发生无锡供水危机之后，流域各地加大了水环境治理力度，高污染型工业企业关停并转持续推进。太浦河突发水污染事件风险防控需要重视污染源信息库建设与更新，在此基础上，分析调整太浦河周边区域的区域特征，构建具有区域特色的突发水污染风险评估指标体系，开发时效性强的具有突发水污染风险预测与评估能力的突发水污染风险综合管理平台。

## 8.3.2 突发水污染事件风险模拟模型完善

本项目在流域已有水文水动力模型的基础上，完善突发水污染事件风险分析功能，形成太浦河突发水污染事件风险模拟模型，对太浦河沿线相关断面突发氨氮、重金属铬、有毒有害物质锑污染进行了模拟分析，模拟结果与已发生突发水污染事件实际情况尚有一定差距。后续可对模型污染源进行更新复核，进一步完善模型功能，提高模拟精度。根据不同情景下突发水污染事件风险模拟结果，研究风险空间可视化表达方式。

## 8.3.3 实行太浦河水利联合调度，促进太浦河清水增流提质

根据国家防总批复的《太湖流域洪水与水量调度方案》，以太浦河太浦闸及

两岸口门现行调度为基础，结合流域区域防洪排涝、供水安全保障需求及相关规划调度原则，服从太湖水位分级调度控制要求，落实本项研究提出的太浦河水源地取水水质分级与太浦闸流量分级联合调度，以及太浦河两岸口门适时引排的优化方案，并在实践中不断优化完善，更好发挥太浦河水利联合优化调度的增流提质作用，尽可能减轻太浦河两岸支河入流对其干流水质的影响，有效改善太浦河水源地取水水质。

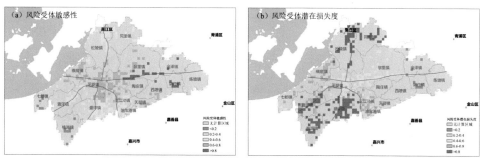

附图 1　太浦河周边区域突发水污染风险受体敏感性（a）与潜在损失度（b）

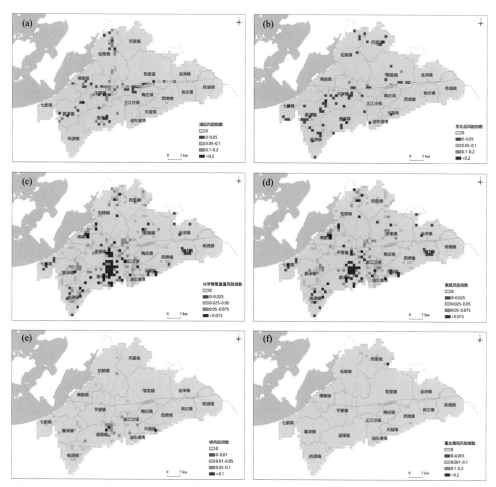

附图 2　太浦河污染源风险评估范围的单一污染物风险指数：油品（a）、危险化学品（b）、化学需氧量（c）、氨氮（d）、锑（e）、重金属铬（f）

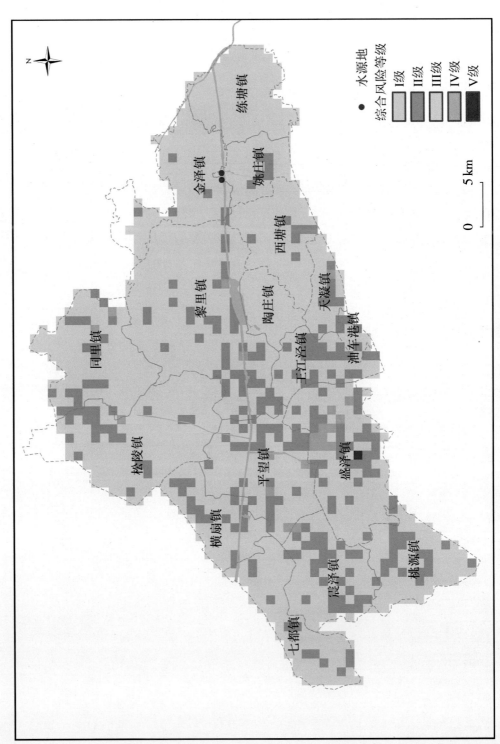

附图 3　大浦河污染源风险评估范围的综合风险等级分布